工业电路板

芯片级维修技能

全图解（第2版）

王伟伟　编著

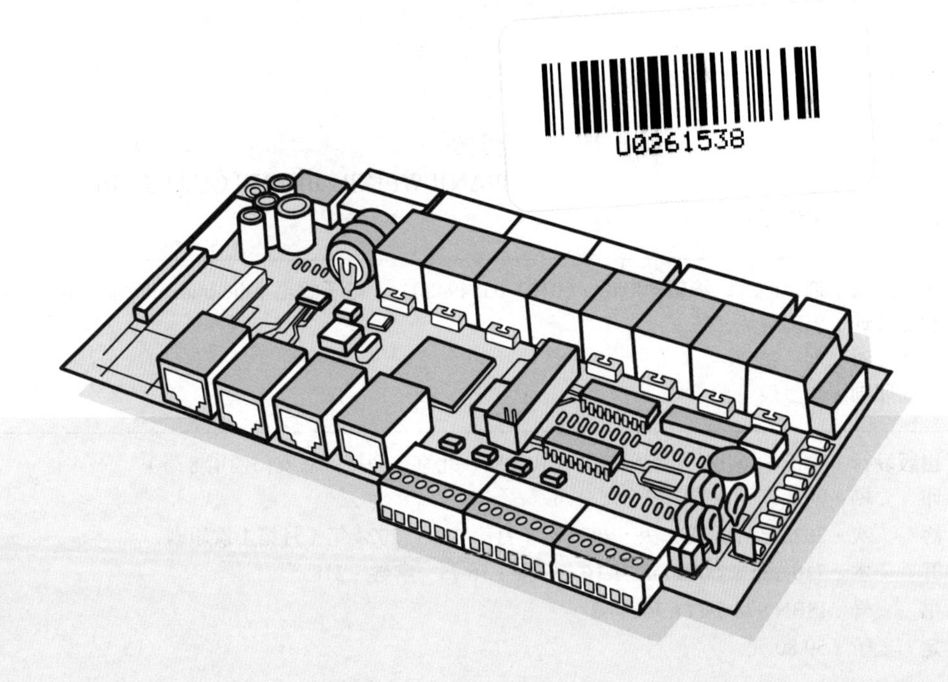

中国铁道出版社有限公司
CHINA RAILWAY PUBLISHING HOUSE CO., LTD.
北　京

内 容 简 介

本书精心筛选在工业基本应用中常用及易出故障的工业电路板，结合多年维修经验，从芯片级维修的角度，对其功能结构、工作原理、故障产生原因、维修思路和具体检修技巧进行了翔实的图解描述；本书同时精选适量工业电路板检修典型案例融入维修技能，帮助初、中级工厂电工和设备维修人员快速积累维修实践经验。

图书在版编目（CIP）数据

工业电路板芯片级维修技能全图解/王伟伟编著. —2版. —北京：中国铁道出版社有限公司，2024.1

ISBN 978-7-113-30634-2

Ⅰ.①工…　Ⅱ.①王…　Ⅲ.①印刷电路板(材料)-维修-图解　Ⅳ.①TM215-64

中国国家版本馆CIP数据核字（2023）第198947号

书　　名：工业电路板芯片级维修技能全图解
GONGYE DIANLUBAN XINPIANJI WEIXIU JINENG QUANTUJIE

作　　者：王伟伟

责任编辑：荆　波　**编辑部电话**：（010）63549480　**电子邮箱**：the-tradeoff@qq.com

封面设计：郭瑾萱

责任校对：刘　畅

责任印制：赵星辰

出版发行：中国铁道出版社有限公司（100054，北京市西城区右安门西街8号）

印　　刷：河北京平诚乾印刷有限公司

版　　次：2020年7月第1版　2024年1月第2版　2024年1月第1次印刷

开　　本：710 mm×1 000 mm　1/16　**印张**：16.75　**字数**：318千

书　　号：ISBN 978-7-113-30634-2

定　　价：59.80元

前言

维修经验谈

工业电路板维修最大的难点就是“无图”，即没有故障电路板的电路原理图，这给维修者带来很多困难。其实，一块“无图”的工业电路板，在有经验的维修人员眼中，不过是基本电子元器件的组合，或者由各种基本单元电路组成而已；维修工业电路板实际上就是找出损坏的电子元器件并更换。

那么怎样才能成为工业电路板维修的行家里手呢？

（1）工欲善其事必先利其器。工具的熟练掌握是任何电子电工维修从业人员的必备技能，工业电路板的维修要用到很多种仪器仪表工具；工具本身的熟练操作只是一方面，更重要的是在会用的基础上，知道什么情况下用什么工具，这才是使用工具的精髓所在。

（2）九层之台，起于累土。无论是什么类型的工业电路板，它都是由各种类型的电子元器件组成的，电子元器件是它的基本构成单元，因此要学习工业电路板维修技术，就必须要先掌握电路板中的各种电子元器件好坏的检测技能。

（3）拾级而上，登堂入室。在工业电路板中，各种电子元器件和电路板上的铜线构成了可以实现不同功能的单元电路。掌握各种单元电路的结构、组成特点、控制原理以及维修方法是掌握电路板维修技术的核心条件之一。

（4）善于总结，不断进步。要不断学习和总结工业电路板维修的方法、思路和步骤。力争做到当我们拿到一块故障电路板时，能够马上区分出电路板中各个功能块电路，并根据故障现象来判断出故障是哪一块电路导致，锁定故障检查范围，然后再检查故障范围内的电路和元器件。这样，我们就掌握了维修工业电路板的基本方法和技巧。

全书内容架构

第一篇讲解工业电路板维修基础（第1、2章，包括电路图读图方法和常用电子元器件识别与检测方法）。

第二篇主要讲解单元电路维修方法与实践（第3~9章，包括运算放大器电路、数字逻辑电路、开关电源电路、微处理器/单片机电路、控制端子电路、变频器电路以及工业电路板维修实战）。

本书特点

1. 全彩图解，贴近真实

采用全彩图解的方式，图文并茂，步骤翔实，手把手教你测量常用电子元器件与工业电路板中的各个单元电路，还原工业电路板维修真实场景。

2. 内容丰富，涵盖全面

本书在内容筹划和结构设计上力求做到系统和全面，首先夯实基本电子元器件常识和电路图读图方法，然后讲解工业电路板六大典型电路的维修方法，最后以典型实践案例结尾。

3. 步骤翔实，实践性强

在本书的行文过程中，注重维修思路和经验技巧的总结，更多以电路图和实物图并行讲解的方式，力求用翔实的实操步骤缩短理论到实践的距离。

整体下载包

为了帮助读者更加扎实地掌握工业电路板维修的重点和难点，笔者特地制作了 18 段检修视频随书附赠；除此之外，为了增加图书附加价值，在整体下载包中除了检修视频外，笔者还放了常用工具使用技巧的电子文档。读者可通过 http://www.m.crphdm.com/2023/1103/14655.shtml 下载获取。

适合阅读本书的读者

本书旨在帮助从事工业电路板、电气设备维修的初级技术人员和工控企业中、高级电工系统掌握工业电路板的元器件组成、单元电路原理以及实践维修技能。同时也可供电子电工维修培训学校、技工学校、职业高中和职业院校作为培训参考教材使用。

王伟伟

2023 年 8 月

目　录

第 1 章 如何读懂电路图

第 2 章 工业电路板元器件维修基础

第 5 章 开关电源电路维修方法

第1章 如何读懂电路图

看懂电路图，并且能在实际工作中灵活运用，是一个专业电子电工维修人员的基本要求。本章将重点讲解如何看懂复杂的电路图。

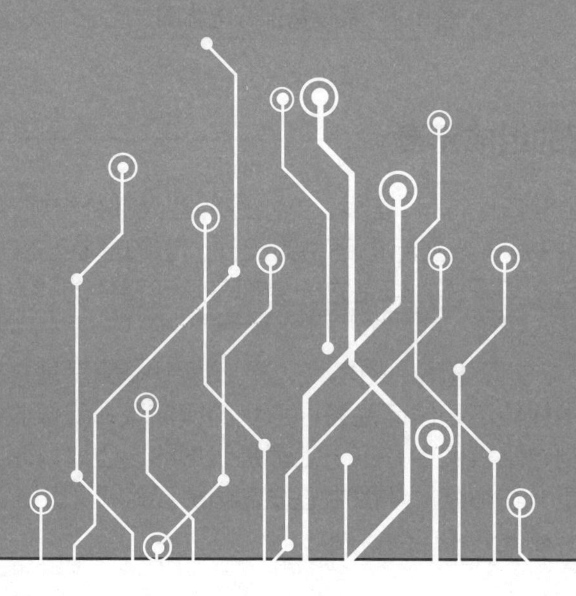

1.1 电路图读图基础

1.1.1 什么是电路图

电路图是人们为了研究和工程的需要，用约定的符号绘制的一种表示电路结构的图形。通过电路图可以分析和了解实际电路的情况。这样，我们在分析电路时，就不必把实物翻来覆去地琢磨，只要拿着一张图纸即可，从而大大提高了工作效率。如图 1-1 所示为某设备部分电路图。

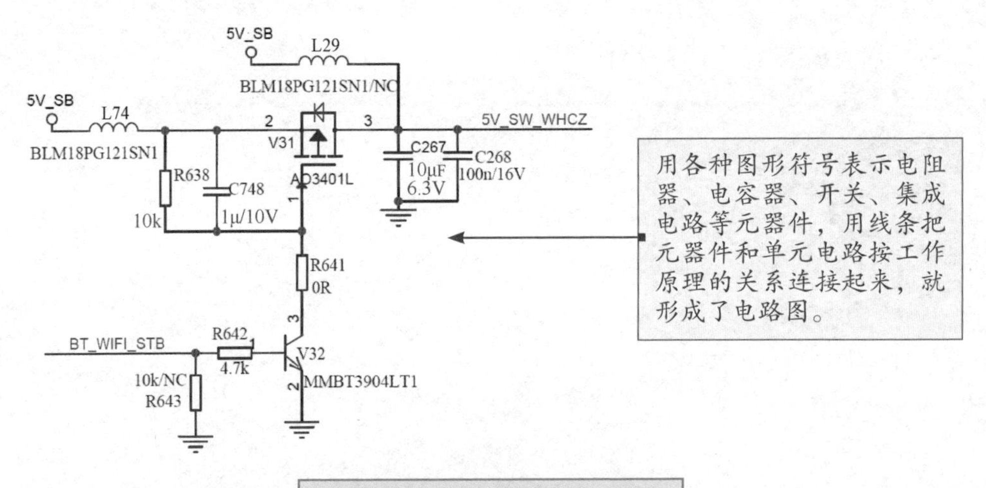

图 1-1　某设备部分电路图

1.1.2 电路图的组成元素

电路图主要由元器件符号、连线、结点、注释四大部分组成，如图 1-2 所示。

（1）元器件符号表示实际电路中的元件，它的形状与实际的元器件不一定相似，甚至完全不一样。但是它一般都表示元器件的特点，而且引脚的数目都和实际元器件保持一致。

（2）连线表示实际电路中的导线，在原理图中虽然是一根线，但在常用的印制电路板中往往不是线而是各种形状的铜箔块，就像收音机原理图中的许多连线在印制电路板图中并不一定都是线形的，也可以是一定形状的铜膜。需要注意的是，在电路原理图中总线的画法经常是采用一条粗线，在这条粗线上再分支出若干支线连到各处。

（3）结点。表示几个元件引脚或几条导线之间相互的连接关系。所有和结点相连的元件引脚、导线，不论数目多少，都是导通的。不可避免的，在电路中肯定会有交叉的现象，为了区别交叉相连和不连接，一般在电路图制作时，给相连的交叉点加实心圆点表示，不相连的交叉点不加实心圆点或绕半圆表示，也有个别的电路图是用空心圆来表示不相连的。

（4）注释。在电路图中十分重要，电路图中所有的文字都可以归入注释一类。可以看到，在图 1-2 的各个地方都有注释存在，用于说明元件的型号、名称等。

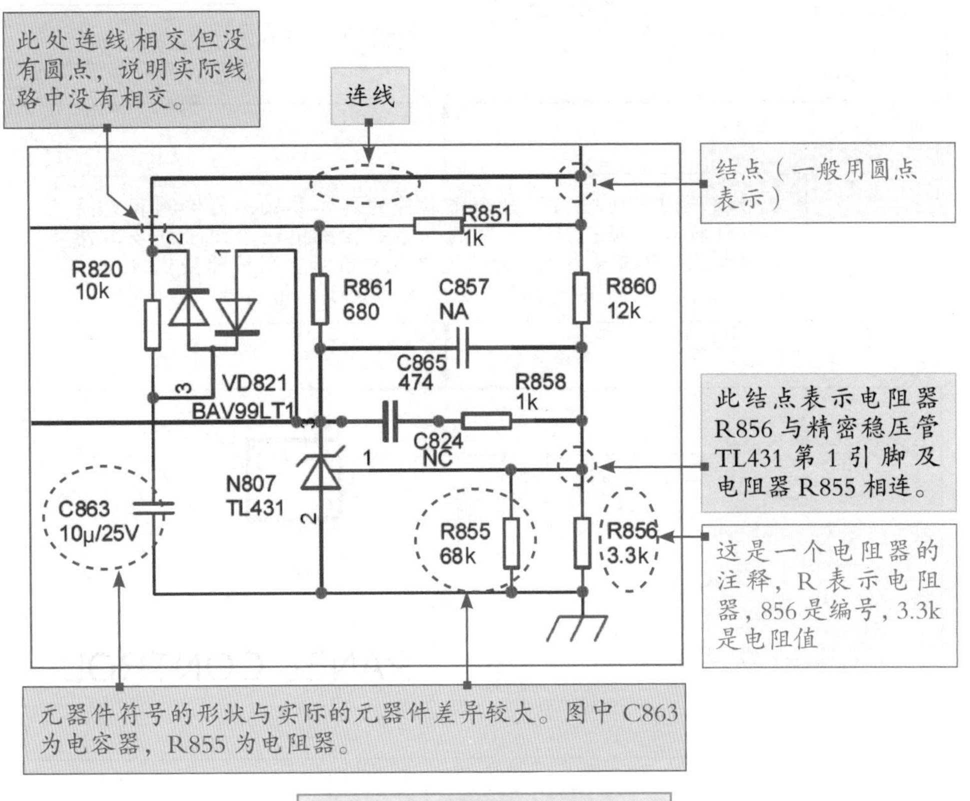

图 1-2　电路图组成元素

1.1.3　维修中会用到的电路原理图

电路原理图是用来体现电子电路工作原理的一种电路图。由于它直接体现了电子电路的结构和工作原理，所以一般用在设计、分析电路中，如图 1-3 所示。

在电路原理图中，用符号代表各种电子元器件，它给出了产品的电路结构、各单元电路的具体形式和单元电路之间的连接方式。

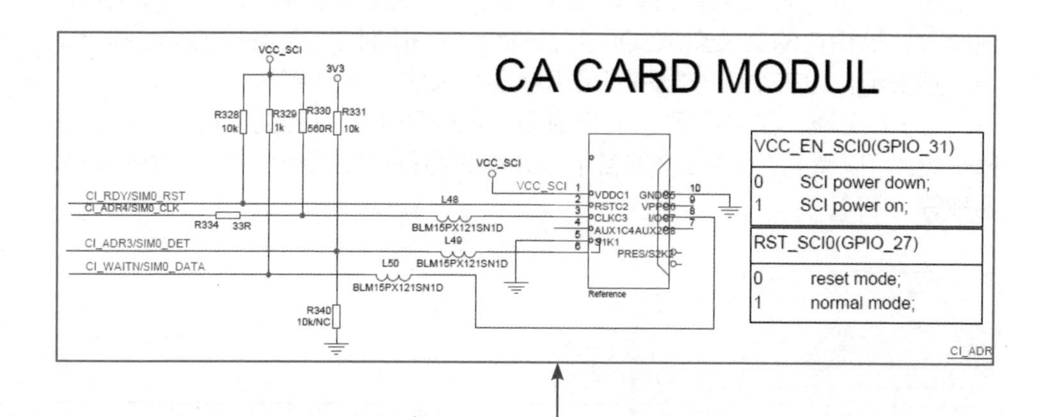

电路原理图中还给出了每个元器件的具体参数，为检测和更换元器件提供依据；另外，有的电路原理图中还给出了许多工作点的电压、电流等参数，为快速查找和检修电路故障提供方便。除此之外，还提供一些与识图有关的提示、信息等。

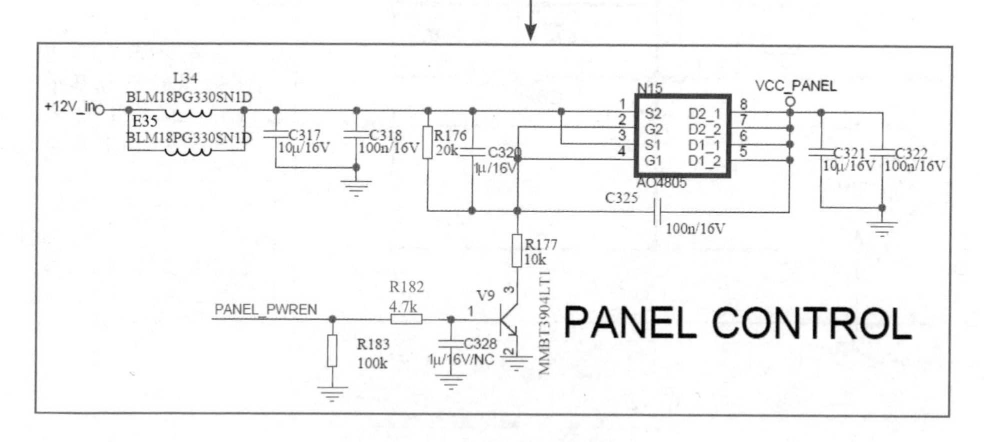

图 1-3　电路原理图

1.1.4　如何对照电路图查询故障元器件

在维修电路时，根据故障现象检查电路板上的疑似故障元器件后（如有元器件发热较大或外观有明显故障现象），接下来需要进一步了解元器件的功能。这时，通常先查到元器件的编号，然后根据元器件的编号，结合电路原理图了解元器件的功能和作用，依次进一步找到具体故障元器件，如图 1-4 所示。

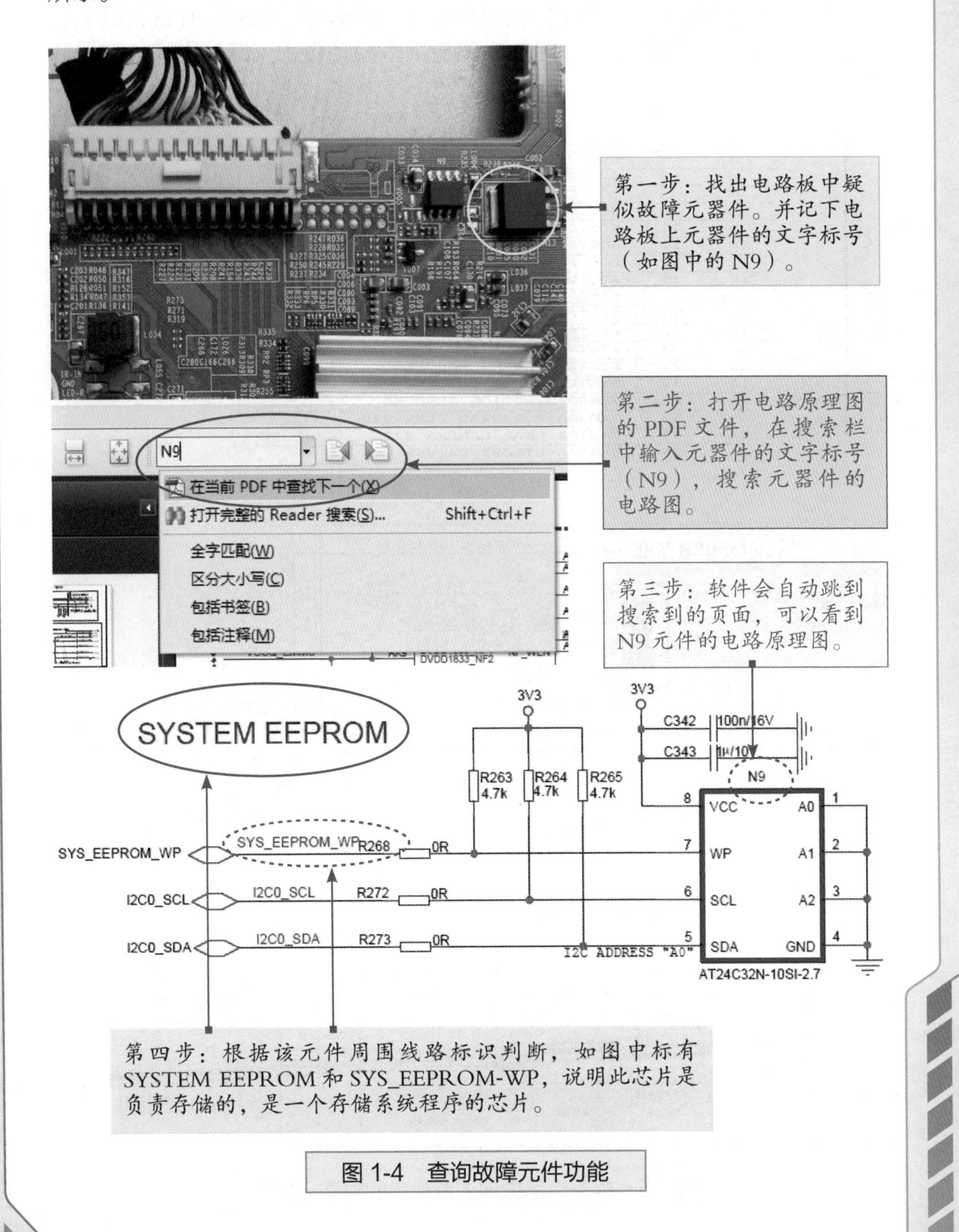

第一步：找出电路板中疑似故障元器件。并记下电路板上元器件的文字标号（如图中的 N9）。
第二步：打开电路原理图的 PDF 文件，在搜索栏中输入元器件的文字标号（N9），搜索元器件的电路图。
第三步：软件会自动跳到搜索到的页面，可以看到 N9 元件的电路原理图。
N9
在当前 PDF 中查找下一个(X)
打开完整的 Reader 搜索(S)... Shift+Ctrl+F
全字匹配(W)
区分大小写(C)
包括书签(B)
包括注释(M)
SYSTEM EEPROM
3V3
C342 100n/16V
C343 1μ/10V
R263 4.7k
R264 4.7k
R265 4.7k
SYS_EEPROM_WP
R268 0R
I2C0_SCL
R272 0R
I2C0_SDA
R273 0R
I2C ADDRESS "A0"
VCC
WP
SCL
SDA
A0
A1
A2
GND
AT24C32N-10SI-2.7
第四步：根据该元件周围线路标识判断，如图中标有 SYSTEM EEPROM 和 SYS_EEPROM-WP，说明此芯片是负责存储的，是一个存储系统程序的芯片。

图 1-4 查询故障元件功能

1.1.5 根据电路原理图查找单元电路元器件

根据电路原理图找到故障相关电路元器件的编号（如无法开机，就查找电源电路的相关元器件），然后在电路板上查找相应的元器件进行检测，如图 1-5 所示。

5	7	SOC:JTAG,USB,XTAL
6	8	SOC:PCIE
7	9	SOC:CAMERA & DISPLAY
8	10	SOC:SERIAL & GPIO
9	11	SOC:OWL
10	12	SOC:POWER (1/3)
11	13	SOC:POWER (2/3)
12	15	SOC:POWER (3/3)
13	20	NAND
14	21	SYSTEM POWER:PMU (1/3)
15	22	SYSTEM POWER:PMU (2/3)
16	23	SYSTEM POWER:PMU (3/3)
17	24	SYSTEM POWER:CHARGER
18	30	SYSTEM POWER:BATTERY CONN
19	31	SENSORS:MOTION SENSORS
20	32	CAMERA:FOREHEAD FLEX B2B
21	33	CAMERA:REAR CAMERA B2B
22	35	CAMERA:STROBE DRIVER

第一步：根据电路原理图的目录页(一般在第一页）查找相关电路的关键词，如供电电路就查找 SYSTEM POWER，对应的页数为 14 页。

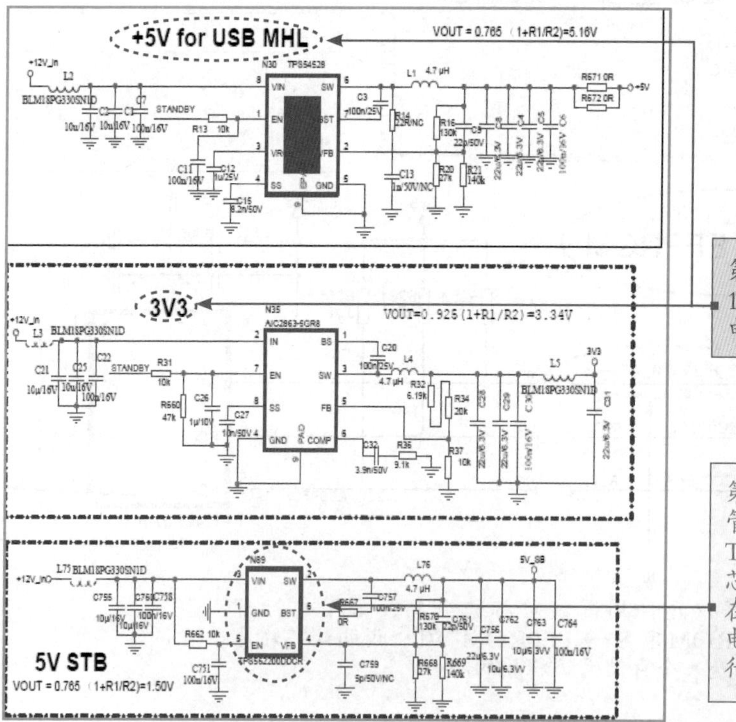

第二步：打开第 14 页可以看到与电源有关的电路。

第三步：N89 为电源管理芯片的标号，TPS562200 为管理芯片的型号。然后在电路板中找电源电路中的元器件进行检测，查找故障。

图 1-5 根据电路原理图查找单元电路元器件

1.2 看懂电路原理图中的各种标识

要看读懂电路原理图，首先应建立图形符号与电气设备或部件的对应关系以及明确文字标识的含义，才能了解电路图所表达的功能、连接关系等，如图 1-6 所示。

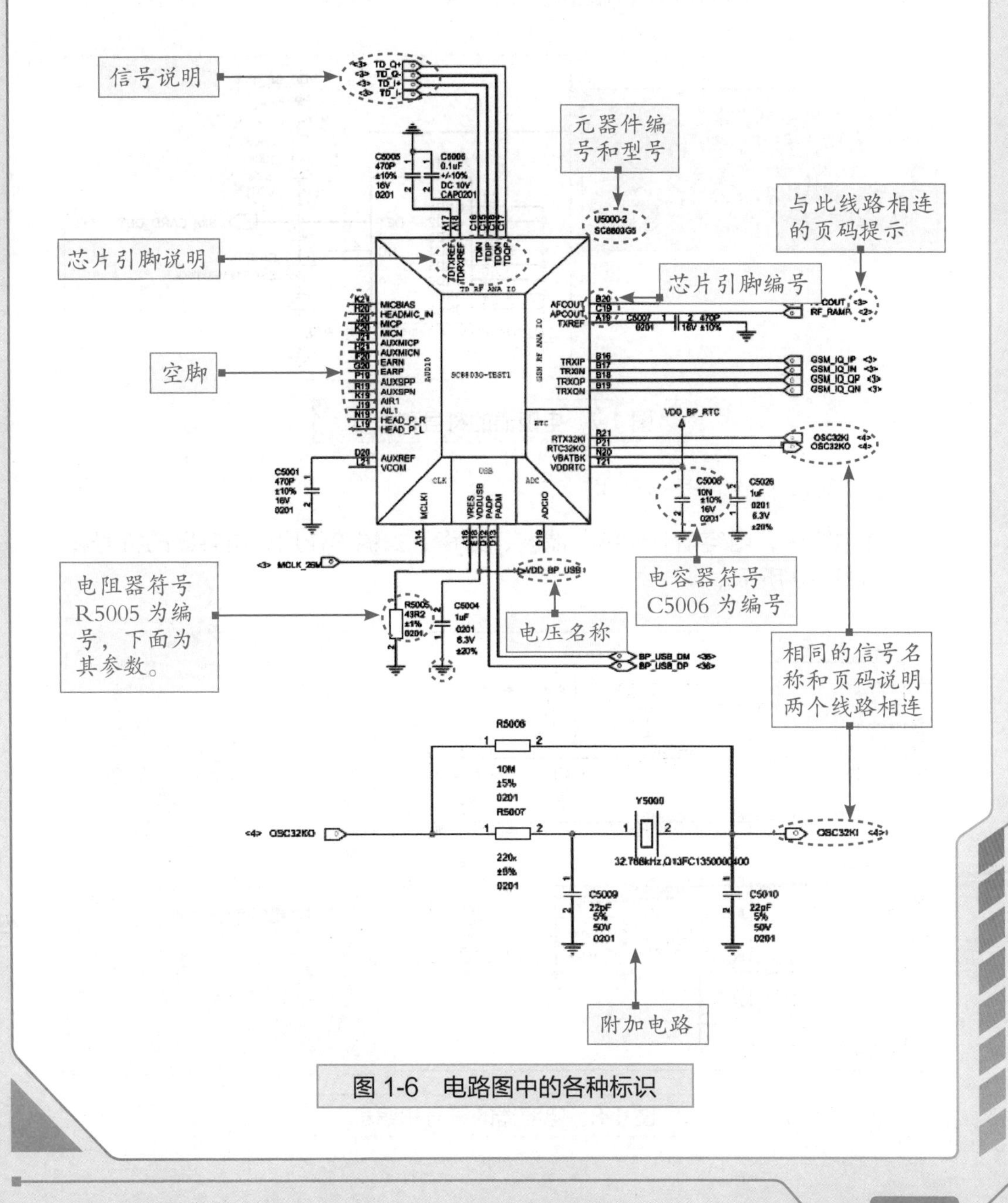

图 1-6　电路图中的各种标识

1.2.1 电路图中的元器件编号

电路图中对每一个元器件都进行编号，编号规则一般为“字母 + 数字”，如 CPU 芯片的编号为 U101。

1. 电阻器的符号和编号

在电路中，电阻器的主要作用是稳定和调节电路中的电流和电压，即控制某一部分电路的电压和电流比例。电阻器的符号和编号如图 1-7 所示。

在电路图中，电阻器一般用字母 R 表示。图中 R5030，R 表示电阻器，5030 是其编号，100K 为其容量表示 100kΩ，±5% 为其精度，0201 为其规格。

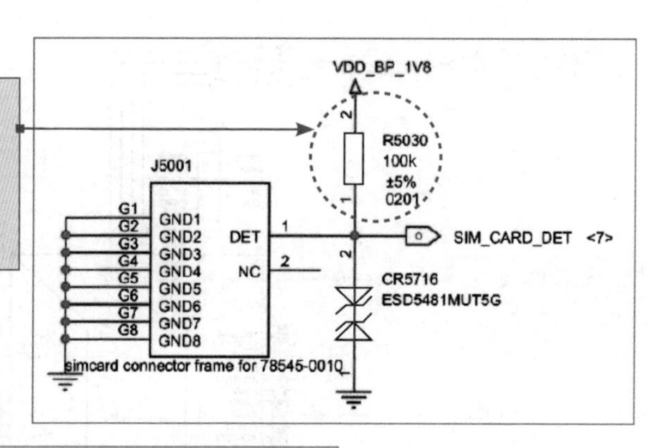

图 1-7 电阻器的符号和编号

2. 电容器的符号和编号

在电路中，电容器有储能、滤波、旁路、去耦等作用，电容器的符号和编号如图 1-8 所示。

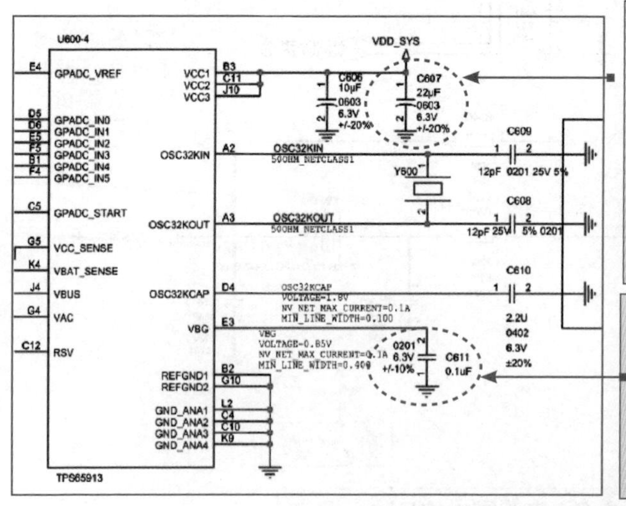

在电路图中，电容器一般用字母 C 表示。图中电容器的符号表示有极性电容，通常用在供电电路中，C607 中的 C 表示电容器，607 为编号，22μF 为其容量，0603 为其规格，6.3V 为其耐压参数，±20% 为其精度参数。

图中的电容符号表示无极性电容，C611 中的 C 表示电容器，611 为编号，0.1μF 为其容量，0201 为其规格，6.3V 为其耐压参数，±10% 为其精度参数。

图 1-8 电容器的符号和编号

3. 电感器的符号和编号

通电线圈会产生磁场，且磁场大小与电流的特性息息相关。当交流电通过电感器时电感器对交流电有阻碍作用，而直流电通过电感器时，可以顺利通过。电感器的符号和编号如图 1-9 所示。

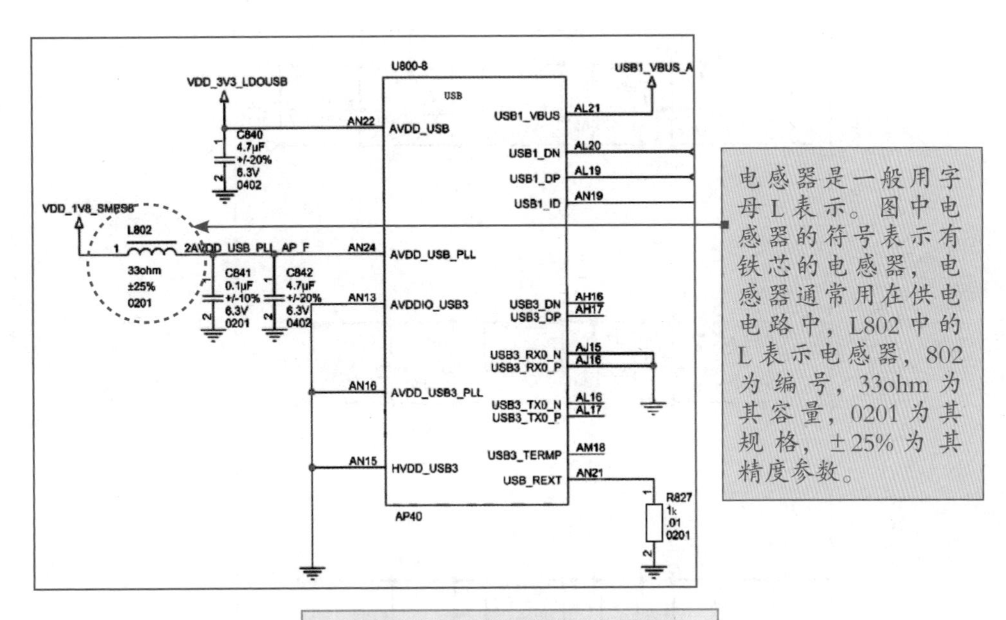

图 1-9　电感器的符号和编号

4. 二极管的符号和编号

二极管一般用字母 D、VD 等表示。常用的二极管有稳压二极管、整流二极管、开关二极管、检波二极管、快恢复二极管、发光二极管等。二极管的符号和编号如图 1-10 所示。

5. 三极管的符号和编号

在电路中，三极管最重要的特性就是对电流的放大作用。该放大作用实质上是一种以小电流操控大电流的作用，并不是一种使能量无端放大的过程，该过程遵循能量守恒。三极管的符号和编号如图 1-11 所示。

6. 场效应管的符号和编号

场效应管是一种用电压控制电流大小的器件，即利用电场效应来控制管子的电流。场效应管的品种有很多，按其结构可分为两大类，一类是结型场效应管，另一类是绝缘栅型场效应管。每种结构又有 N 沟道和 P 沟道两种导电沟道。场效应管的符号和编号如图 1-12 所示。

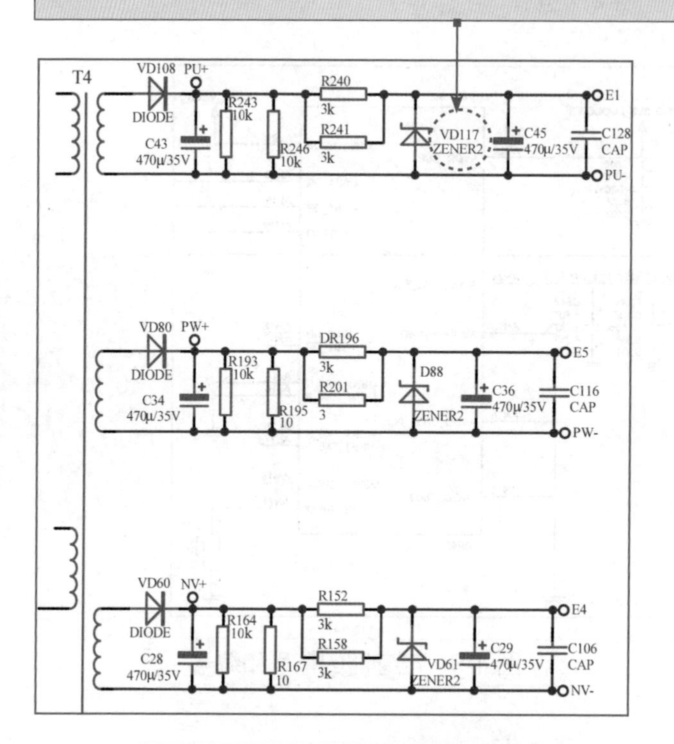

图 1-10　二极管的符号和编号

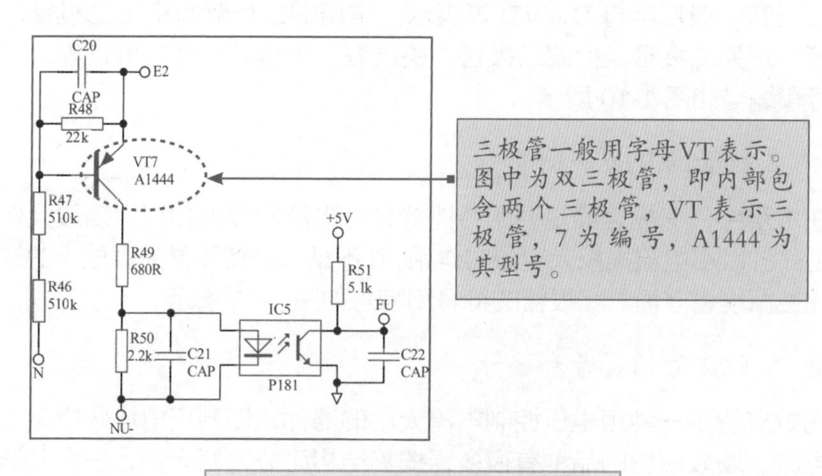

图 1-11　三极管的符号和编号

场效应管一般用字母 VT 表示。VT 表示场效应管，2 为编号，K2717 为其型号。

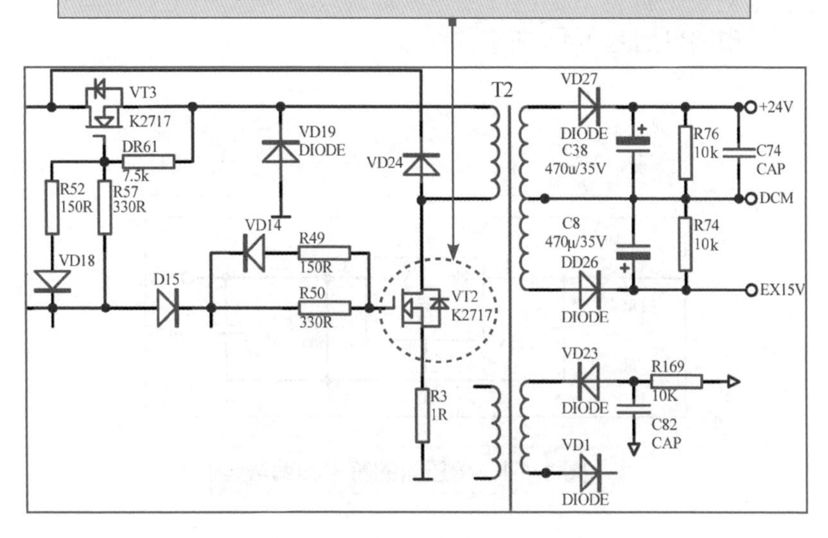

图 1-12　场效应管的符号和编号

7. 晶振的符号和编号

晶振的作用在于产生原始的时钟频率，时钟频率经过频率发生器的放大或缩小后就成了电路中各种不同的总线频率。晶振的符号和编号如图 1-13 所示。

晶振一般用字母 X、Y 或 Z 表示。Y5000 中的 Y 表示晶振，5000 为编号，32.768kHz 为晶振的频率。

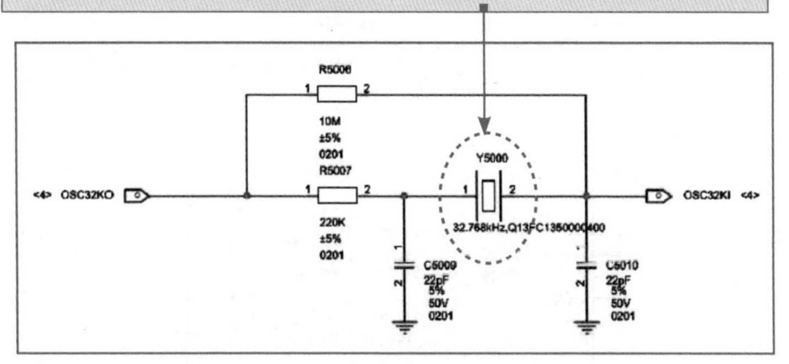

图 1-13　晶振的符号和编号

8. 稳压器的符号和编号

稳压电路是一种将不稳定直流电压转换成稳定直流电压的集成电路。稳压器的符号和编号如图 1-14 所示。

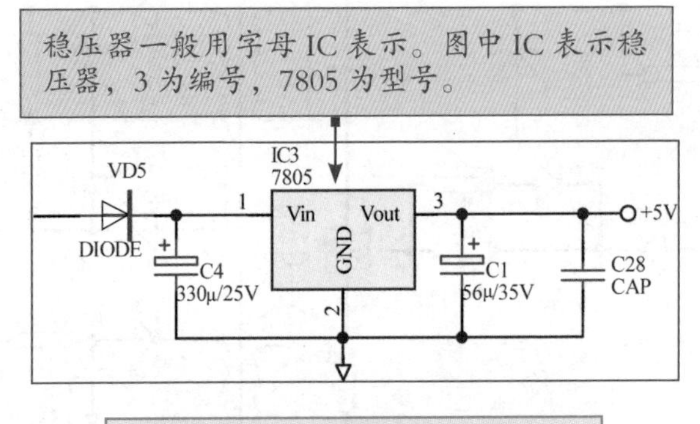

图 1-14 稳压器的符号和编号

9. 集成电路的符号、编号和引脚分布规律

集成电路是一种微型电子器件或部件，它的内部包含很多个晶体管、二极管、电阻器、电容器和电感器等元件。集成电路的符号和编号如图 1-15 所示。

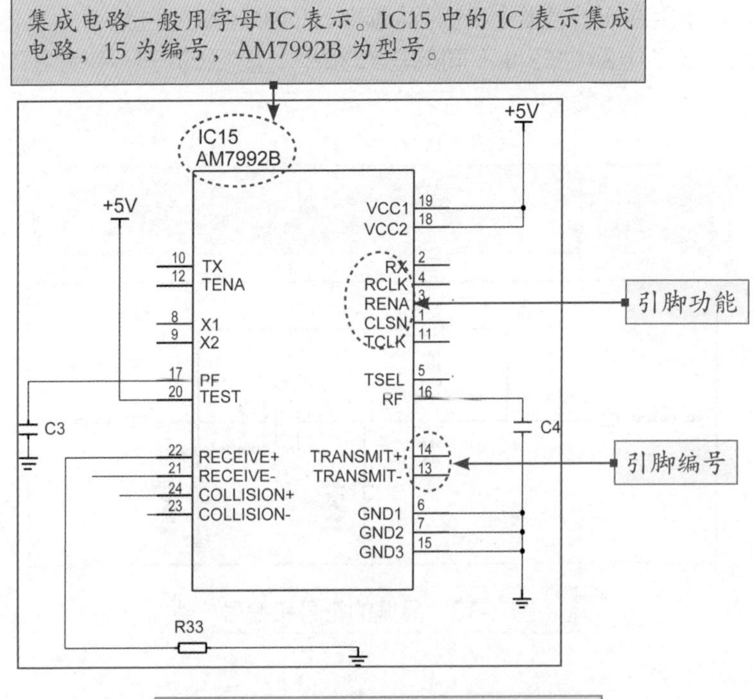

图 1-15 集成电路的符号和编号

常见集成电路的封装形式有 DIP 封装、SOP 封装、TQFP 封装和 BGA 封装，不同封装形式的引脚分布差异较大。

DIP 封装、SOP 封装的集成电路的引脚分布规律如图 1-16 所示。

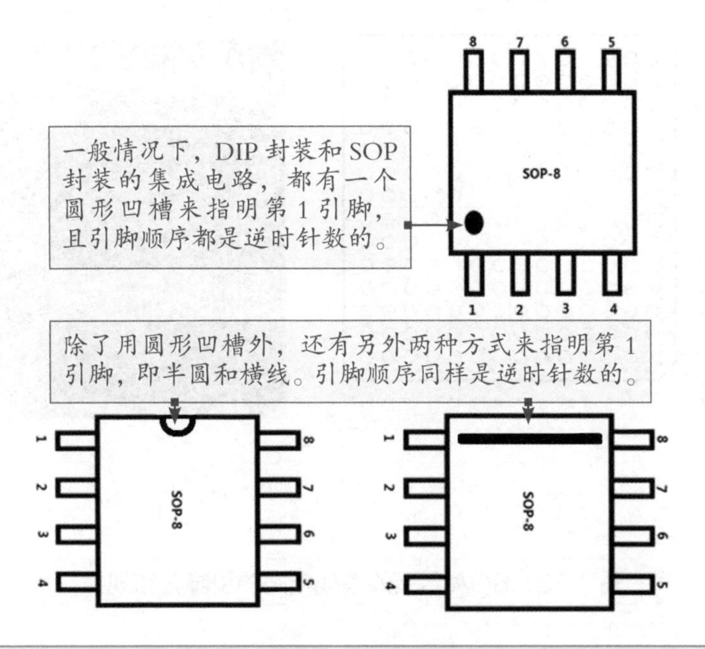

图 1-16　DIP 封装、SOP 封装的集成电路的引脚分布规律

TQFP 封装的集成电路的引脚分布规律如图 1-17 所示。

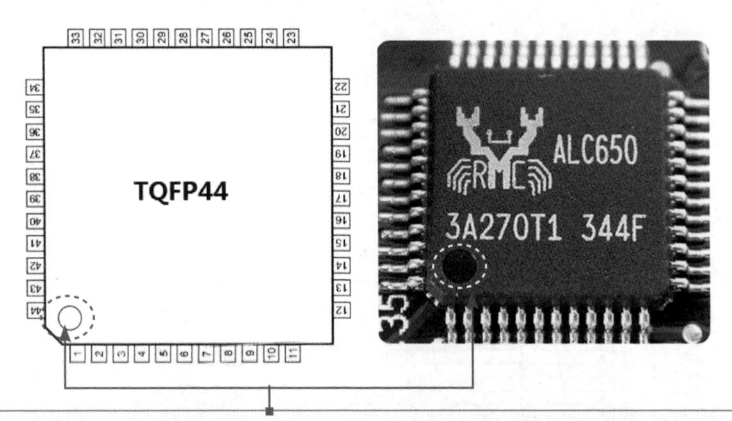

图 1-17　TQFP 封装的集成电路的引脚分布规律

BGA 封装的集成电路的引脚分布规律如图 1-18 所示。

BGA 封装的集成电路会有一个圆型凹或圆点来指明第 1 引脚，这种封装的集成电路引脚在底部。

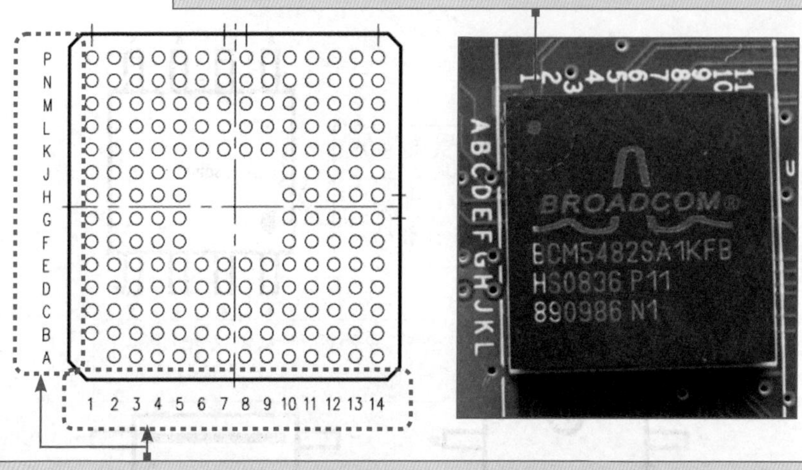

BGA 封装的集成电路，引脚编号不是 1、2、3 等纯数字编号，而是用坐标来表示，例如 A1、B2、C3。

图 1-18　BGA 封装的集成电路的引脚分布规律

10. 接口的符号和编号

接口的功能通常用来将两个电路板或将部件连接到主板。接口的符号和编号如图 1-19 所示。

接口一般用字母 J 表示。图中 J 表示接口，1101 为编号，LCD CONNECTOR 为接口类型。

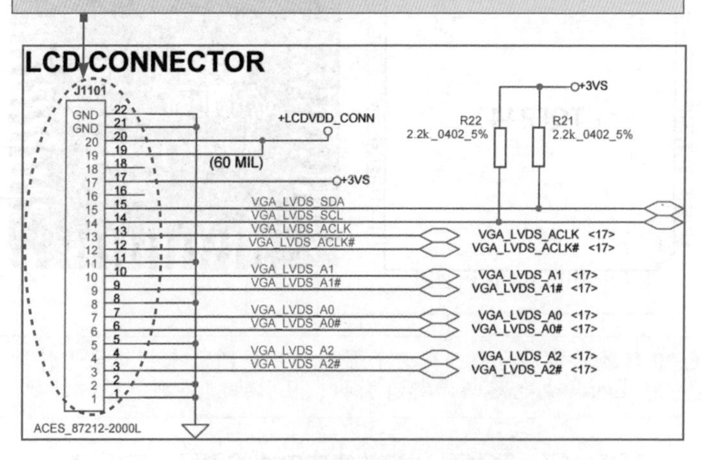

图 1-19　接口的符号和编号

1.2.2　线路连接页号提示

为了用户方便查找，在每一条非终端的线路上会标识与之连接的另一端信号的页码。根据线路信号的连接情况，可以了解电路的工作原理，如图 1-20 所示。

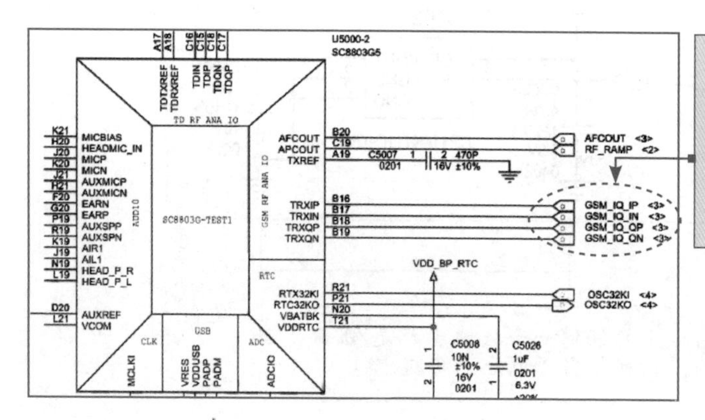

(1) 如果我们想查找 GSM_IQ_IP 和 GSM_IQ_IN 由谁输入到 U5000 的，那么根据线路连接页号提示，这 2 个信号与第 3 页相连。

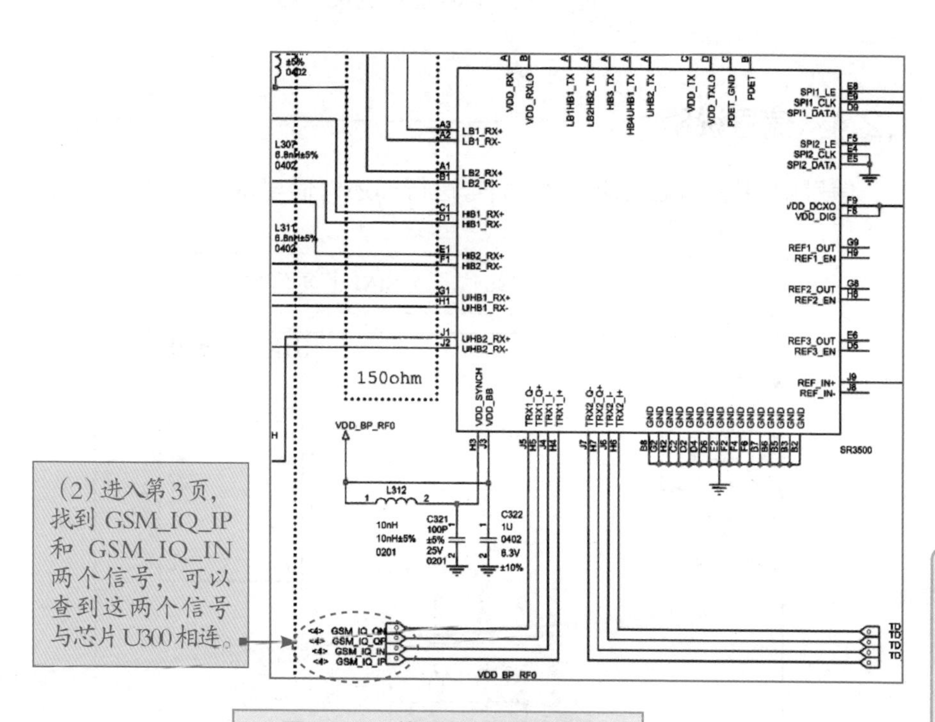

图 1-20　线路连接页号提示

1.2.3 接地点

电路图中的接地点如图 1-21 所示。

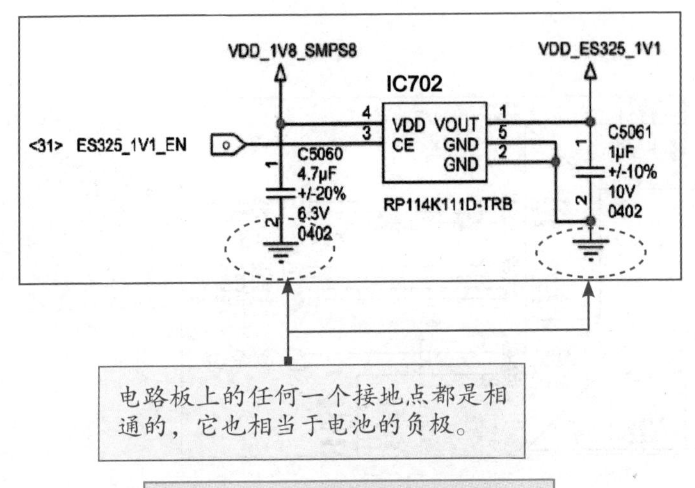

图 1-21 电路图中的接地点

1.2.4 信号说明

信号说明是对该线路传输的信号进行描述，信号说明如图 1-22 所示。

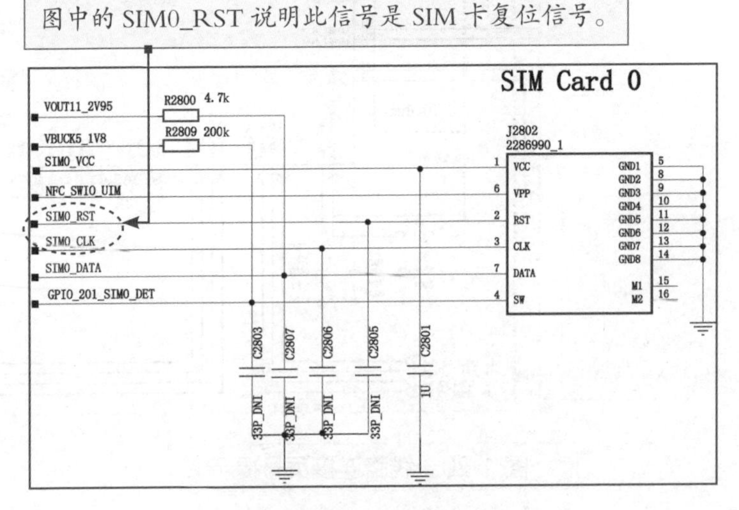

图 1-22 信号说明

1.2.5　线路化简标识

线路化简标识一般用于批量线路走线时使用，线路化简标识如图 1-23 所示。

U800-6 SDMM 的存储器数据总线 SDMMC4_DAT0 至 SDMMC4_DAT7 一起连接到 FLASH 的数据总线。

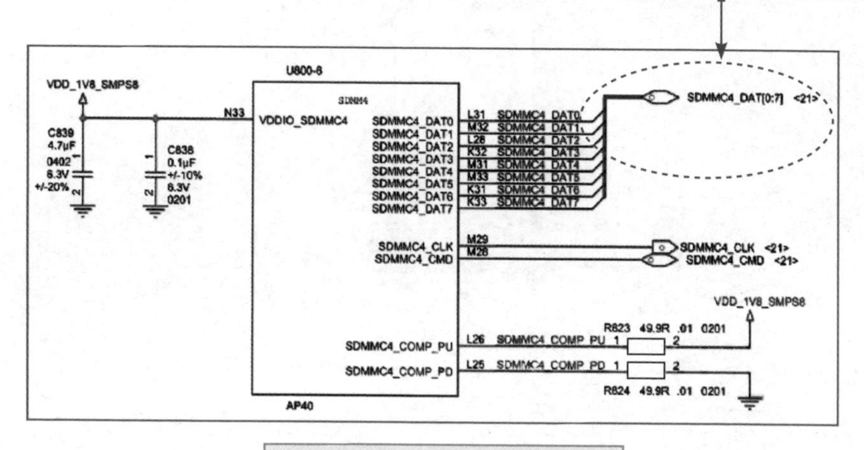

图 1-23　线路化简标识

第2章 工业电路板元器件维修基础

电子元器件是电路板的基本组成部件，电路板的故障都是由这些基本元器件故障引起的，而在维修电路板故障时，也需要通过检测元器件来排除故障。因此在学习芯片级维修之前，应先掌握检测电子元器件好坏的方法。

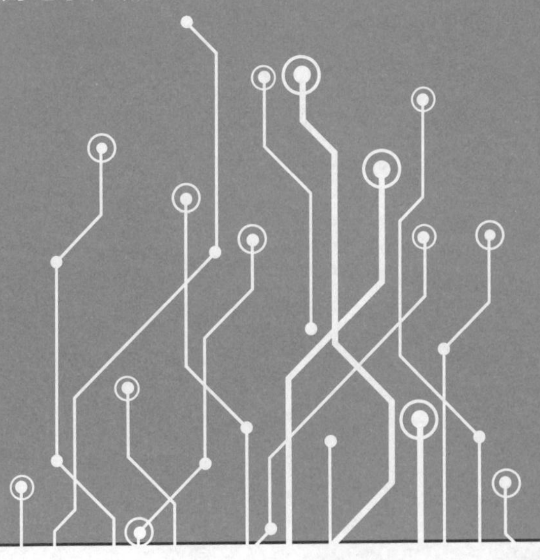

2.1 认识工业电路板维修

2.1.1　电路板板级维修和芯片级维修的区别

板级维修是指维修人员在维修设备时，查出是哪一块具体的电路板出现问题，然后通过直接更换电路板的方法修复故障。板级维修需要购买新电路板，维修成本较高。而且有些电路板在市场上无法买到，维修工作会受到限制。

芯片级维修则是找出故障电路板中损坏的电子元器件或者芯片，针对发生故障的元器件或芯片进行更换的维修方法，如图 2-1 所示。芯片级维修的核心是找出损坏的故障元器件，由于电路板通常都比较复杂，所以需要掌握一定的电子电路专业知识，才能从事芯片级维修工作。

图 2-1　芯片级维修

2.1.2　如何成为工业电路板维修工程师

在工业生产中，经常会看到伺服驱动器、变频器、开关电源等各种设备，这些设备在生产中起到关键作用，一旦出现故障就可能导致停产，造成损失。但维修这些设备时，都无法找到其电路图，所以就需要在无电路图的情况下进行维修。

学习无电路图芯片级维修需要掌握以下几方面技能：

（1）掌握基本维修工具使用方法（如万用表、热风焊台等）。

（2）掌握电子元器件的基本知识及检测方法，并结合电路，掌握其在不同电路环境中发挥的功能。

（3）掌握典型基本电路的工作原理及检测方法。

1. 掌握维修工具的使用方法

在维修电路板时，维修检测工具是不可缺少的。维修者对故障进行辨别、诊断、分析、维修、测试等都需要借助维修工具。

常用的工具主要有：

（1）诊断类工具：数字万用表、指针万用表、电容表、离线芯片读卡器各准备一台。

（2）电源及维修工具类：稳定直流电源，固定电源（包括 3 号、5 号，9V 干电池等），多芯导线。

（3）焊接工具类：吸锡器、热风焊台、恒温可调焊台等。

（4）测试工具及其他：可以自制简单测试平台，如变频器灯泡测试仪，或准备 2~3 款功率递变的电动机。另外还要准备螺丝刀、钳子、中倍便携放大镜等工具。

2. 掌握电子元器件知识

（1）掌握常用电子元器件的基本知识，如元器件的功能、作用、特性、测试值、工作条件等；元器件好坏检测方法，如元器件的静态值和动态值，判断好坏标准等；元器件代换方法，如代换元器件时需要注意哪些关键参数等。

（2）要学会登录权威网站搜索芯片的微电路结构、功能及芯片测试电路等（如可以在 www.alldatasheet.com 网站查询），以便查找芯片供电引脚、输入 / 输出引脚等关键测试点，以及查看元器件参数，找到代换元器件。

3. 掌握基本电路知识

在维修层面，起点定位在基本电路而非电子元器件。因为电路板都是由各种基本电路组成的，如主电路一般由整流滤波电路、时钟电路、供电电路等组成。控制电路一般包含检测、报警电路等。所以要牢记基本应用电路结构，记住不同电路结构并领会后，其电路功能就清晰明了，达到快速诊断板级故障。

常用典型电路包括：全整流滤波电路（知道组和节点位置）、反馈电路（知道反馈量影响输出量）、三极管模拟放大电路、差分放大电路的应用与电位测试点、推挽电路及失效模式、开关电源电路原理等。

2.2 认识电阻器及其检测方法

在电路中，电阻器的主要作用是稳定和调节电路中的电流和电压，即控制某一部分电路的电压和电流比例。电阻器是电路元器件中应用最广泛的一种，在电子设备中约占元器件总数的 30%。

2.2.1 常用的电阻器

电阻器是电路中最基本的元器件之一，其种类较多，如图 2-2 所示。

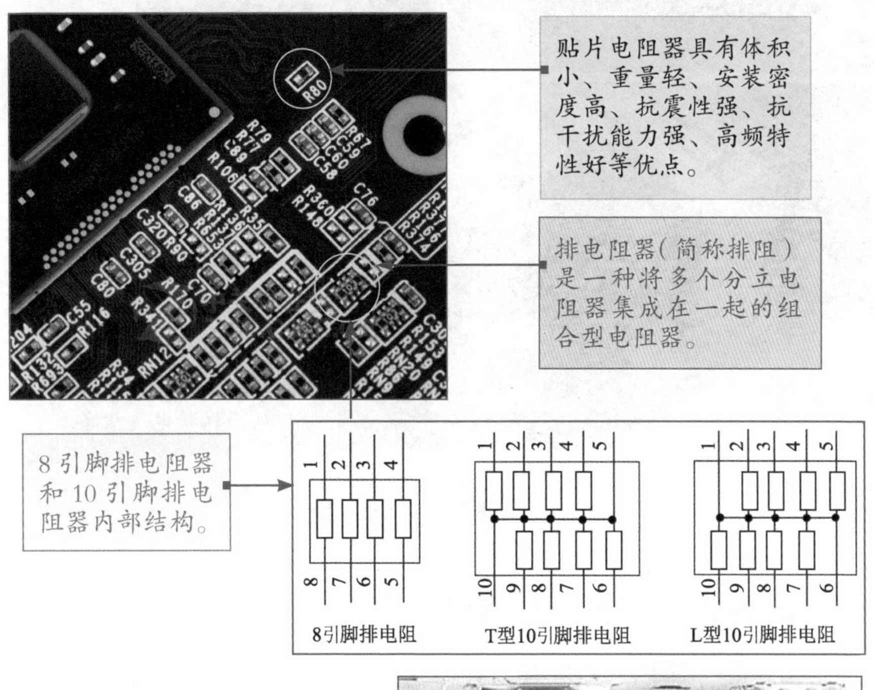

贴片电阻器具有体积小、重量轻、安装密度高、抗震性强、抗干扰能力强、高频特性好等优点。
排电阻器（简称排阻）是一种将多个分立电阻器集成在一起的组合型电阻器。
8 引脚排电阻器和 10 引脚排电阻器内部结构。
8引脚排电阻
T型10引脚排电阻
L型10引脚排电阻
R80

熔断电阻器的特性是阻值小，只有几欧姆，超过额定电流时就会烧坏，在电路中起到保护作用。
ESATA
PSKBM
ATX12V

图 2-2　电阻器的种类

碳膜电阻器的电压稳定性好，造价低。从外观看，碳膜电阻器有五个色环，为蓝色。

金属膜电阻器体积小，噪声低，稳定性良好。从外观看，金属膜电阻器有四个色环，为土黄色或是其他的颜色。

压敏电阻器主要用在电气设备交流输入端，用作过电压保护。当输入电压过高时，它的阻值将减小，使串联在输入电路中的熔断管熔断，切断输入，从而保护电气设备。

图 2-2　电阻器的种类（续）

2.2.2　认识电阻器的符号很重要

维修电路时，通常需要参考电器设备的电路原理图来查找问题，而电路图中的元器件主要用元器件符号来表示。元器件符号包括文字符号和图片符号。其中，电阻器一般用字母 R 来表示。如表 2-1 所示为常见电阻器的电路图形符号。图 2-3 所示为电路图中电阻器的符号。

表 2-1　常见电阻参数电路图形符号

一般电阻	可变电阻	光敏电阻	压敏电阻	热敏电阻
			U	θ

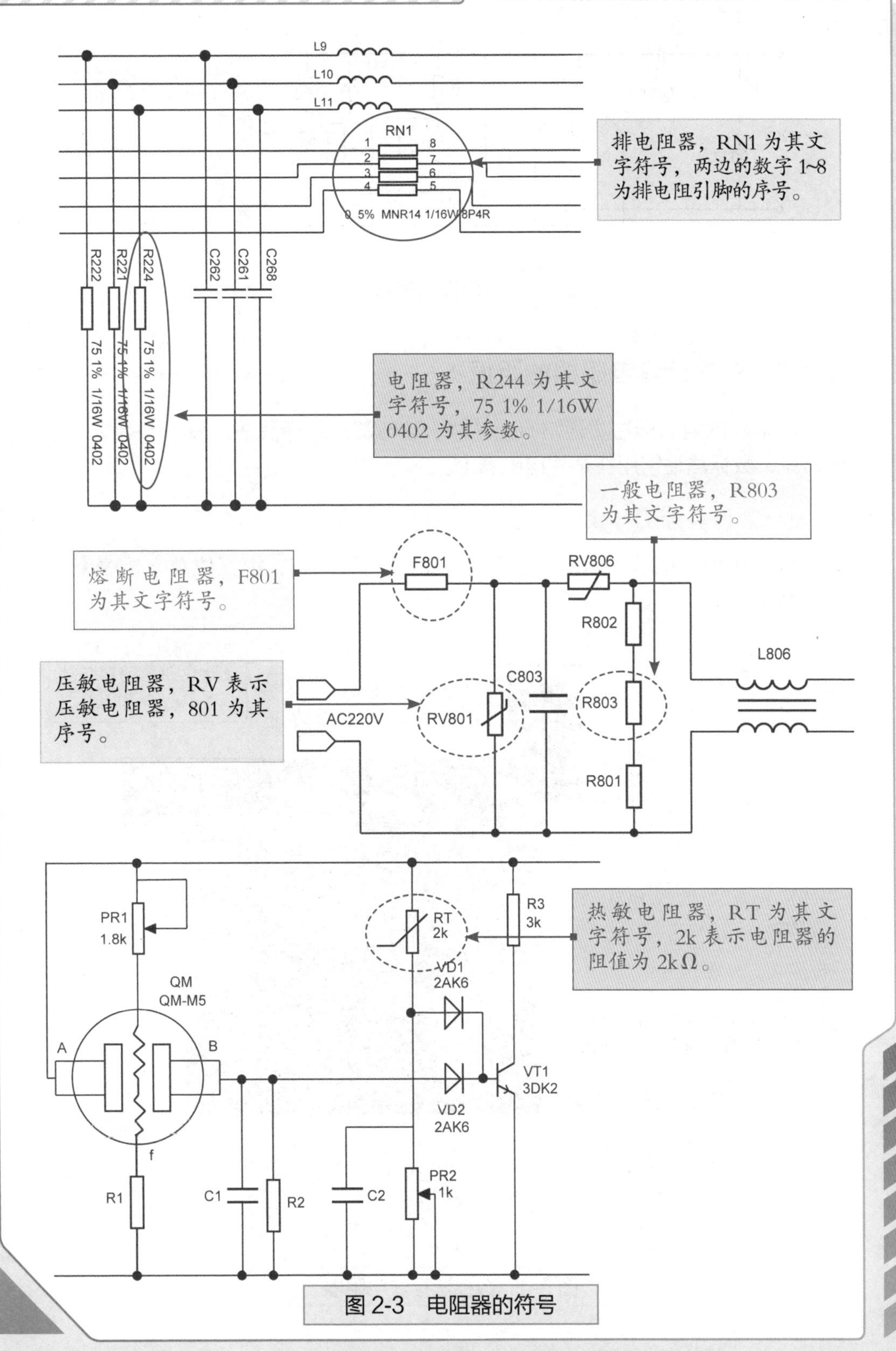
L9
L10
L11
RN1
1 2 3 4 8 7 6 5
0 5% MNR14 1/16W 8P4R
排电阻器，RN1为其文字符号，两边的数字1~8为排电阻引脚的序号。
R222
R221
R224
C262
C261
C268
75 1% 1/16W 0402
电阻器，R244为其文字符号，75 1% 1/16W 0402为其参数。
一般电阻器，R803为其文字符号。
熔断电阻器，F801为其文字符号。
F801
RV806
R802
L806
C803
压敏电阻器，RV表示压敏电阻器，801为其序号。
AC220V
RV801
R803
R801
PR1
1.8k
RT
2k
R3
3k
热敏电阻器，RT为其文字符号，2k表示电阻器的阻值为2kΩ。
QM
QM-M5
VD1
2AK6
A
B
VT1
3DK2
VD2
2AK6
f
R1
C1
R2
C2
PR2
1k

图2-3　电阻器的符号

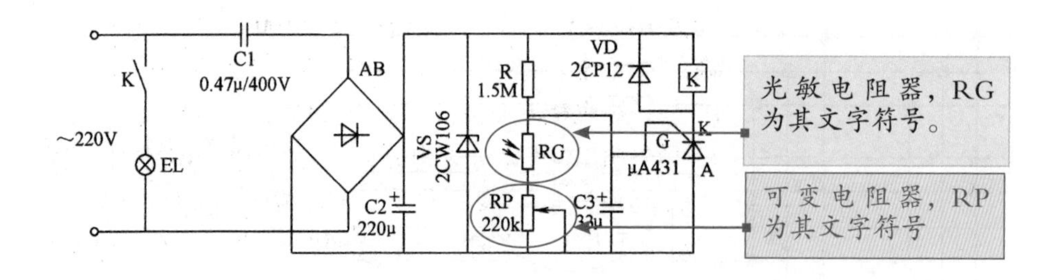

图 2-3　电阻器的符号（续）

2.2.3　轻松计算电阻器的阻值

电阻器的阻值标注法通常有色环法、数标法。色环法在一般的电阻器上比较常见，数标法通常用在贴片电阻器上。

1. 读懂数标法标注的电阻器

数标法用三位数表示阻值，前两位表示有效数字，第三位数字是倍率，如图 2-4 所示。

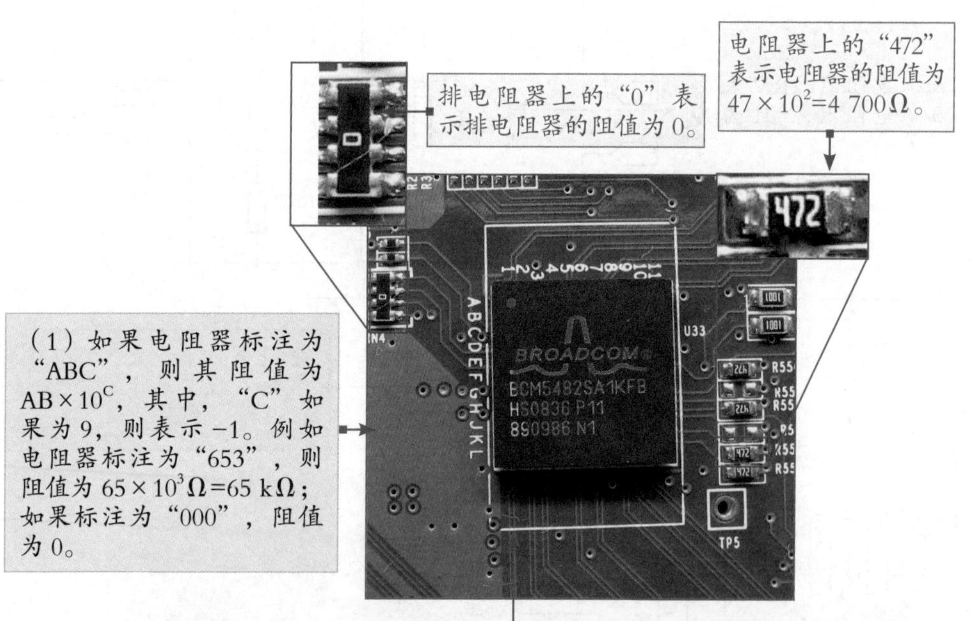

排电阻器上的“0”表示排电阻器的阻值为 0。
电阻器上的“472”表示电阻器的阻值为 47×10^2=4 700Ω。
（1）如果电阻器标注为“ABC”，则其阻值为 $AB\times10^C$，其中，“C”如果为 9，则表示 −1。例如电阻器标注为“653”，则阻值为 65×10^3Ω=65 kΩ；如果标注为“000”，阻值为 0。
（2）可调电阻器在标注阻值时，也常用两位数字表示。第一位表示有效数字，第二位表示倍率。例如，“24”表示 2×10^4 = 20kΩ。还有标注时用 R 表示小数点，如 R22=0.22Ω，2R2=2.2Ω。
472
BROADCOM
BCM5482SA1KFB
U33
TP5

图 2-4　数标法标注电阻器

2. 读懂色标法标注的电阻器

色标法是指用色环标注阻值的方法，色环标注法使用最多，普通的色环电阻器用四环表示，精密电阻器用五环表示，紧靠电阻体一端头的色环为第一环，露着电阻体本色较多的另一端头为末环。

如果色环电阻器用四环表示，则前面两位数字是有效数字，第三位是 10 的倍幂， 第四环是色环电阻器的误差范围，如图 2-5 所示。

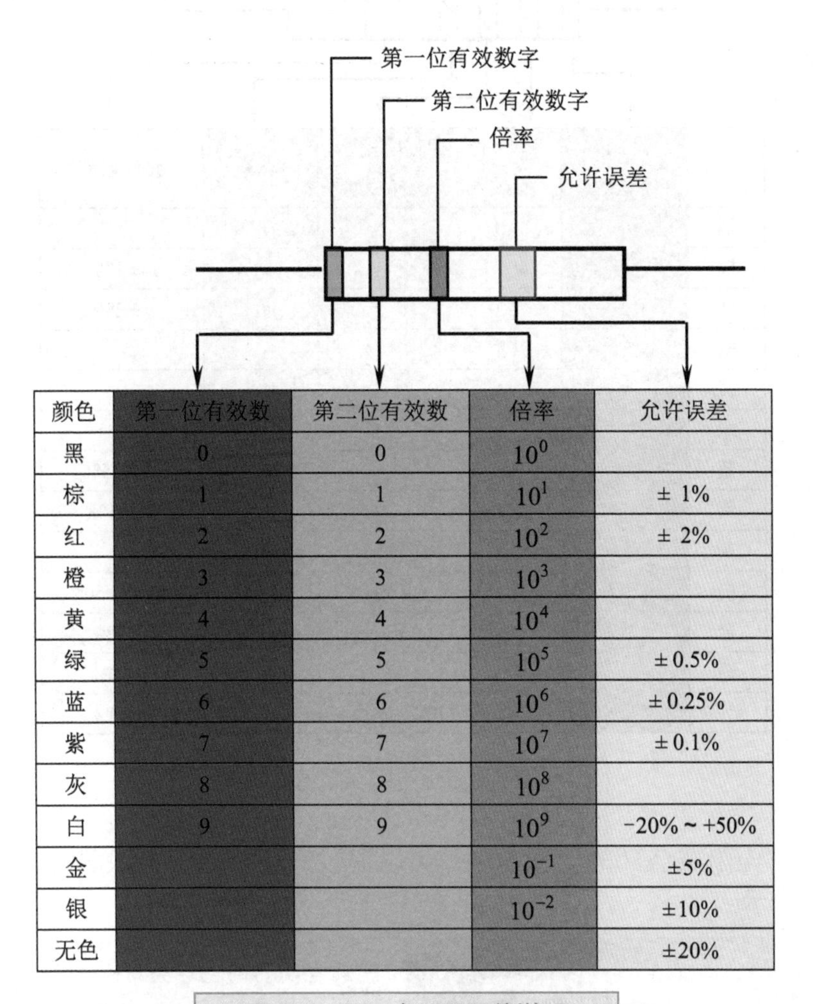

颜色	第一位有效数	第二位有效数	倍率	允许误差
黑	0	0	10^0	
棕	1	1	10^1	± 1%
红	2	2	10^2	± 2%
橙	3	3	10^3	
黄	4	4	10^4	
绿	5	5	10^5	± 0.5%
蓝	6	6	10^6	± 0.25%
紫	7	7	10^7	± 0.1%
灰	8	8	10^8	
白	9	9	10^9	−20% ~ +50%
金			10^{-1}	±5%
银			10^{-2}	±10%
无色				±20%

图 2-5　四环电阻器阻值说明

如果色环电阻器用五环表示，则前面三位数字是有效数字，第四位是 10 的倍幂，第五环是色环电阻器的误差范围，如图 2-6 所示。

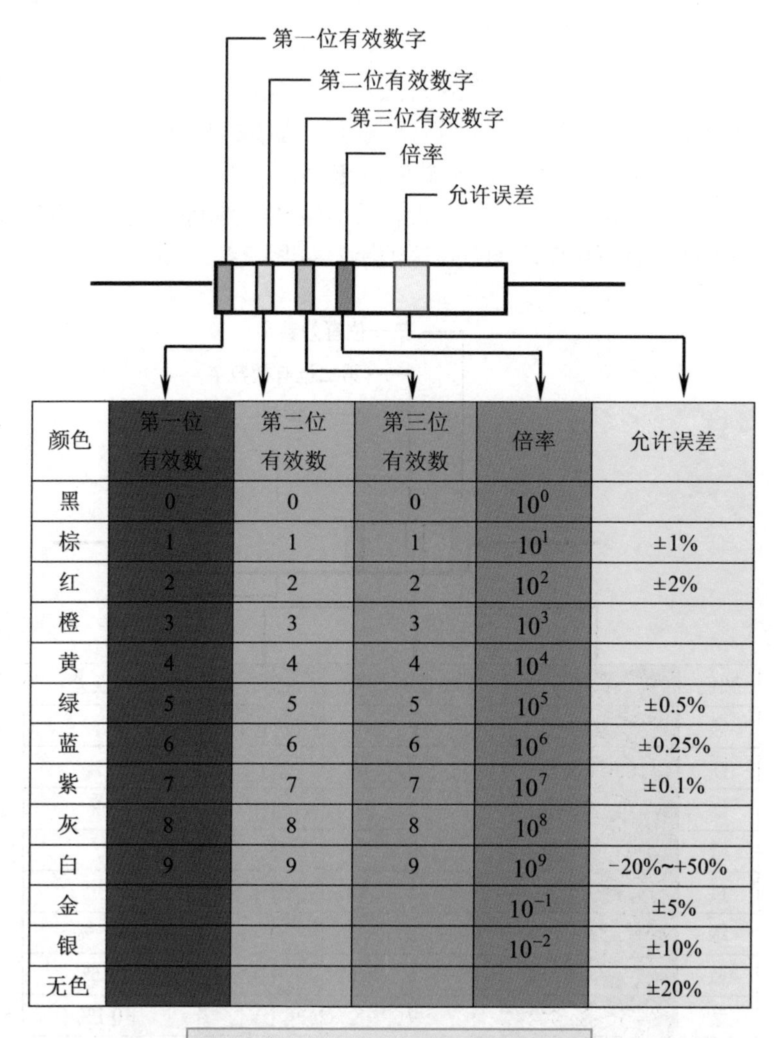

颜色	第一位有效数	第二位有效数	第三位有效数	倍率	允许误差
黑	0	0	0	10^0	
棕	1	1	1	10^1	±1%
红	2	2	2	10^2	±2%
橙	3	3	3	10^3	
黄	4	4	4	10^4	
绿	5	5	5	10^5	±0.5%
蓝	6	6	6	10^6	±0.25%
紫	7	7	7	10^7	±0.1%
灰	8	8	8	10^8	
白	9	9	9	10^9	-20%~+50%
金				10^{-1}	±5%
银				10^{-2}	±10%
无色					±20%

图 2-6　五环电阻器阻值说明

根据电阻器色环的读识方法，可以很轻松地计算出电阻器的阻值，如图 2-7 所示。

此电阻器的色环为：棕、绿、黑、白、棕五环，对照色码表，其阻值为 $150\times10^9\Omega$，误差为 ±1%。

此电阻器的色环为：灰、红、黄、金四环，对照色码表，其阻值为 $82\times10^4\Omega$，误差为 ±5%。

图 2-7　计算电阻器阻值

3. 如何识别首位色环

经过上述阅读，聪明的读者会发现一个问题，我怎么知道哪个是首位色环啊？不知道哪个是首位色环，又怎么去核查？首色环判断方法大致有如下几种，如图 2-8 所示。

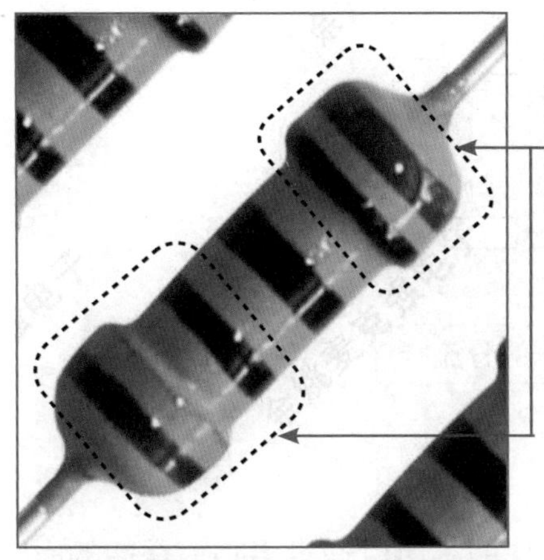

首色环与第二色环之间的距离比末位色环与倒数第二色环之间的间隔要小。

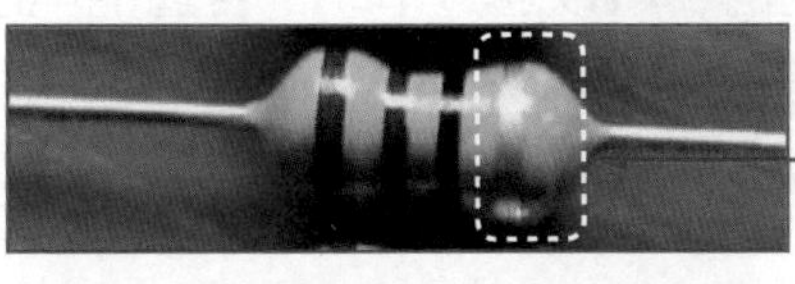

金、银色环常用作表示电阻器误差范围的颜色，即金、银色环一般放在末位，则与之对立的即为首位。

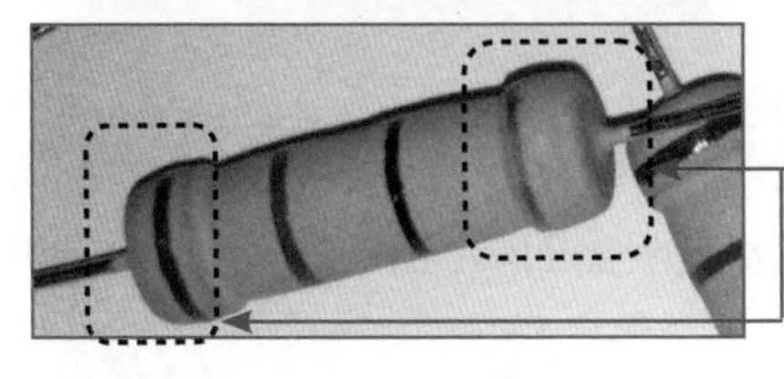

与末位色环位置相比，首位色环更靠近引线端，因此可以利用色环与引线端的距离来判断哪个是首色环。

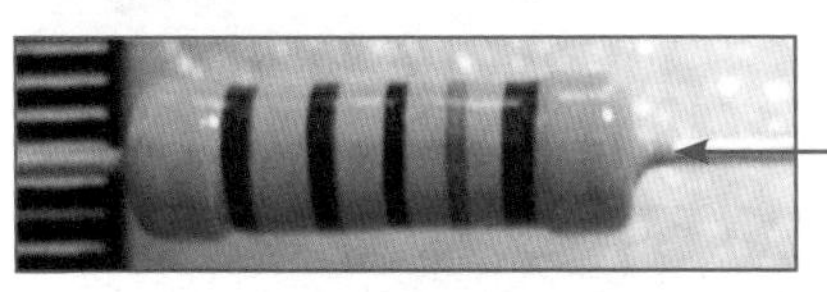

如果电阻器上没有金、银色环，并且无法判断哪个色环更靠近引线端，可以用万用表检测一下，根据测量值即可判断首位有效数字及位乘数，对应的顺序就全都知道了。

图 2-8　判断首位色环

2.2.4　电路中电阻器的特性与作用分析

电阻器顾名思义就是对电流通过的阻力有限流的作用。在串联电路中电阻器起到分压的作用，在并联电路中电阻器起到分流的作用。

1. 电阻器的分流作用

当流过一个元件的电流太大时，可以用一个电阻器与其并联，起到分流作用，如图 2-9 所示。

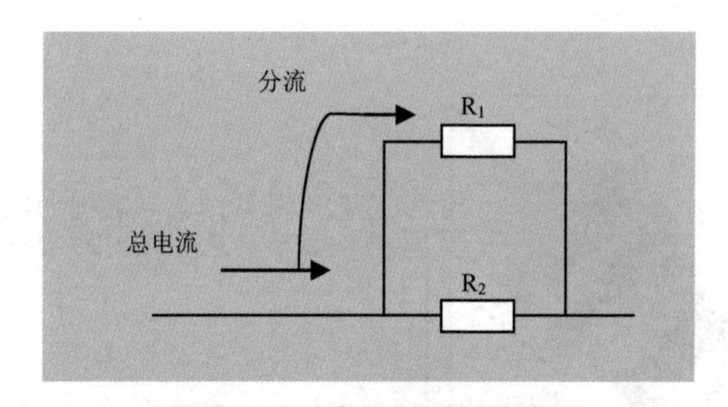

图 2-9 电阻器的分流

2. 电阻器的分压作用

当电器额定电压小于电源电路输出电压时，可以通过串联一合适的电阻器分担一部分电压。如图 2-10 所示的电路中，当接入合适的电阻器后，额定电压 10V 的电灯即可在输出电压为 15V 的电路中工作。这种电阻器称为分压电阻器。

3. 将电流转换成电压

当电流流过电阻器时就在电阻器两端产生了电压，集电极负载电阻器就是这一作用。如图 2-11 所示，当电流流过该电阻器时转换成该电阻器两端的电压。

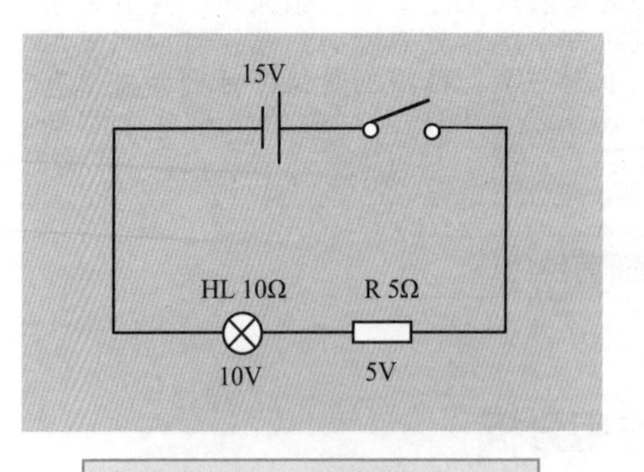

图 2-10 电阻器的分压

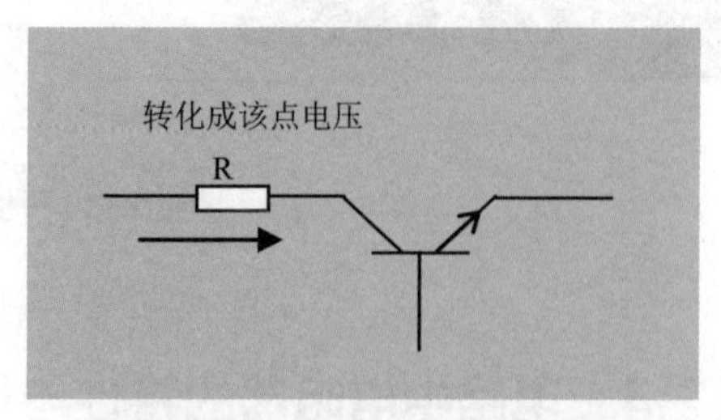

图 2-11 集电极负载电阻器

4. 普通电阻器的基本特性

电阻器会消耗电能，当有电流流过它时会发热，如果流过它的电流太大时会因过热而烧毁。

在交流或直流电路中电阻器对电流所起的阻碍作用是一样的，这种特性大大方便了电阻器电路的分析。

交流电路中，同一个电阻器对不同频率的信号所呈现的阻值相同，不会因为交流电的频率不同而出现电阻值的变化。电阻器不仅在正弦波交流电的电路中阻值不变，对于脉冲信号、三角波信号处理和放大电路中所呈现的电阻也一样。了解这一特性后，分析交流电路中电阻器的工作原理时，就不必考虑电流的频率以及波形对其的影响。

2.2.5 如何判定电阻器断路

断路是指因为电路中某一处因断开而使电流无法正常通过，导致电路中的电流为零。断路后电阻器两端不再有电压，电阻值变为无穷大。如图 2-12 所示为通过测量电阻器两端是否有电压来判断电阻器是否断路。

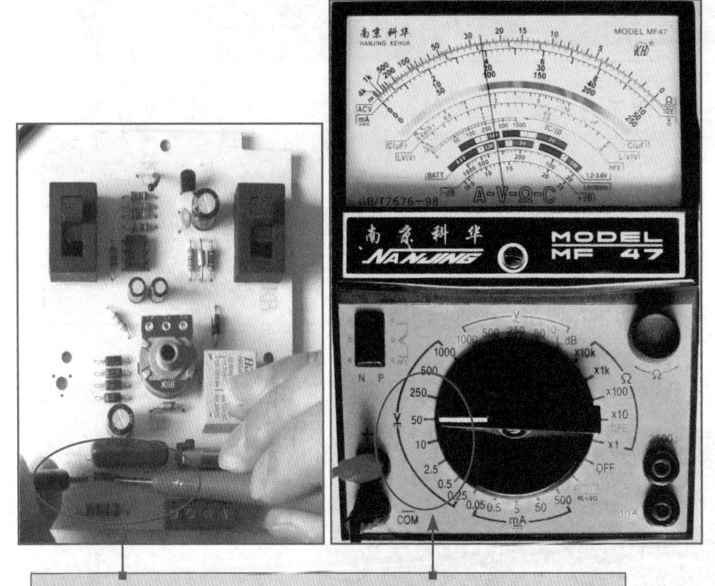

图 2-12　电阻器两端电压的检测

图 2-12 测得电阻器两端有电压，证明该电阻器未发生断路。

2.2.6 固定电阻器的检测方法

固定电阻器的检测相对于其他元器件的检测来说要简便，具体方法如图 2-13 所示。

第一步：开始可以采用在路检测，如果测量结果不能确定测量的准确性，就将其从电路中焊下来，开路检测其阻值。

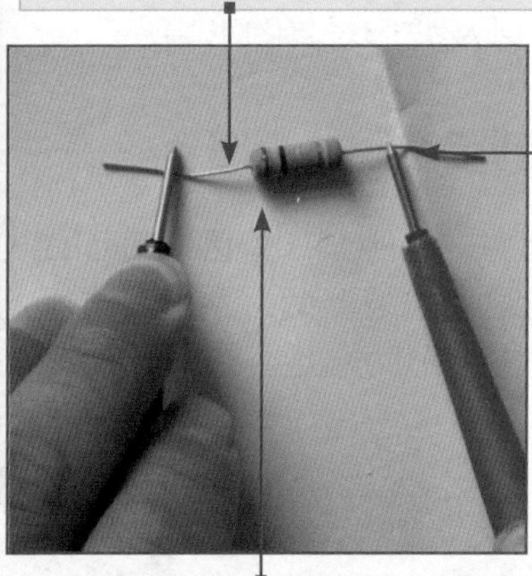

第二步：将万用表调至欧姆挡，并调零，然后将两表笔分别与电阻器的两引脚相接即可测出实际电阻值。

注意：测量电阻器时没有极性限制，表笔可以接在电阻器的任意一端。为了使测量的结果更加精准，应根据被测电阻器标称阻值来选择万用表量程。

图 2-13 测量电阻器

2.2.7 熔断电阻器的检测方法

熔断电阻器可以通过观察外观和测量阻值来判断好坏，如图 2-14 所示。

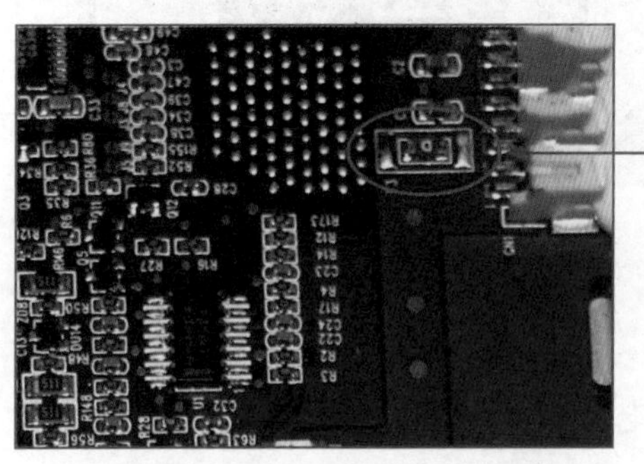

在电路中，多数熔断电阻器的断路可根据观察做出判断。例如，若发现熔断电阻器表面烧焦或发黑(也可能会伴有焦味)，可断定熔断电阻器已被烧毁。

图 2-14 熔断电阻器的检测

第二步：将万用表的挡位调到 R×1 挡，并调零。然后两表笔分别与熔断电阻器的两引脚相接测量阻值。
第一步：对于熔断电阻器的检测，可借助指针万用表欧姆挡的来测量。

图 2-14　熔断电阻器的检测（续）

测量分析：若测得的阻值为无穷大，则说明此熔断电阻器已经开路。若测得的阻值与 0 接近，说明该熔断电阻器基本正常；如果测得的阻值较大，则需要开路进行进一步测量。

2.2.8　贴片式普通电阻器的检测方法

贴片式普通电阻器的检测方法如图 2-15 所示。

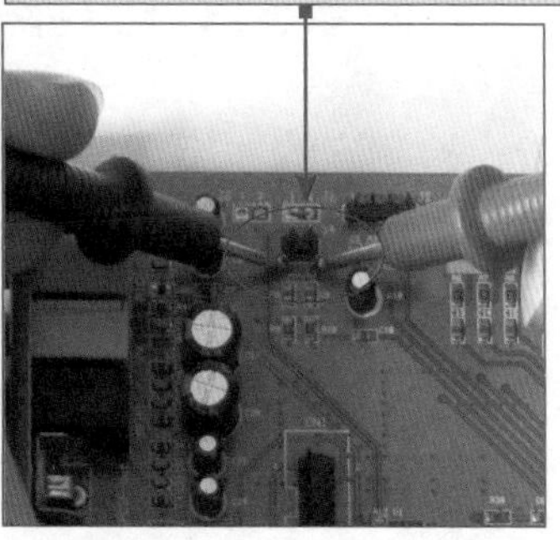

第一步：贴片电阻器电阻标注为 101，即标称阻值为 100Ω，因此选用数字万用表的 200 挡进行检测。

第二步：将万用表的红、黑表笔分别接在待测的电阻器两端进行测量。通过万用表测出阻值，观察阻值是否与标称阻值一致。如果实际值与标称阻值相距甚远，证明该电阻器已经出现问题。

图 2-15　贴片电阻器的检测

2.2.9 贴片式排电阻器的检测方法

如果是 8 引脚的排电阻器，则内部包含 4 个电阻器；如果是 10 引脚的排电阻器，可能内部包含 10 个电阻器，所以在检测贴片式排电阻器时需注意其内部结构。贴片式排电阻器的检测方法如图 2-16 所示。

第一步：将数字万用表的挡位调到 20k 挡。

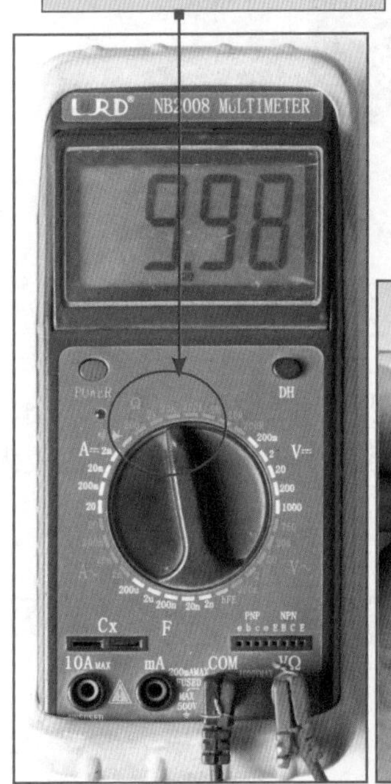

注意：在检测贴片式排电阻器时需注意其内部结构，图中电阻器的标注为 103，即阻值为 $10\times10^3\Omega$。

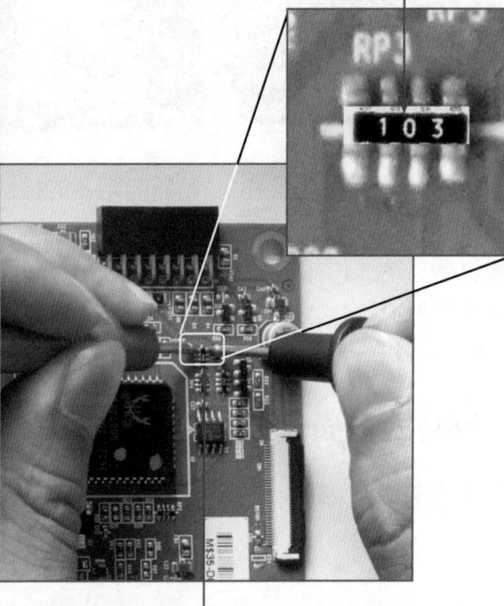

第二步：检测时应把红、黑表笔接在电阻器对称的两端，并分别测量 4 组对称的引脚。

图 2-16　贴片排电阻器的检测方法

测量分析：检测到的 4 组数据均应与标称阻值接近，若有一组检测到的结果与标称阻值相差甚远，则说明该贴片式排电阻器已损坏。

2.3 认识电容器及其检测方法

电容器是电路中引用最广泛的元器件之一，电容器由两个相互靠近的导体极板中间夹一层绝缘介质构成，它是一种重要的储能元件。

2.3.1　常用的电容器

常用的电容器如图 2-17 所示。

正极符号

有极性贴片电容器也就是平时所称的电解电容器，由于其紧贴电路板，要求温度稳定性高，所以贴片电容器以钽电容器为多。

贴片电容器也称为多层片式陶瓷电容器，无极性电容器的下述两类封装最为常见，即 0805、0603 等，其中，08 表示长度为 0.08 英寸，05 表示宽度为 0.05 英寸。

铝电解电容器是由铝圆筒做负极，里面装有液体电解质，插入一片弯曲的铝带做正极而制成的。铝电解电容器的特点是：容量大、漏电大、稳定性差，适用于低频或滤波电路，有极性限制，使用时不可接反。

陶瓷电容器，它以陶瓷为介质。陶瓷电容器损耗小，稳定性好且耐高温，温度系数范围宽，且价格低、体积小。

图 2-17　常用的电容器

固态电容器，全称为固态铝质电解电容器。

固态电容器的介电材料为导电性高分子材料，而非电解液。可以持续在高温环境中稳定工作，具有极长的使用寿命、低ESR和高额定纹波电流等特点。

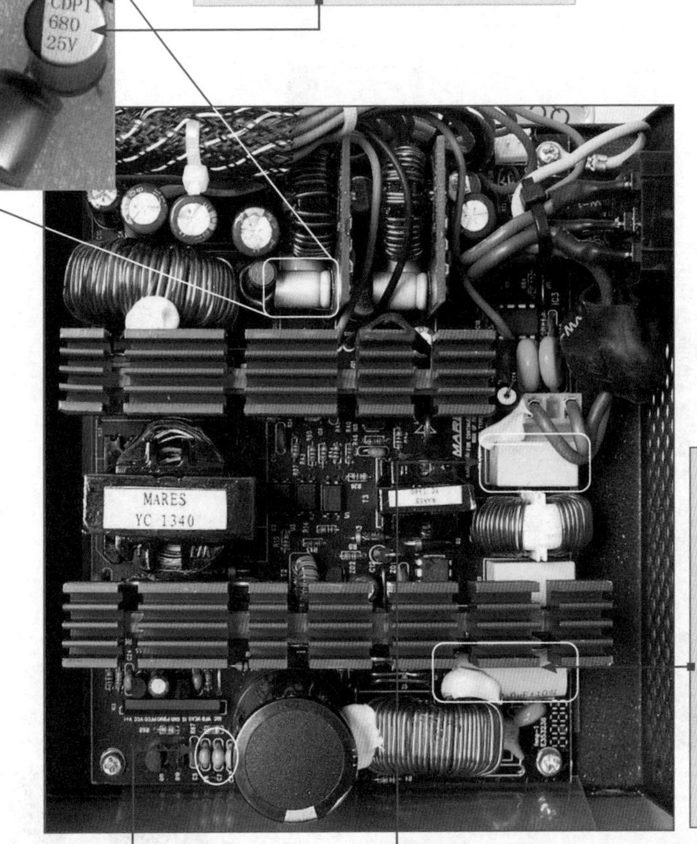

圆轴向电容器由一根金属圆柱和一个与它同轴的金属圆柱壳组合而成。其特点是：损耗小、优异的自愈性、阻燃胶带外包和环氧密封、耐高温、容量范围广等。

独石电容器属于多层片式陶瓷电容器，它是一个多层叠合的结构，是多个简单平行板电容器的并联体。它的温度特性好，频率特性好，容量比较稳定。

安规电容器在电容器失效后，不会导致电击，不危及人身安全。出于安全考虑和EMC考虑，一般在电源入口建议加上安规电容器。它们用在电源滤波器里，起到电源滤波作用，分别对共模、差模干扰起到滤波作用。

图 2-17　常用电容器（续）

2.3.2　认识电容器的符号很重要

维修电路时，通常需要参考电器设备的电路原理图来查找问题，下面我们结合电路图来识别电路图中的电容器。电容器一般用字母C、PC、CP来表示。如表2-2所示为常见电容器的电路图形符号。图2-18为电路图中电容器符号。

表2-2　常见电容电路符号

固定电容器	可变电容器	极性电容器
		+

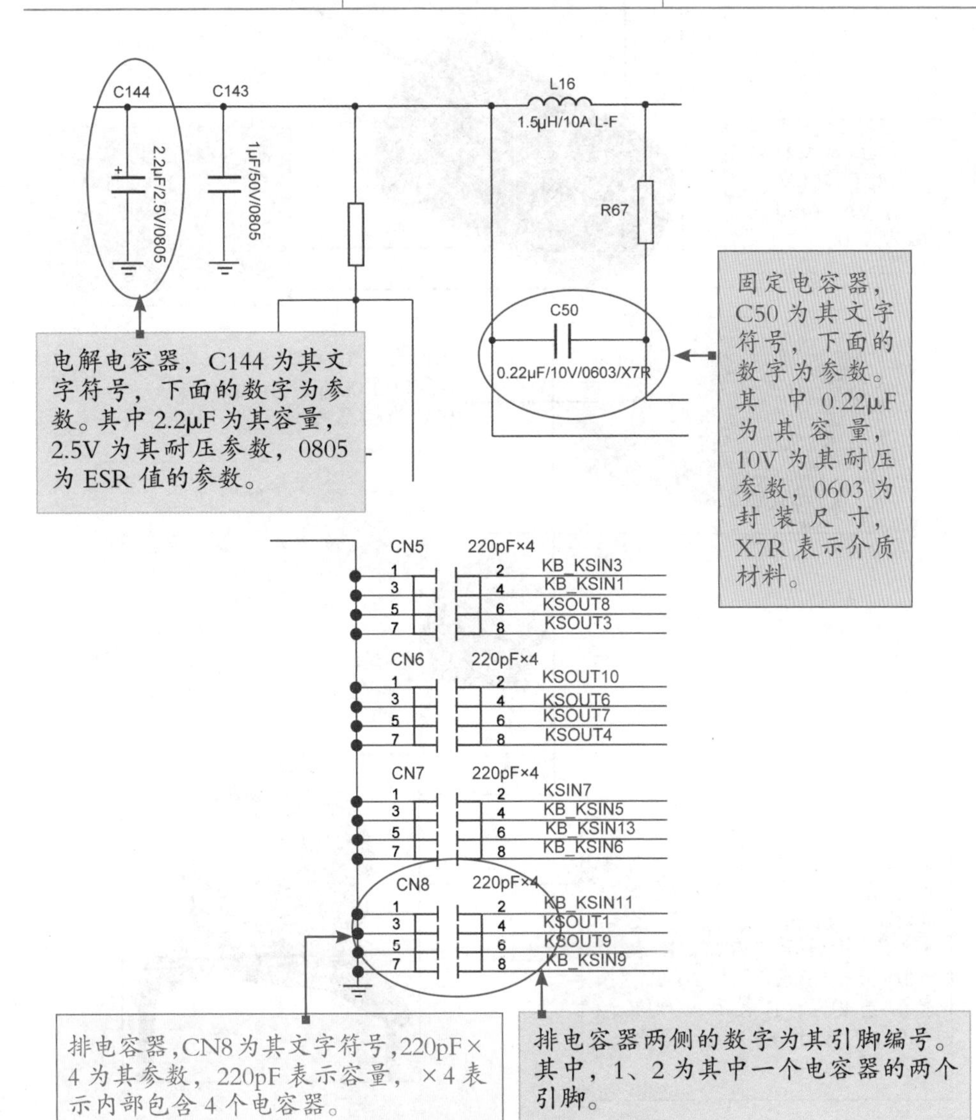

图2-18　电容器的符号

2.3.3 如何读懂电容器的参数

电容器的参数通常标注在电容器上，电容器的标注读识方法如图 2-19 所示。

直标法就是用数字或符号将电容器的有关参数（主要是标称容量和耐压）直接标示在电容器的外壳上，这种标注法常见于电解电容器和体积稍大的电容器上。

电容器上如果标注为“68μF 400V”，表示容量为 68μF，耐压为 400V。

有极性的电容器，通常在负极引脚端会有负极标识“–”，通常负极端颜色和其他地方不同。

107 表示 10×10^7 = 100 000 000pF=100μF，16V 为耐压参数。

采用数字标注时常用三位数，前两位数表示有效数，第三位数表示倍乘率，单位为 pF。例如，101 表示 10×10^1 = 100pF；104 表示 10×10^4 = 100 000pF =0.1μF；223 表示 22×10^3 = 22 000pF = 0.022μF。

如果数字后面跟字母，则字母表示电容器容量的误差，其误差值含义为：G 表示 ±2%，J 表示 ±5%，K 表示 ±10 %；M 表示 ±20 %；N 表示 ±30%；P 表示 +100%，−0%；S 表示 +50%，−20%；Z 表示 +80%，−20%。

图 2-19　读懂电容器的参数

2.3.4　读懂数字符号法标注的电容器

将电容器的容量用数字和单位符号按一定规则进行标称的方法，称为数字符号法。具体方法是：容量的整数部分 + 容量的单位符号 + 容量的小数部分。容量的单位符号 F（法）、mF（毫法）、μF（微法）、nF（纳法）、pF（皮法）。数字符号法标注电容器的方法如图 2-20 所示。

例如，18P 表示容量是 18pF、5P6 表示容量是 5.6pF、2n2 表示容量是 2.2 nF(2 200pF)、4m7 表示容量是 4.7mF（4 700μF）。
10μ 表示容量为 10μF。

图 2-20　数字符号法标注电容器

2.3.5　读懂色标法标注的电容器

采用色标法标准的电容器又称色标电容器，即用色码表示电容器的标称容量。电容器色环识别的方法如图 2-21 所示。

色环顺序自上而下，沿着引线方向排列；分别是第一、二、三道色圈，第一、二颜色表示电容器的两位有效数字，第三颜色表示倍乘率，电容器的单位规定用 pF。

图 2-21　电容器色环识别的方法

如表 2-3 所示为色环颜色和表示数字的对照表。

表 2-3　色环的含义表

色环颜色	黑色	棕色	红色	橙色	黄色	绿色	蓝色	紫色	灰色	白色
表示数字	0	1	2	3	4	5	6	7	8	9

例如，色环的颜色分别为黄色、紫色、橙色，则该电容器的容量为 47×10^3pF=47 000pF。

2.3.6　电容器的隔直流作用

阻止直流电“通过”是电容器的一项重要特性，称为电容器的隔直特性。前面已经讲过电容器的结构，电容器是由两个相互靠近的导体极板中间夹一层绝缘介质构成的。电容器的隔直特性与其结构密切。图 2-22 为电容器直流供电电路图。

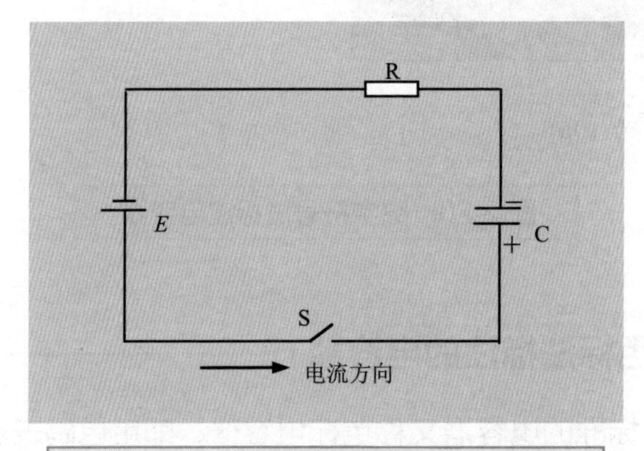

图 2-22　电容器直流供电电路图

当开关 S 未闭合时，电容器上不会有电荷，也不会有电压，电路中也没有电流流过。

当开关 S 闭合时，电源对电容器进行充电，此时电容器两端分布着相应的电荷。电路中形成充电电流，当电容器两端电压与电源两端电压相同时充电结束，此时电路中不再有电流流动。这就是电容器的隔直流作用。

电容器的隔直流作用是指直流电源对电容器充完电之后，由于电容器与电源间的电压相等，电荷不再发生定向移动，也就没有了电流，但直流刚加到电容器上时电路中是有电流的，只是充电过程很快结束，具体时间长短与时间常数 R 和 C 之积有关。

2.3.7　电容器的通交流作用

电容器具有让交流电“通过”的特性，称为电容器的通交作用。

假设交流电压正半周电压致使电容器 A 面布满正电荷，B 面布满负电荷，如图 2-23（a）所示；而交流电负半周时交流电将逐渐中和电容器 A 面正电荷和 B 面负电荷，如图 2-23（b）所示。一周期完成后电容器上电量为零，如此周而复始，电路中便形成了电流。

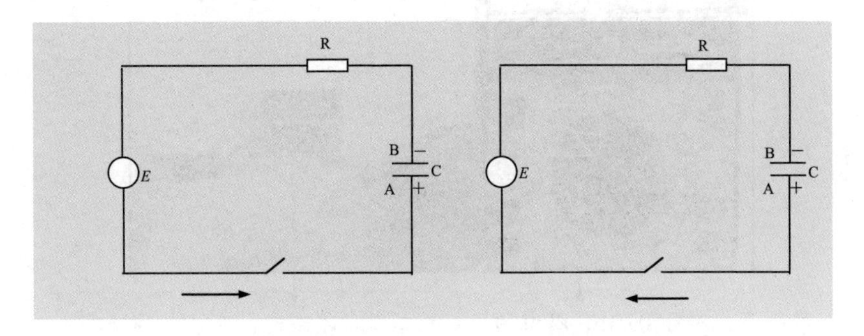

（a）正半周正电荷方向　　（b）负半周负电荷方向

图 2-23　电容器交流供电电路图

2.3.8　0.01μF 以下容量固定电容器的检测方法

一般 0.01μF 以下容量的固定电容器大多是瓷片电容器、薄膜电容器等。因电容器容量太小，用万用表进行检测，只能定性地检查其绝缘电阻，即有无漏电、内部短路或击穿现象，不能定量判定质量。检测时，先观察判断，主要是指观察电容器是否有漏液、爆裂或烧毁的情况。

用指针万用表检测 0.01μF 以下容量固定电容器的方法如图 2-24 所示。

步骤：将万用表功能旋钮旋至 R×10k 挡，用两表笔分别接电容器的两个引脚，观察万用表的指针有无偏转，然后交换表笔再测量一次。

测量分析：两次检测中，阻值都应为无穷大。若能测出阻值（指针向右摆动），则说明电容器漏电、内部短路或击穿。

图 2-24　0.01μF 以下容量固定电容器的检测方法

2.3.9 0.01μF 以上容量固定电容器的检测方法

用指针万用表检测 0.01μF 以上容量固定电容器的检测方法如图 2-25 所示。

第三步：观察表针向右摆动后能否再回到无穷大位置；若不能回到无穷大位置，说明电容器有问题。

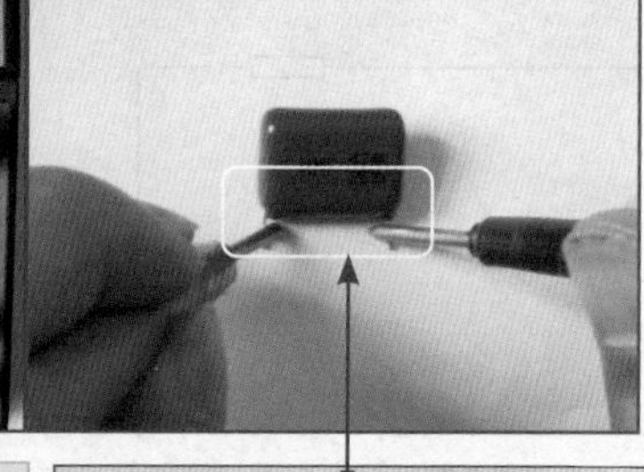

第一步：对于 0.01μF 以上的固定电容器，可用指针万用表的 R×10k 挡测试。

第二步：测试时，两表笔快速交换测量电容器两个电极。

图 2-25 0.01μF 以上容量固定电容器的检测方法

2.3.10 用数字万用表的电容测量插孔测量电容器的方法

用数字万用表的电容测量插孔测量电容器的方法如图 2-26 所示。

第一步：将功能旋钮旋到电容挡，量程应大于被测电容器容量。将电容器的两极短接放电。

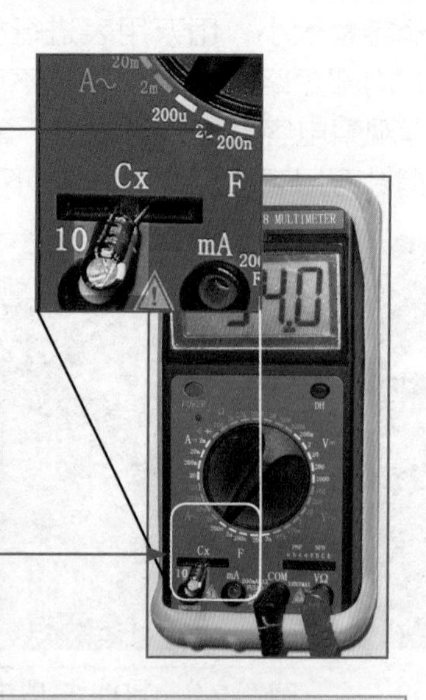

第二步：将电容器的两只引脚分别插入电容器测试孔中，从显示屏上读出电容值。将读出的值与电容器的标称值比较，若相差太大，说明该电容器容量不足或性能不良，不能再使用。

图 2-26 用数字万用表的电容测量插孔测量电容器的方法

认识电感器及其检测方法

电感器是一种能够把电能转化为磁能并储存起来的元器件，它主要的功能是阻止电流的变化。当电流从小到大变化时，电感阻止电流的增大；当电流从大到小变化时，电感器阻止电流减小。电感器常与电容器配合在一起工作，在电路中主要用于滤波（阻止交流干扰）、振荡（与电容器组成谐振电路）、波形变换等。

2.4.1　常用的电感器

电路中常用的电感器如图2-27所示。

全封闭式超级铁素体（SFC），此电感器可以依据当时的供电负载，自动调节电力的负载。

封闭式电感器是一种将线圈完全密封在一个绝缘盒中制成的。这种电感器减少了外界对电感器的影响，性能更加稳定。

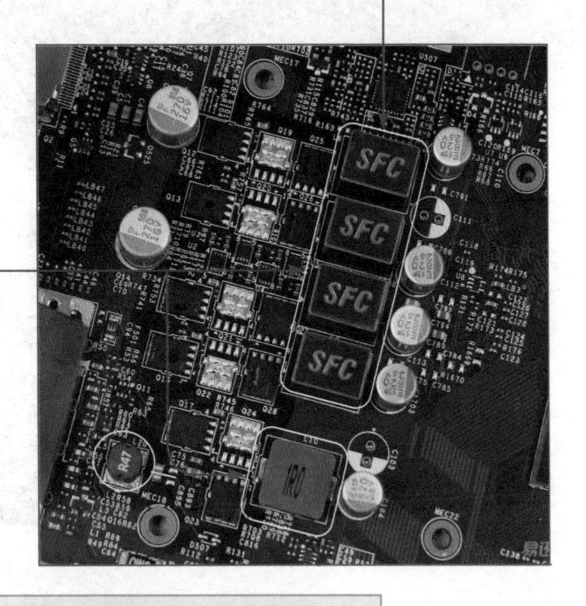

图2-27　电路中常用的电感器

磁环电感器的基本结构是在磁环上绕制线圈。磁环的存在大大提高了线圈电感器的稳定性，磁环的大小以及线圈的缠绕方式都会对电感器造成很大的影响。

磁棒电感器的结构是在线圈中安插一个磁棒，磁棒可以在线圈内移动，用以调整电感器的大小。通常将线圈做好调整后要用石蜡固封在磁棒上，以防止磁棒的滑动而影响电感器。

贴片电感器又称功率电感器，它具有小型化、高品质、高能量储存和低电阻的特性。

半封闭电感器防电磁干扰良好，在高频电流通过时不会发生异响，散热良好，可以提供大电流。

超薄贴片式铁氧体电感器，此电感器以锰锌铁氧体、镍锌铁氧体作为封装材料。散热性能、电磁屏蔽性能较好，封装厚度较薄。

图 2-27　电路中常用的电感器（续）

全封闭陶瓷电感器，此电感器以陶瓷封装，属于早期产品。

全封闭铁素体电感器，此电感器以四氧化三铁混合物封装，相比陶瓷电感器而言，具备更好的散热性能和电磁屏蔽性。

超合金电感器是几种合金粉末压合而成，具有铁氧体电感和磁圈的优点，可以实现无噪声工作，工作温度较低（35℃）。

图 2-27　电路中常用的电感器（续）

2.4.2　认识电感器的符号很重要

维修电路时，通常需要参考电器设备的电路原理图来查找问题，下面我们结合电路图识别电路图中的电感器。电感器一般用字母 L、PL 来表示。如表 2-4 所示为常见电感器的电路图形符号。图 2-28 为电路图中电感器的符号。

表 2-4　常见电感器的电路图形符号

电感器	带铁芯电感器	共模电感器	可变电感器	带轴头电感器

L16为电感器的文字符号，下面的数字为参数。其中1.5μH为其电感量，10A为其额定电流参数，L-F为误差。

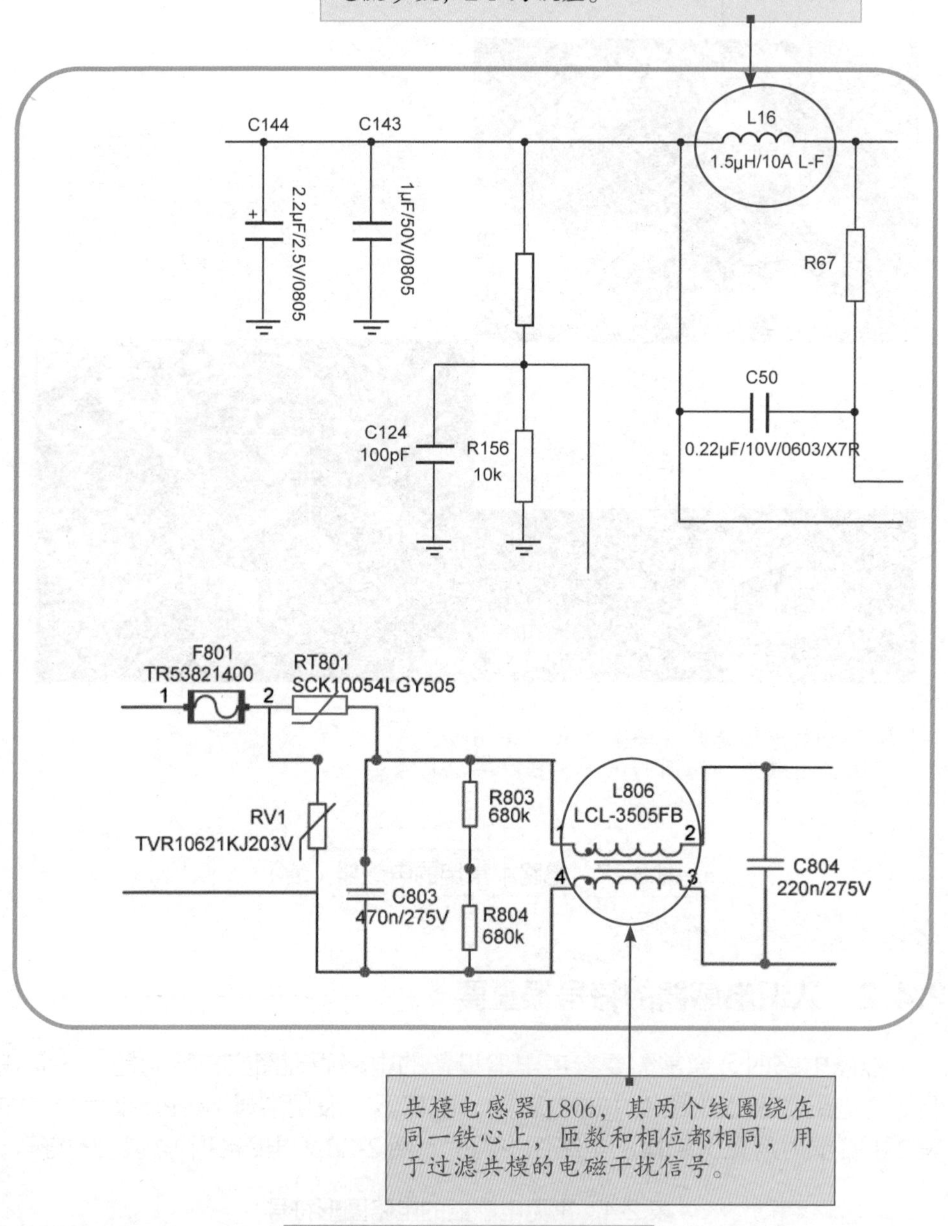

共模电感器L806，其两个线圈绕在同一铁心上，匝数和相位都相同，用于过滤共模的电磁干扰信号。

图 2-28　电感器的符号

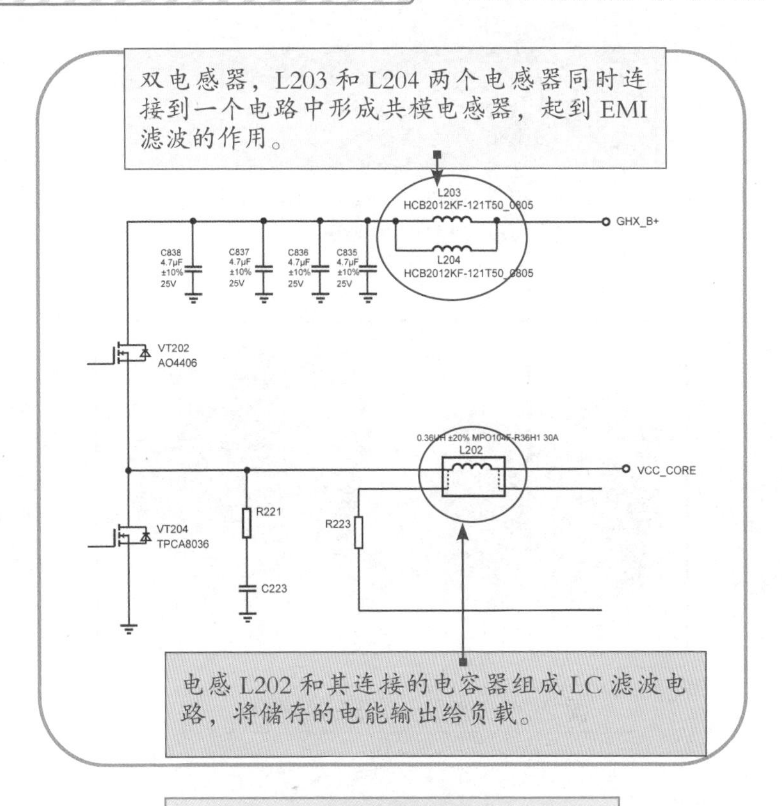

图 2-28　电感器的符号（续）

2.4.3　如何读懂电感器的参数

数字符号法是将电感的标称值和偏差值用数字和文字符号按一定的规律组合标示在电感器上。采用文字符号法表示的电感通常是一些小功率电感，单位通常为 nH 或 pH。用 pH 做单位时，“R”表示小数点，用“nH”做单位时，“N”表示小数点。电感器的标注读识方法如图 2-29 所示。

例如，R47 表示电感量为 0.47pH，而 4R7 则表示电感量为 4.7pH；10N 表示电感量为 10nH。

图 2-29　读懂电感器的参数

数码法标注的电感器，前两位数字表示有效数字，第三位数字表示倍乘率，如果有第四位数字，则表示误差值。这类电感器的电感量单位一般都是微亨（μH）。例如100，表示电感量为 10×10^0=10μH

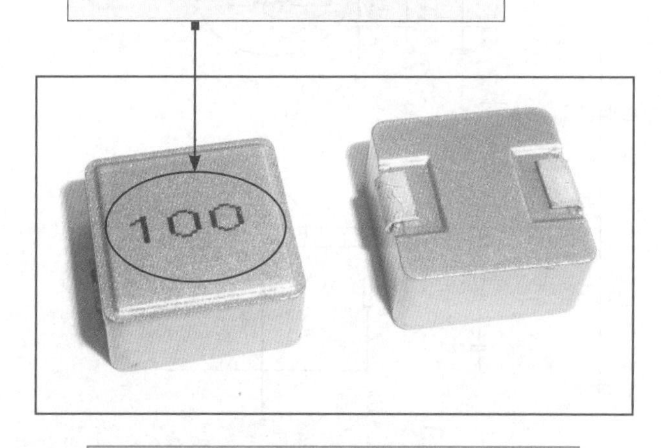

图 2-29 读懂电感器的参数（续）

2.4.4 电感器的通直阻交特性

通直作用是指电感器对直流电而言呈通路，如果不考虑线圈自身的电阻，那么直流可以畅通无阻地通过电感器。一般而言，线圈本身的直流电阻是很小的，为简化电感电路的分析常常忽略不计。

当交流电通过电感器时，电感器对交流电有阻碍作用，阻碍交流电的是电感器线圈产生的感抗，它同电容器的容抗类似。电感器的感抗大小与两个因素有关，电感器的电感量和交流电的频率。感抗用 X_L 表示，计算公式为 $X_L=2\pi fL$（f 为交流电的频率，L 为电感器的电感量）。由此可知，在流过电感器的交流电频率一定时，感抗与电感器的电感量成正比；当电感器的电感量一定时，感抗与通过的交流电的频率成正比。

2.4.5 指针万用表测量电感器的方法

一般来说，电感器的线圈匝数不多，直流电阻很低，因此，用万用表电阻挡进行检查很实用。用指针万用表检测电感器的方法如图 2-30 所示。

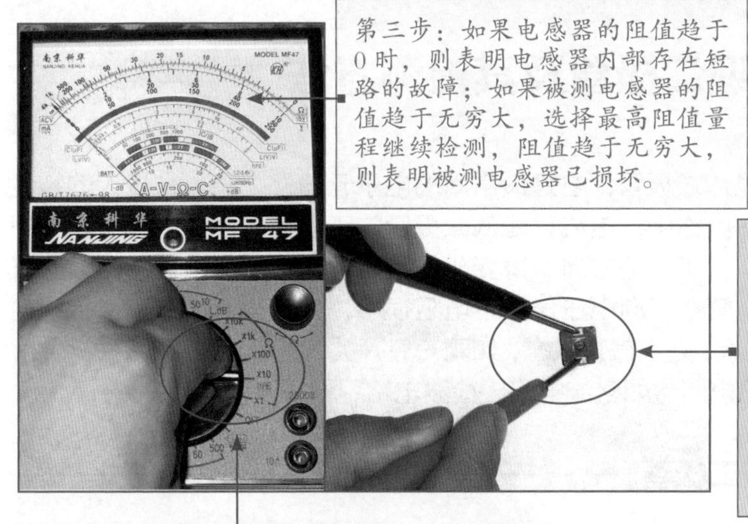

第三步：如果电感器的阻值趋于0时，则表明电感器内部存在短路的故障；如果被测电感器的阻值趋于无穷大，选择最高阻值量程继续检测，阻值趋于无穷大，则表明被测电感器已损坏。

第二步：将红、黑表笔分别接在电感器的引脚上。此时，会测得当前电感器的阻值。在正常情况下，电感器应能够测得一个固定的阻值。
第一步：首先将指针万用表的挡位旋至欧姆挡的R×10挡，然后进行调零校正。

图 2-30　用指针万用表检测电感器的方法

2.4.6　数字万用表测量电感器的方法

用数字万用表检测电感器时，将万用表调到二极管挡（蜂鸣挡），然后把表笔放在两引脚上，观察万用表的读数。

数字万用表测量电感器的方法如图 2-31 所示。

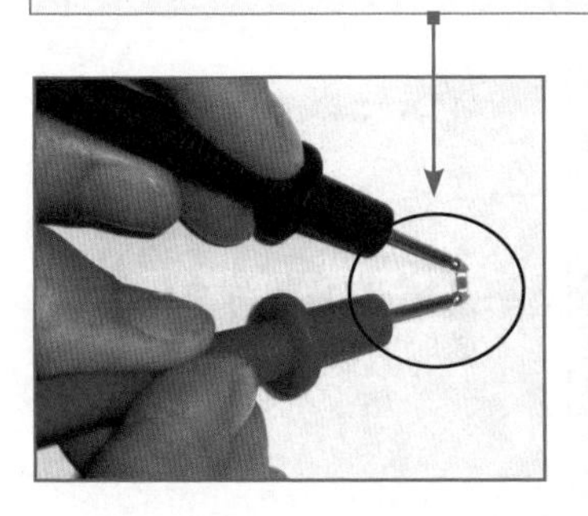

贴片电感器此时的读数应为零，若万用表读数偏大或为无穷大，则表示电感器损坏。

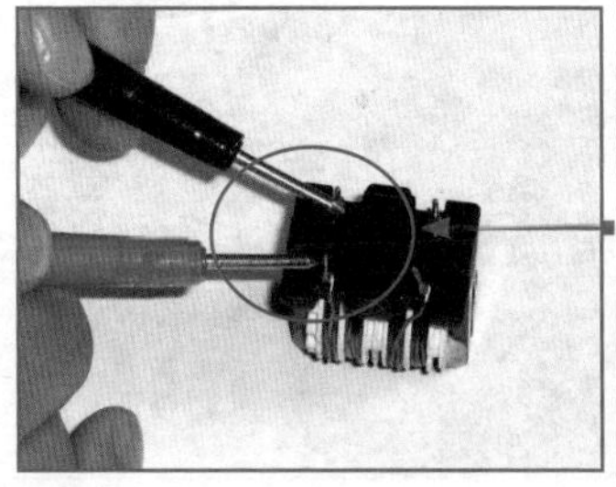

电感线圈匝数较多，线径较细的线圈读数会达到几十到几百。通常情况下，线圈的直流电阻只有几欧姆。如果电感器损坏，多表现为发烫或电感器磁环明显损坏。若电感线圈不是严重损坏，而又无法确定时，可用电感表测量其电感量或用替换法来判断。

图 2-31　数字万用表测量电感器的方法

认识二极管及其检测方法

二极管又称晶体二极管，它是最常用的电子元器件之一。它最大的特性就是单向导电，在电路中，电流只能从二极管的正极流入，负极流出。利用二极管单向导电性，可以把方向交替变化的交流电变换成单一方向的脉冲直流电。另外，二极管在正向电压作用下电阻很小，处于导通状态。在反向电压作用下，电阻很大，处于截止状态，如同一只开关。利用二极管的开关特性，可以组成各种逻辑电路（如整流电路、检波电路、稳压电路等）。

2.5.1 常用的二极管

电路中常用的二极管如图 2-32 所示。

发光二极管的内部结构为一个 PN 结，而且具有晶体管的通性。当发光二极管的 PN 结上加上正向电压时，会产生发光现象。

稳压二极管也称齐纳二极管，它是利用二极管反向击穿时两端电压不变的原理来实现稳压限幅、过载保护。

开关二极管是为在电路上进行“开”“关”而特殊设计制造的一类二极管。它由导通变为截止或由截止变为导通所需的时间比一般二极管短。

图 2-32　电路中常用的二极管

检波二极管是利用其单向导电性将高频或中频无线电信号中的低频信号或音频信号分检出来的元器件。

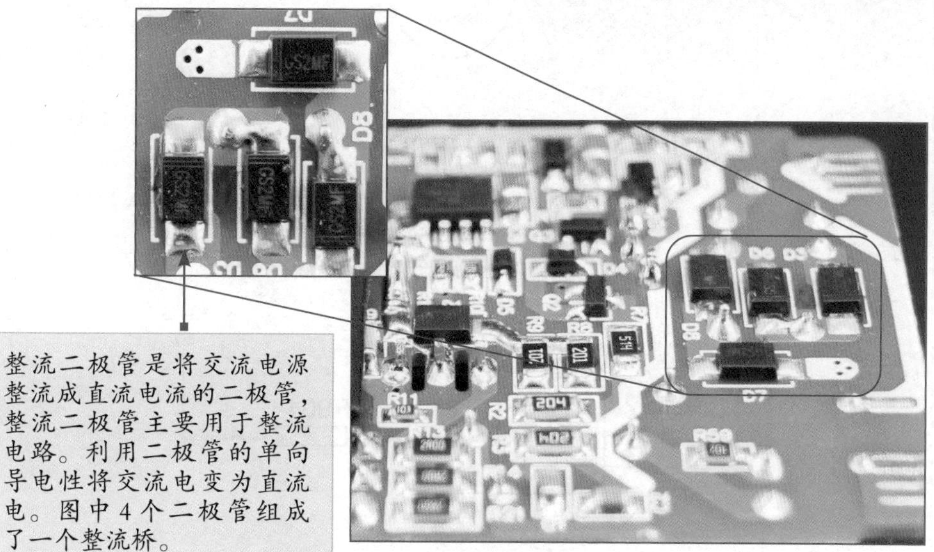

整流二极管是将交流电源整流成直流电流的二极管，整流二极管主要用于整流电路。利用二极管的单向导电性将交流电变为直流电。图中4个二极管组成了一个整流桥。
CS2MF
D8
D7
204

图 2-32　电路中常用的二极管（续）

2.5.2　认识二极管的符号很重要

维修电路时，通常需要参考电器设备的电路原理图来查找问题，下面我们结合电路图来识别电路图中的二极管。二极管一般用字母 D、VD 来表示。如表 2-5 所示为常见二极管的电路图形符号。图 2-33 为电路图中二极管的符号。

表 2-5　常见二极管的电路图形符号

普通二极管	双向抑制二极管	稳压二极管	发光二极管

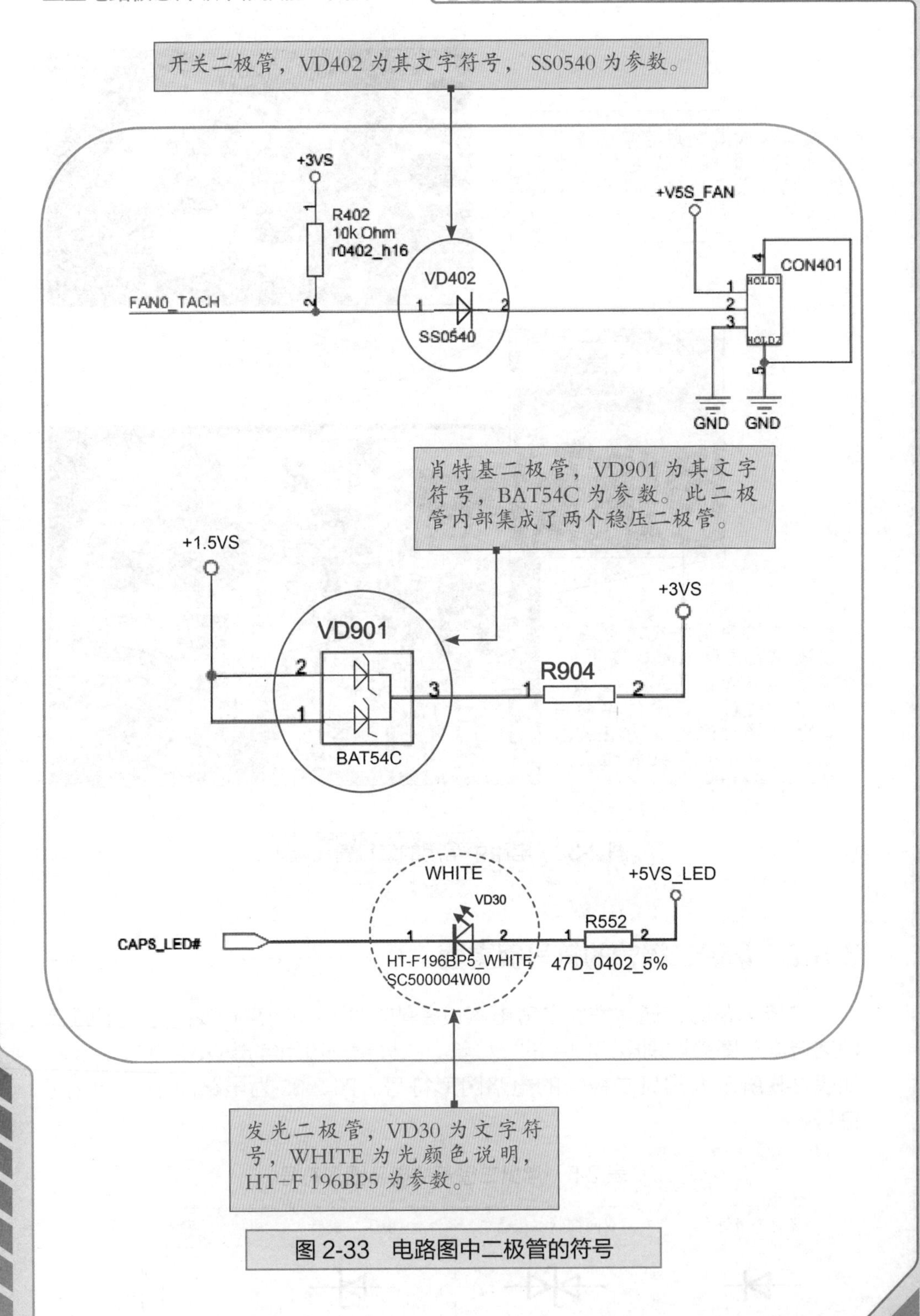

图 2-33 电路图中二极管的符号

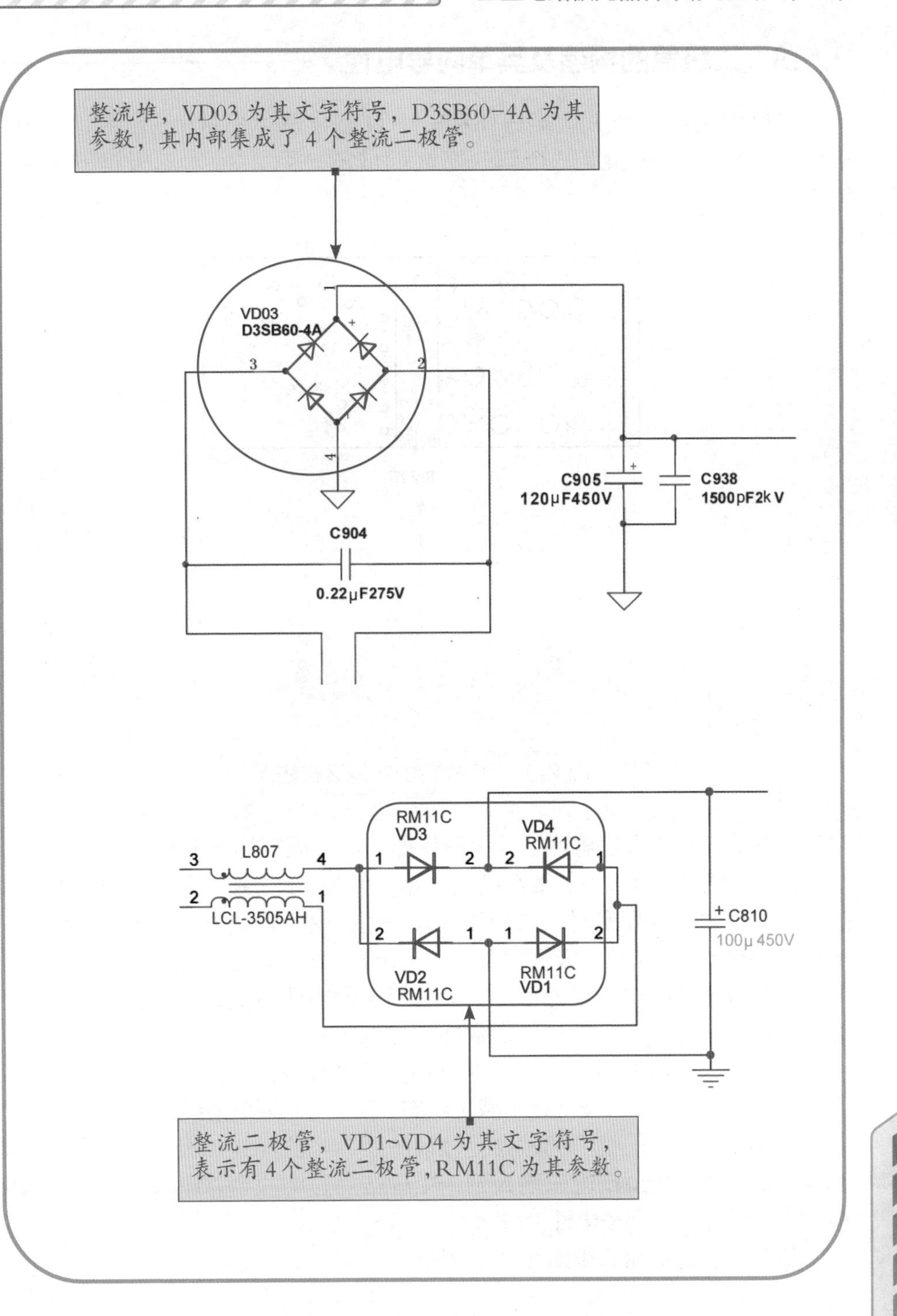

图 2-33　电路图中二极管的符号（续）

2.5.3 二极管的构造及其单向导电性

二极管是由一个 P 型半导体和一个 N 型半导体形成的 PN 结，接出相应的电极引线，再加上一个管壳密封而成的。图 2-34 为二极管的功能区结构图。

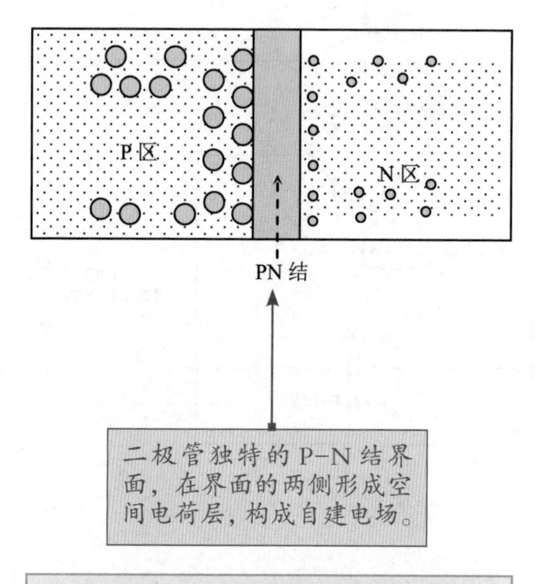

P 区
N 区
PN 结
二极管独特的 P-N 结界面，在界面的两侧形成空间电荷层，构成自建电场。

图 2-34 二极管的功能区结构图

二极管具有单向导电性，即电流只能沿着二极管的一个方向流动。

将二极管的正极（P）接在高电位端，负极（N）接在低电位端，当所加正向电压到达一定程度时，二极管就会导通，这种连接方式称为正向偏置。需要补充的是，当加在二极管两端的正向电压比较小时，二极管仍不能导通，流过二极管的正向电流是很小的。只有当正向电压达到某一数值以后，二极管才能真正导通。这一数值常被称为门槛电压。

如果将二极管的负极接在高电位端，正极接在低电位端，此时二极管中几乎没有电流流过，二极管处于截止状态，我们称这种连接方式为反向偏置。在这种状态下，二极管中仍然会有微弱的反向电流流过二极管，该电流被称为漏电流。当两端反向电压增大到一定程度后，电流会急剧增加，二极管将被击穿，而失去单向导电性。

二极管伏安特性曲线如图 2-35 所示。

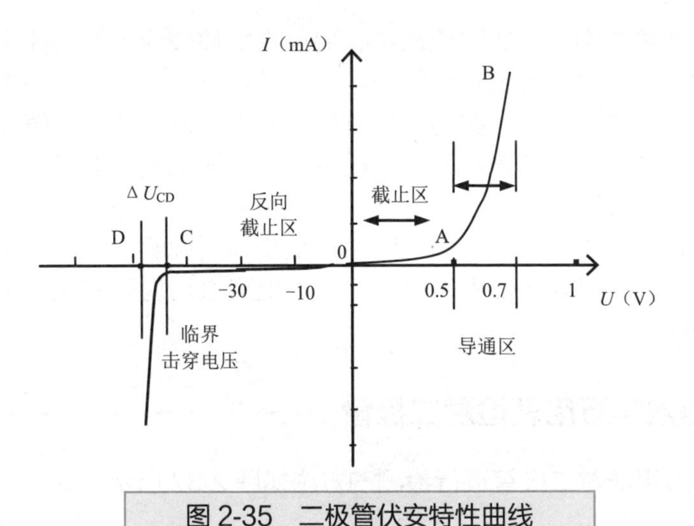

图 2-35　二极管伏安特性曲线

2.5.4　用指针万用表检测二极管

二极管的检测要以二极管的结构特点和特性作为理论依据。特别是二极管正向电阻小、反向电阻大这一特性。用指针万用表对二极管进行检测的方法如图 2-36 所示。

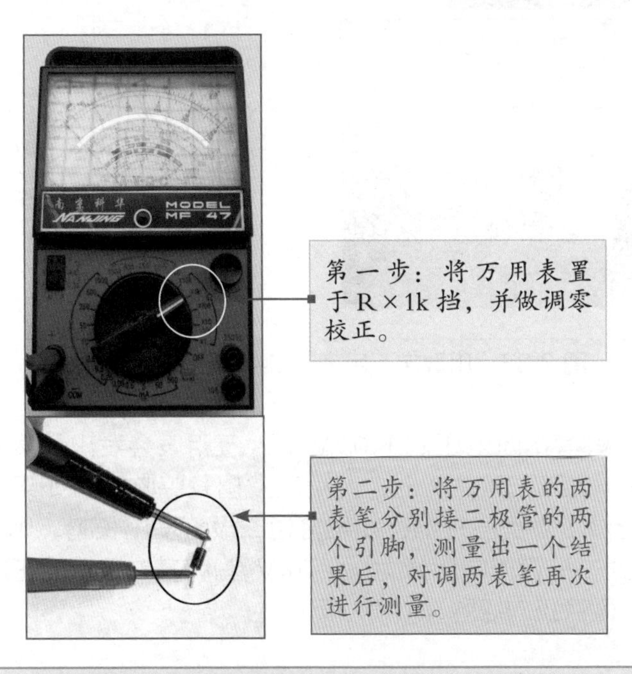

MODEL
MF 47
第一步：将万用表置于R×1k挡，并做调零校正。
第二步：将万用表的两表笔分别接二极管的两个引脚，测量出一个结果后，对调两表笔再次进行测量。

图 2-36　用指针万用表对二极管进行检测的方法

如果两次测量中，一次阻值较小，另一次阻值较大（或为无穷大），则说明二极管基本正常。阻值较小的一次测量结果是二极管的正向电阻值，阻值较大（或为无穷大）的一次为二极管的反向电阻值。且在阻值较小的那一次测量中，指针万用表黑表笔所接二极管的引脚为二极管的正极，红表笔所接引脚为二极管的负极。

如果测得二极管的正、反向电阻值都很小，则说明二极管内部已击穿短路或漏电损坏。如果测得二极管的正、反向电阻值均为无穷大，则说明该二极管已开路损坏。

2.5.5 用数字万用表检测二极管

用数字万用表对二极管进行检测的方法如图 2-37 所示。

第一步：将数字万用表的挡位调到二极管挡。

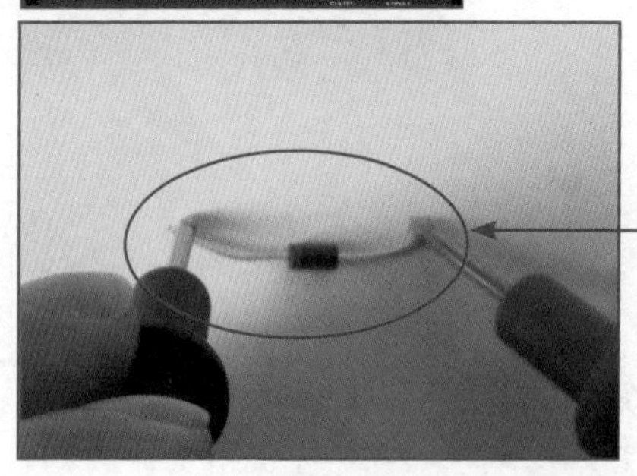

第二步：将万用表的红表笔接二极管的正极，黑表笔接负极，测量正向电压。

图 2-37　用数字万用表对二极管进行检测的方法

当被测二极管正向电压低于 0.7V 时，万用表会发出一声短促的响声；当二极管正向电压低于 0.1V 时，万用表发出长鸣响声；如果万用表蜂鸣器不响，则可能是二极管已开路；如果普通二极管发出长鸣，则可能是内部被击穿短路。普通二极管正向压降为 0.4~0.8V，肖特基二极管的正向压降在 0.3V 以下，稳压二极管正向压降在 0.8V 以上。

2.6 认识三极管及其检测方法

三极管全称为晶体三极管，具有电流放大作用，是电子电路的核心元器件。三极管是一种控制电流的半导体器件，其作用是把微弱信号放大成幅度值较大的电信号。

三极管是在一块半导体基片上制作两个相距很近的 PN 结，两个 PN 结把整块半导体分成三部分，中间部分是基区，两侧部分是发射区和集电区，排列方式有 PNP 和 NPN 两种。

三极管按材料分有两种：锗管和硅管。而每一种又有 NPN 和 PNP 两种结构形式，但使用最多的是硅 NPN 和锗 PNP 两种三极管。

2.6.1 常用的三极管

三极管是电路中最基本的元器件之一，在电路中被广泛使用，特别是放大电路中，如图 2-38 所示为电路中常用的三极管。

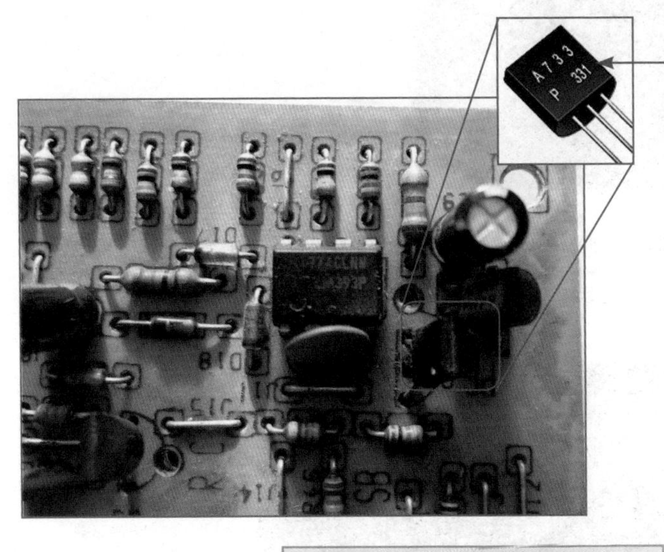

PNP 型三极管，由两块 P 型半导体中间夹着一块 N 型半导体所组成的三极管，称为 PNP 型三极管。也可以描述成电流从发射极 E 流入的三极管。

图 2-38　常用的三极管

开关三极管，它的外形与普通三极管外形相同，它工作于截止区和饱和区，相当于电路的切断和导通。由于它具有完成断路和接通的作用，被广泛应用于各种开关电路中，如常用的开关电源电路、驱动电路、高频振荡电路、模数转换电路、脉冲电路及输出电路等。

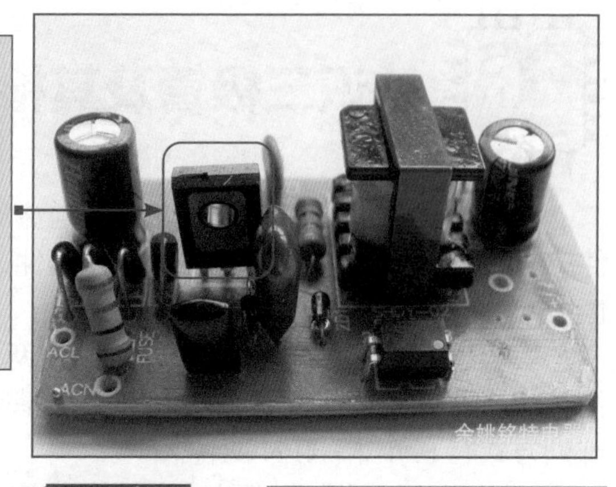

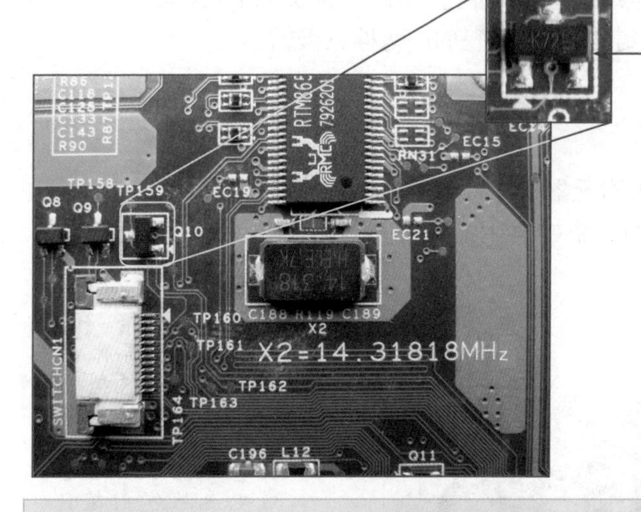

贴片三极管基本作用是可以把微弱的电信号放大到一定强度，当然这种转换仍然遵循能量守恒定律，它只是把电源的能量转换成信号的能量。

NPN型三极管，由三块半导体构成，其中两块N型和一块P型半导体组成，P型半导体在中间，两块N型半导体在两侧。三极管是电子电路中最重要的器件，它最主要的功能是电流放大和开关作用。

图2-38　常用的三极管（续）

2.6.2　认识三极管的符号很重要

维修电路时，通常需要参考电器设备的电路原理图来查找问题，下面我们结合电路图来识别电路图中的三极管。三极管一般用字母 V、VT 等来表示。如表 2-6 所示为常见三极管的电路图形符号，图 2-39 为电路图中三极管的符号。

表 2-6　常见三极管的电路图形符号

NPN型三极管	PNP型三极管

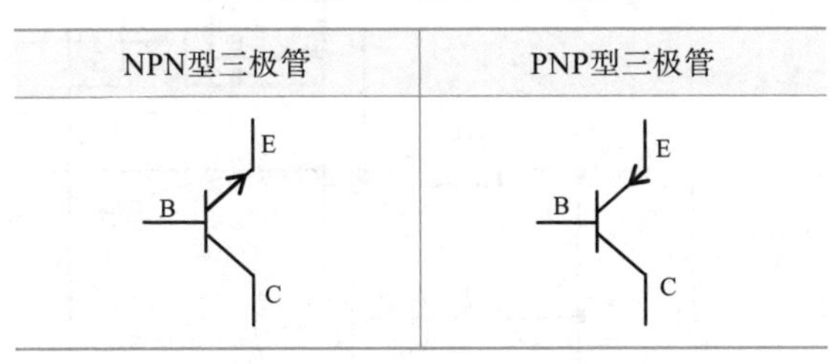

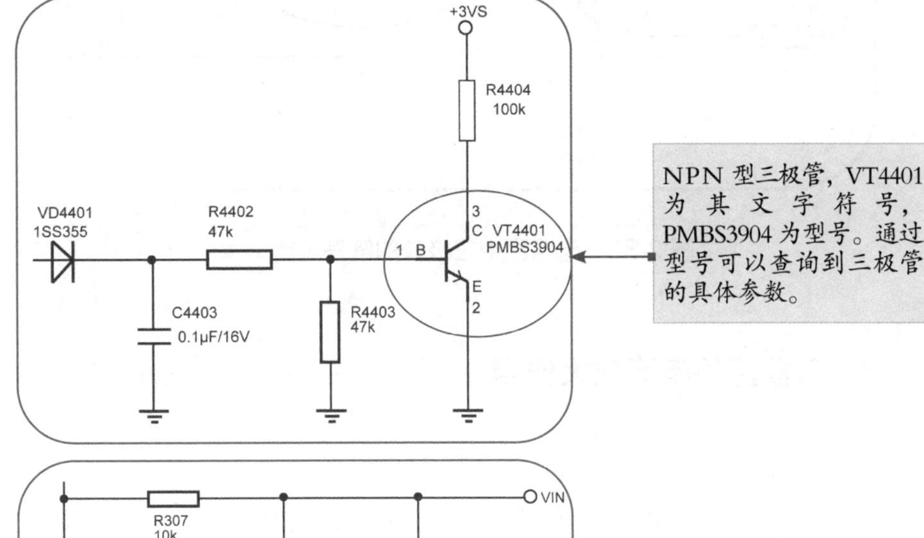

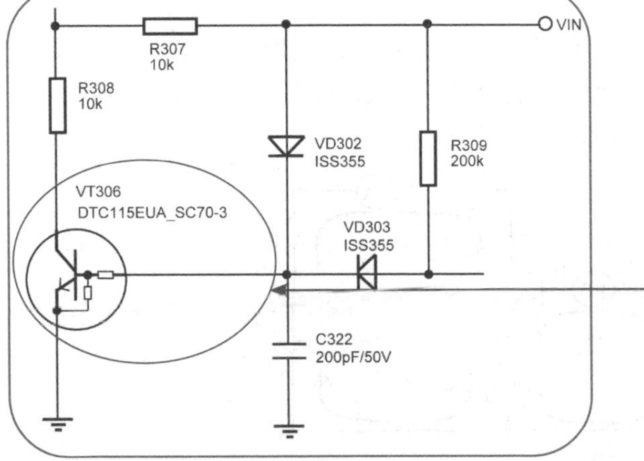

图 2-39　电路图中三极管的符号

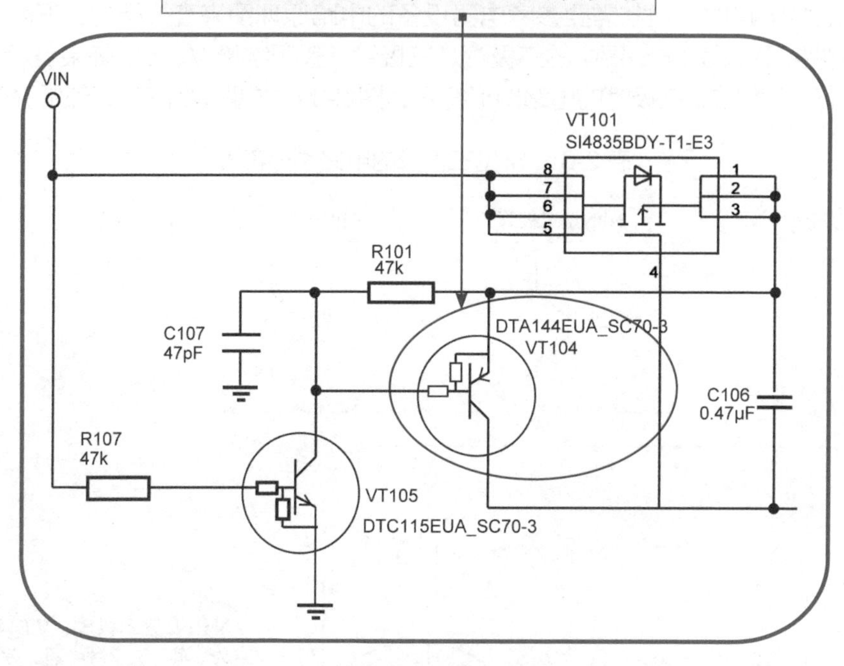

图 2-39　电路图中三极管的符号（续）

2.6.3　三极管的电流放大作用

1. 三极管接法及电流分配

在对三极管的电流放大作用进行讲解之前，我们首先了解一下三极管在电路中的接法，以及各电极上电流的分配。以 NPN 三极管为例，图 2-40 为一个三极管各电极电流分配示意图。

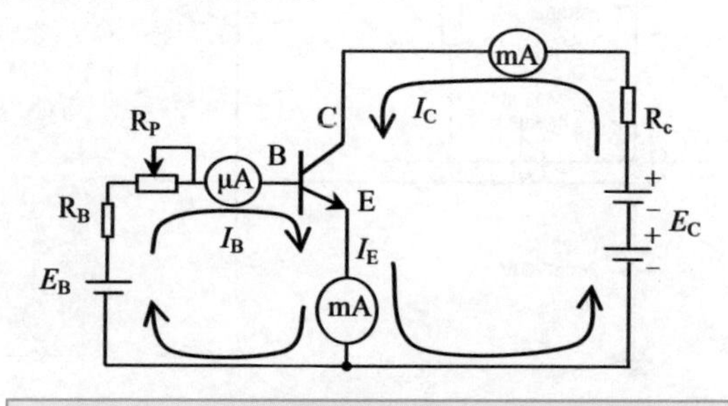

图 2-40　三极管各电极电流分配示意

在图2-42中，电源E_C给三极管集电结提供反向电压，电源E_B给三极管发射结提供正向电压。电路接通后，就有三支电流流过三极管，即基极电流I_B、集电极电流I_C和发射极电流I_E。其中三支电流的关系为：$I_E=I_B+I_C$，这对PNP型三极管同样适用。这个关系符合节点电流定律：流入某节点的电流之和等于流出该节点电流之和。

注意：PNP型三极管的电流方向刚好和NPN型三极管的电流方向相反。

2. 三极管的电流放大作用

对于三极管来说，在电路中最重要的特性就是对电流的放大作用。如图2-42所示，通过调节可变电阻R_P的阻值，可以改变基极电压的大小，从而影响基极电流I_B的大小。三极管具有一个特殊的调节功能，即使$I_C / I_B \approx \beta$，β为三极管一个固定常数（绝大多数三极管的β值为50~150），也就是通过调节I_B的大小可以调节I_C的变化，进一步得到对发射极电流I_E的调控。

需要补充的是，为使三极管放大电路能够正常工作，需要为三极管加上合适的工作电压。对于图2-42中NPN型三极管而言，要使图中的$U_B>U_E$、$U_C>U_B$，这样电流才能正常流通。假使$U_B>U_C$，那么I_C就要掉头了。

综上可知，三极管的电流放大作用，实质上是一种以小电流操控大电流的作用，并不是一种使能量无端放大的过程。该过程遵循能量守恒定律。

2.6.4 用指针万用表检测三极管的极性

将万用表调置于欧姆挡的R×100挡。将黑表笔接在其中一只引脚上，用红表笔分别去接另外两只引脚。观察指针偏转，如果两次测得的指针偏转位置相近，证明该三极管为NPN型，且黑表笔所接的电极就是三极管基极（B极）。

将黑表笔分别接这三号引脚均无法得出上述结果，如果该三极管是正常的，可以断定该三极管属于PNP型。将红表笔接在其中一只引脚上，用黑表笔分别去接另外两只引脚。观察指针偏转，如果两次测得的指针偏转位置相近，证明该三极管为PNP型，且红表笔所接的电极就是三极管基极（B极）。

接下来用万用表R×10k挡判定三极管的集电极与发射极。首先对NPN型三极管进行检测。将红、黑表笔分别接在基极之外的两只引脚上，同时将基极引脚与黑表笔相接触，记录指针偏转。交换两表笔再重新测量一次，并记录指针偏转。对比这两次的测量结果，指针偏转大的那次，红表笔所接的是三极管发射极，黑表笔所接的是三极管集电极。

对于PNP型三极管，将红、黑表笔分别接在基极之外的两只引脚上，同时将基极引脚与红表笔相接触，记录指针偏转。交换两表笔再重新测量一次，并记录指针偏转。对比这两次的测量结果，指针偏转大的那次，红表笔所接的是三极管集电极，黑表笔所接的是三极管发射极。

2.6.5 三极管的检测方法

通过测量三极管各引脚的电阻值来检测三极管好坏，如图 2-41 所示。

（1）利用三极管内 PN 结的单向导电性，检查各极间 PN 结的正、反向电阻值，如果相差较大说明极管是好的。如果正、反向电阻值都大，说明管子内部有断路或者 PN 结性能不好。如果正、反向电阻值都小，说明三极管极间短路或者击穿了。

（2）测量 PNP 小功率锗管时，用万用表 R×100 挡红表笔接集电极，黑表笔接发射极，相当于测三极管集电结承受反向电压时的阻值，高频管读数应在 50kΩ 以上，低频管读数应在几千欧姆到几十千欧姆范围内，测量 NPN 锗管时，表笔极性相反。

（3）测量 NPN 小功率硅管时，万用表调到 R×1k 挡，黑表笔接集电极，红表笔接发射极，由于硅管的穿透电流很小，阻值应在几百千欧姆以上，一般表针不动或者微动。

（4）测量大功率三极管时，由于 PN 结大，一般穿透电流值较大，用万用表 R×10 挡测量集电极与发射极间反向电阻，应在几百欧姆以上。

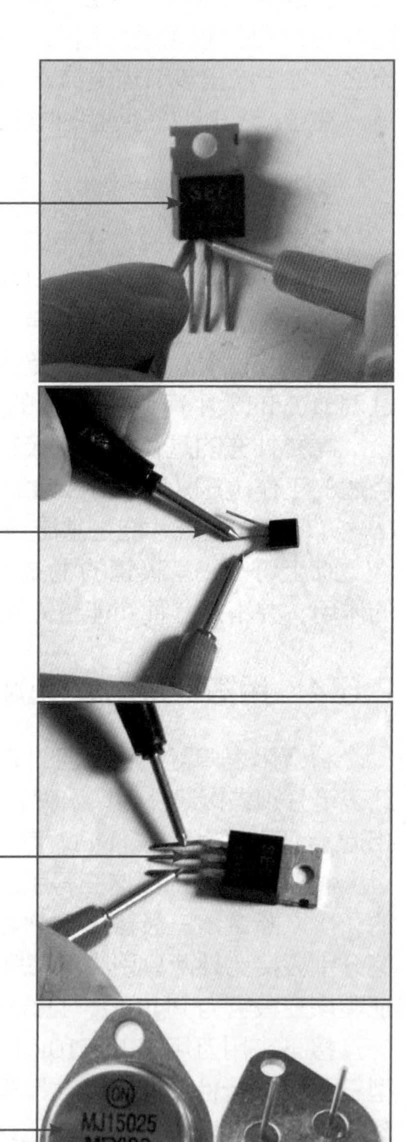

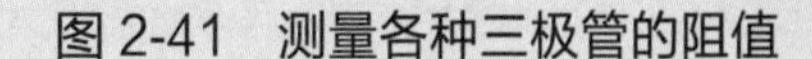
图 2-41 测量各种三极管的阻值

诊断方法：如果测得的阻值偏小，说明三极管穿透电流过大。如果测试过程中表针缓缓向低阻方向摆动，说明三极管工作不稳定。如果用手捏管壳，阻值减小很多，说明三极管热稳定性很差。

2.7 认识场效应管及其检测方法

场效应晶体管简称场效应管，是一种用电压控制电流大小的器件，是利用控制输入回路的电场效应来控制输出回路电流的半导体器件，带有 PN 结。

2.7.1 常用的场效应管

目前场效应管的品种很多，可划分为两大类，一类是结型场效应管（JFET），另一类是绝缘栅型场效应管（MOS 管）。按沟道材料型和绝缘栅型分为 N 沟道和 P 沟道两种；按导电方式分为耗尽型与增强型，结型场效应管均为耗尽型，绝缘栅型场效应管既有耗尽型的，也有增强型的，如图 2-42 所示。

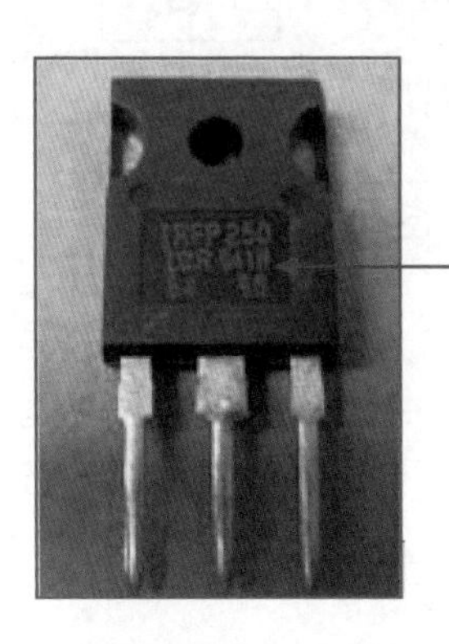

结型场效应管是在一块 N 型 (或 P 型) 半导体棒的两侧各做一个 P 型区 (或 N 型区)，就形成两个 PN 结。把两个 P 区 (或 N 区) 并联在一起，引出一个电极，称为栅极 (G)，在 N 型 (或 P 型) 半导体棒的两端各引出一个电极，分别称为源极 (S) 和漏极 (D)。夹在两个 PN 结中间的 N 区 (或 P 区) 是电流的通道，称为沟道。这种结构的管子称为 N 沟道 (或 P 沟道) 结型场效应管。

绝缘栅型场效应管是以一块 P 型薄硅片作为衬底，在它上面做两个高杂质的 N 型区，分别作为源极 S 和漏极 D。在硅片表覆盖一层绝缘物，然后用金属铝引出一个电极 G（栅极）。这就是绝缘栅场效应管的基本结构。

图 2-42　场效应管的种类

2.7.2 认识场效应管的符号很重要

维修电路时，通常需要参考电器设备的电路原理图来查找问题，下面我们结合电路图来识别电路图中的场效应管。场效应管一般用字母 VT 来表示。如表 2-7 所示为常见场效应管的电路图形符号，图 2-43 所示为电路图中的场效应管（集成了二极管）。

表 2-7 常见场效应管的电路图形符号

增强型N沟道管	耗尽型N沟道管	增强型P沟道管	耗尽型P沟道管
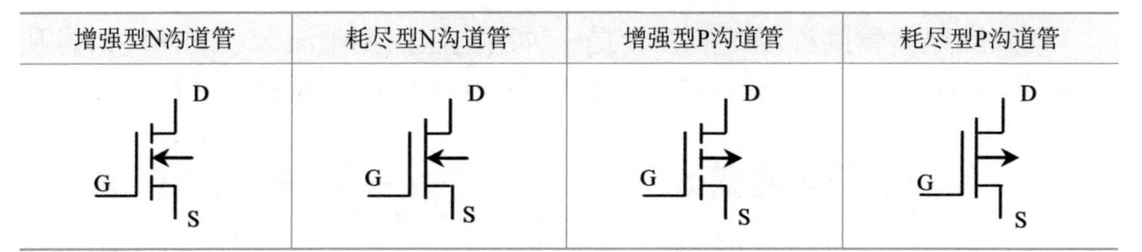			

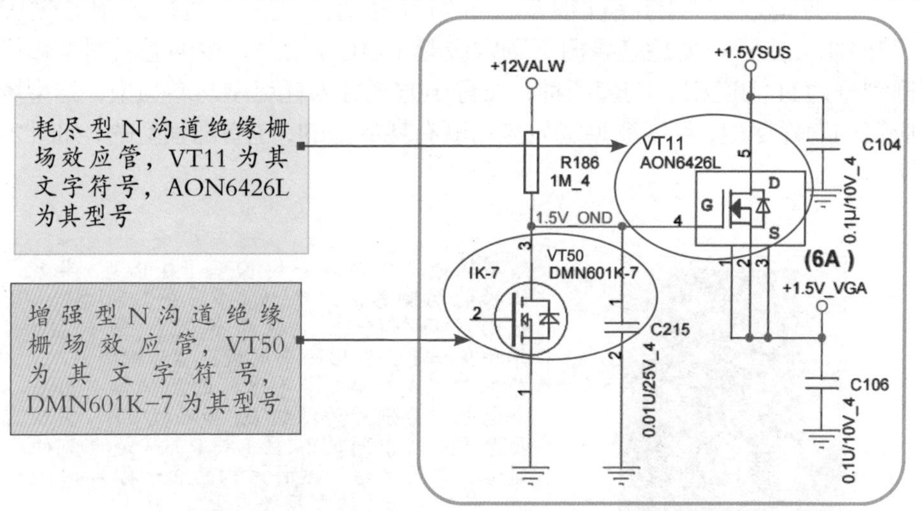

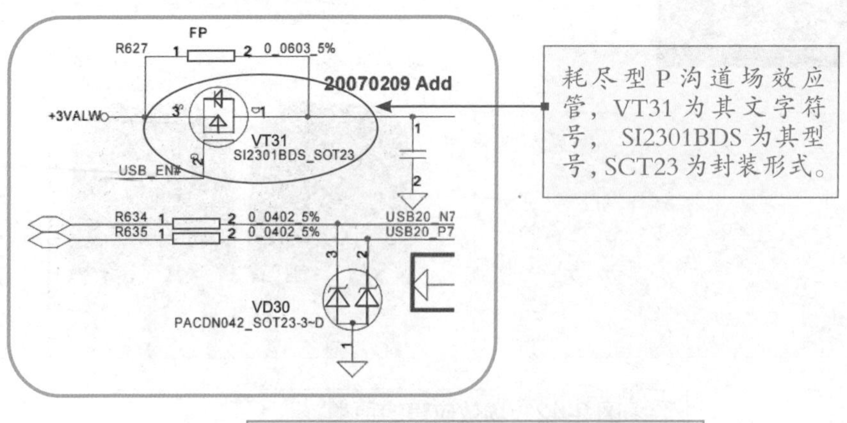

图 2-43 电路图中的场效应管

2.7.3　用数字万用表检测场效应管的方法

用数字万用表检测场效应管的方法如图 2-44 所示。

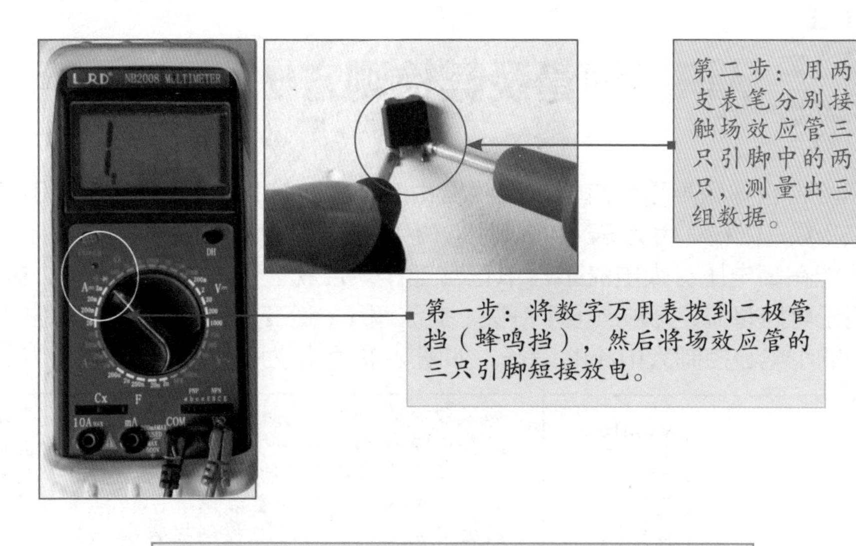

第二步：用两支表笔分别接触场效应管三只引脚中的两只，测量出三组数据。
第一步：将数字万用表拨到二极管挡（蜂鸣挡），然后将场效应管的三只引脚短接放电。

图 2-44　用数字万用表检测场效应管的方法

诊断方法：如果其中两组数据为 1.（无穷大），另一组数据为 300~800，说明场效应管正常；如果其中有一组数据为 0，则场效应管被击穿。

2.7.4　用指针万用表检测场效应管的方法

用指针万用表检测场效应管的方法如图 2-45 所示。

第一步：测量场效应管的好坏可以使用万用表的 R×1k 挡。测量前同样须将三只引脚短接放电，以避免测量中发生误差。

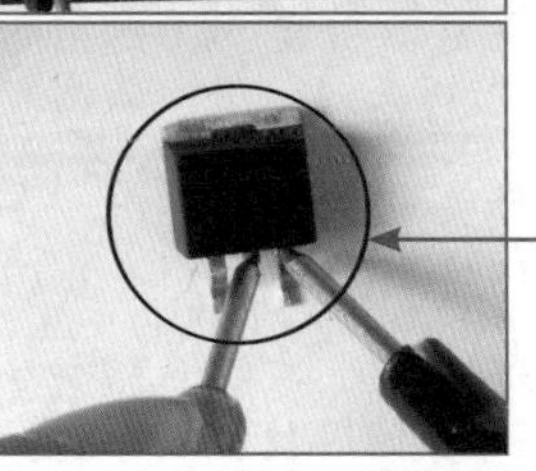

第二步：用万用表的两表笔任意接触场效应管的两只引脚，好的场效应管测量结果应只有一次有读数，并且值为 4 ~ 8kΩ，其他均为无穷大。

图 2-45　用指针万用表检测场效应管的方法

诊断方法：如果在最终测量结果中测得只有一次有读数，并且为“0”时，须短接该组引脚重新测量；如果重测后阻值为 4 ~ 8kΩ，则说明场效应管正常；如果有一组数据为 0，说明场效应管已经被击穿。

2.8 认识晶闸管及其检测方法

晶闸管也称晶闸管整流器，晶闸管由 P–N–P–N 四层半导体结构组成，分为三个极：阳极（用 A 表示）、阴极（用 K 表示）和控制极（用 G 表示）；晶闸管能在高电压、大电流条件下正常工作，且其工作过程可以控制，被广泛应用于可控整流、无触点电子开关、交流调压、逆变及变频等电子电路中，是典型的小电流控制大电流的设备。如图 2-46 所示为晶闸管的结构。

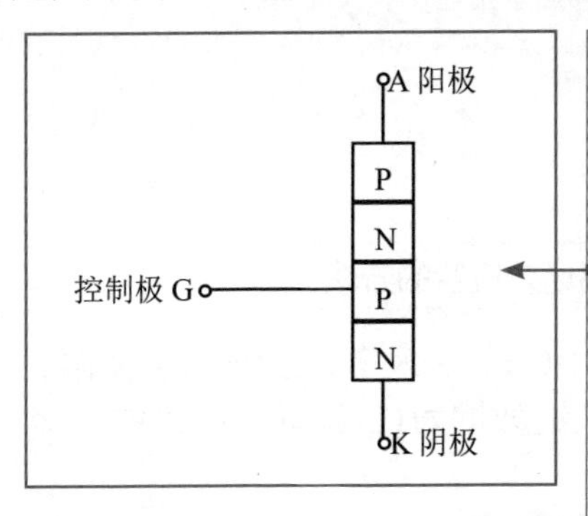

如果仅是在阳极和阴极间加电压，无论是采取正接还是反接，晶闸管都无法导通。因为晶闸管中至少有一个 PN 结总是处于反向偏置状态。如果采取正接法，即在晶闸管阳极接正电压，阴极接负电压，同时在控制极再加一相对于阴极而言的正向电压（足以使晶闸管内部的反向偏置 PN 结导通），晶闸管就导通了（PN 结导通后就不再受极性限制）。而且一旦导通再撤去控制极电压，晶闸管仍可保持导通状态。如果此时想使导通的晶闸管截止，只有使其电流降到某个值以下或将阳极与阴极间的电压减小到零。

图 2-46　晶闸管的结构

2.8.1　常用的晶闸管

电路中常用的晶闸管如图 2-47 所示。

单向晶闸管（SCR）是由 P-N-P-N 4 层 3 个 PN 结组成的。单向晶闸管被广泛应用于可控整流、逆变器、交流调压和开关电源等电路中。在单向晶闸管阳极（用 A 表示）、阴极（用 K 表示）两端加上正向电压，同时给控制极（用 G 表示）加上合适的触发电压，晶闸管便会被导通。

图 2-47　电路中常用的晶闸管

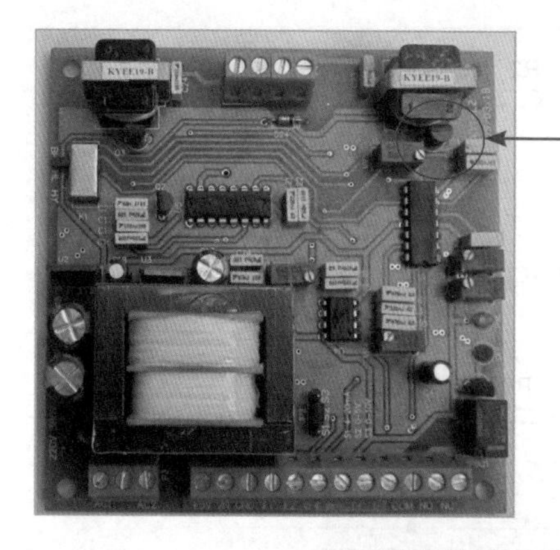

双向晶闸管是由 N-P-N-P-N 五层半导体组成的，相当于两个反向并联的单向晶闸管。双向晶闸管有 3 个电极，它们分别为第一电极 T1、第二电极 T2 和控制极 G。无论是第一电极 T1 还是第二电极 T2 间加上正向电压，只要控制极 G 加上与 T1 相反的触发电压，双向晶闸管就可以被导通。与单向晶闸管不同的是，双向晶闸管能够控制交流电负载。

图 2-47　电路中常用的晶闸管（续）

2.8.2　认识晶闸管的符号很重要

晶闸管是电子电路中最常用的电子元器件之一，一般用字母 VS 加数字表示。在电路图中每个电子元器件都有其电路图形符号，晶闸管的电路图形符号如图 2-48 所示。

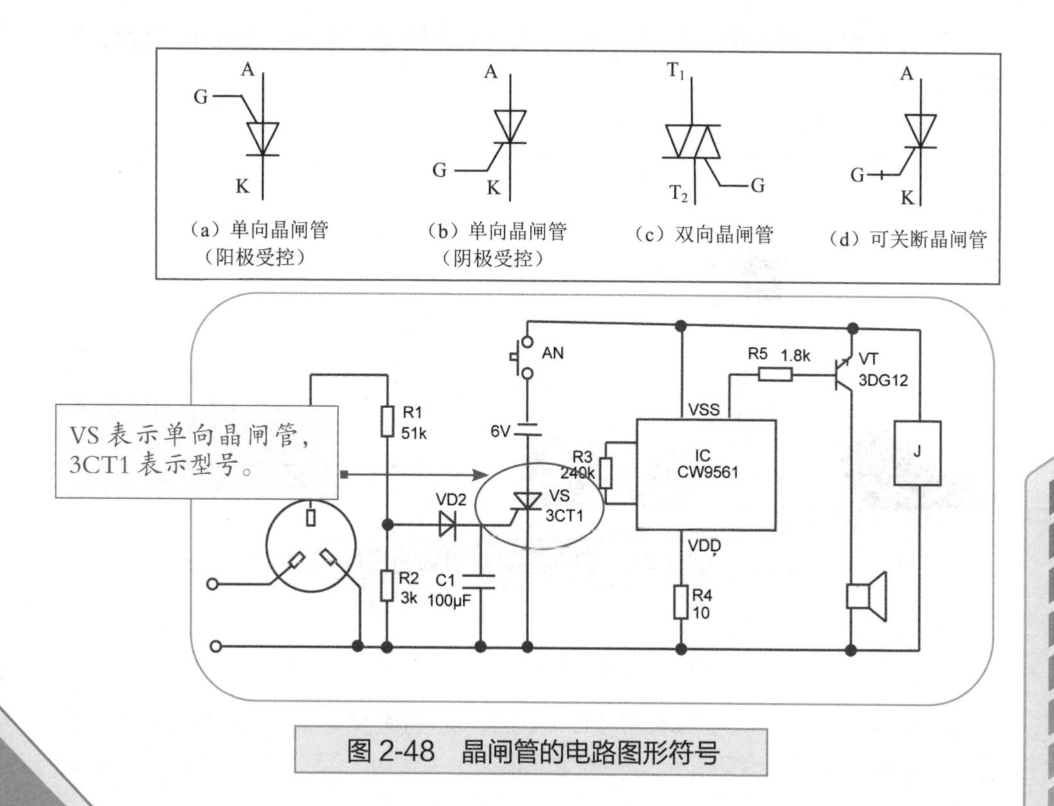

图 2-48　晶闸管的电路图形符号

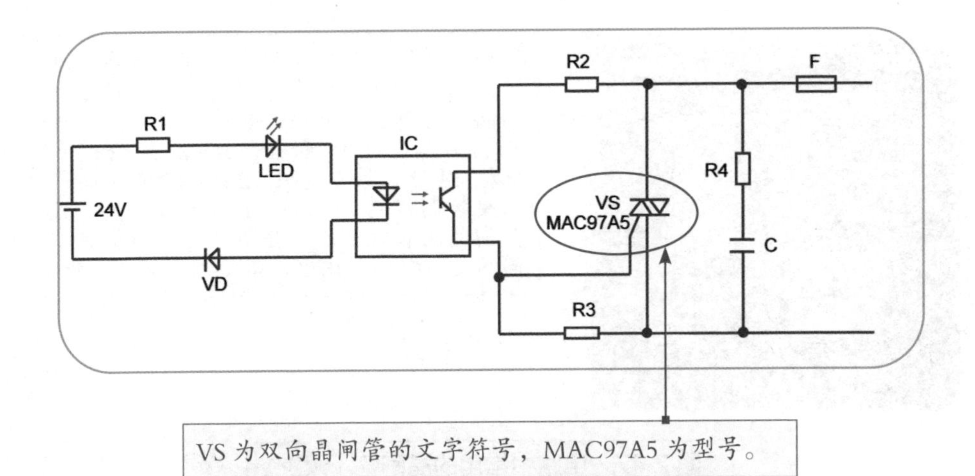

VS 为双向晶闸管的文字符号，MAC97A5 为型号。

图 2-48　晶闸管的电路图形符号（续）

2.8.3　晶闸管的检测方法

1. 识别单向晶闸管引脚的极性

选择指针万用表欧姆挡的 R × 1 挡，依次测量任意两引脚间电阻值，如图 2-49 所示。

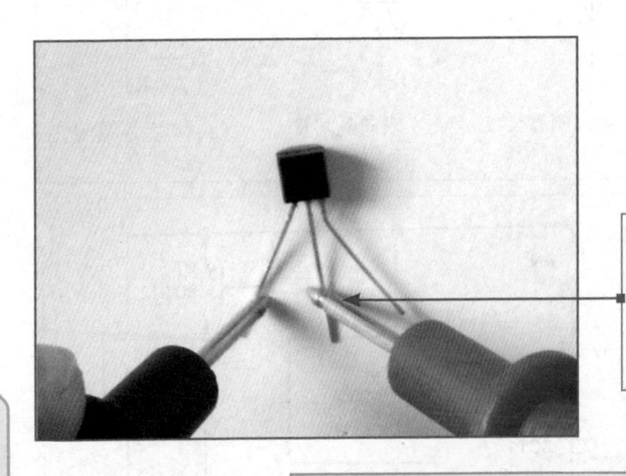

当指针发生偏转时，黑表笔接的就是单向晶闸管控制极 G，红表笔所接的就是单向晶闸管的阴极 K，余下那只便是单向晶闸管的阳极 A。

图 2-49　识别晶闸管引脚的极性

2. 单向晶闸管绝缘性检测方法

将指针万用表调到欧姆挡的 R × 1 挡，分别检测单向晶闸管的阴极与阳极、控制极与阳极、控制极与阴极之间的正、反向电阻。除控制极与阴极之间的正向电阻较小外，其余阻值均应趋于无穷大；否则说明单向晶闸管已损坏，不能继续使用。

3. 单向晶闸管触发电压的检测方法

将指针万用表调到欧姆挡的 R × 1 挡，黑表笔接单向晶闸管的阳极，红表笔接单向晶闸管的阴极，此时指针应无变化。将黑表笔与控制极短接，然后离开可测得阴极与阳极之间有一较小的阻值。

提示：如果控制极与阴极之间的正、反向电阻均接近于 0，说明单向晶闸管的控制极与阴极之间已发生短路；如果控制极与阴极之间的正、反向电阻均趋于无穷大，说明单向晶闸管的控制极与阴极之间发生开路；如果控制极与阴极之间的正、反向电阻接近，说明单向晶闸管的控制极与阴极之间的 PN 结已失去单向导电性。

4. 识别双向晶闸管引脚的极性

将指针万用表调到欧姆挡的 R × 1 挡，依次测量任意两引脚间的电阻值，测量结果中，有两组读数为无穷大，一组读数为数十欧姆。其中，读数为数十欧姆的一次测量中，红、黑表笔所接的两引脚可确定一极为 T_1，一极为 G（但具体还不清楚），另一空脚为第二电极 T_2。

排除第二电极 T_2 后，测量 T_1、G 间正、反向电阻值，其中读数相对较小的那次测量中，黑表笔所接的引脚为第一阳极 T_1，红表笔所接的引脚为控制极 G。

5. 双向晶闸管绝缘性的检测方法

将指针万用表调到欧姆挡的 R × 1 挡，分别检测双向晶闸管 T_1 与 T_2、G 与 T_2 之间的正、反向电阻。检测结果均应为无穷大，否则说明双向晶闸管已不能正常使用。

6. 双向晶闸管触发电压的检测方法

将指针万用表调到欧姆挡的 R × 1 挡，黑表笔接双向晶闸管的 T_1 极，红表笔接双向晶闸管的 T_2 极，此时指针应无变化。将红表笔与控制极 G 短接，然后离开可测得 T_1 与 T_2 之间有数十欧姆的阻值。

交换红黑表笔，将红表笔接双向晶闸管的 T_1 极，黑表笔接双向晶闸管的 T_2 极，此时指针应无变化。将黑表笔与控制极 G 短接，然后离开可测得 T_1 与 T_2 之间有数十欧姆的阻值。

2.9 认识变压器及其检测方法

变压器是利用电磁感应的原理来改变交流电压的装置，它可以把一种电压的交流电能转换成相同频率的另一种电压的交流电，变压器主要由初级线圈、次级线圈和铁芯（磁芯）组成。生活中变压器无处不在，大到工业用电、生活用电等电力设备，小到手机、各种家电、电脑等供电电源都会用到变压器。

2.9.1 常用的变压器

变压器是电路中常见的元器件之一，在电源电路中被广泛使用。图 2-50 所示为电路中常见的变压器。

电源变压器是小型电气设备的电源中常用的元件之一，它可以实现功率传送、电压变换和绝缘隔离。当一交流电流流于其中之一组线圈时，于另一组线圈中将感应出具有相同频率的交流电压。

升压变压器是用来把低数值的交变电压变换为同频率的另一较高数值交变电压的变压器。其在高频领域应用较广，如逆变电源等。

图 2-50　电路中的变压器

音频变压器是工作在音频范围的变压器，又称低频变压器。工作频率范围一般为 10 ~ 20 000Hz。音频变压器可以像电源变压器那样实现电压器转换，也可以实现音频信号耦合。

图 2-50　电路中的变压器（续）

2.9.2　认识变压器的符号很重要

维修电路时，通常需要参考电器设备的电路原理图来查找问题，下面我们结合电路图来识别电路图中的变压器。变压器一般用字母 T 来表示。如表 2-8 所示为常见变压器的电路图形符号，图 2-51 为电路图中的变压器。

表 2-8　常见变压器的电路图形符号

单二次绕组变压器	多次绕组变压器	二次绕组带中心抽头变压器

变压器中间的虚线表示变压器初级线圈和次级线圈之间设有屏蔽层。变压器的初级线圈有两组线圈可以输入两种交流电压，次级有 3 组线圈，并且其中两组线圈中间还有抽头，可以输出 5 种电压。

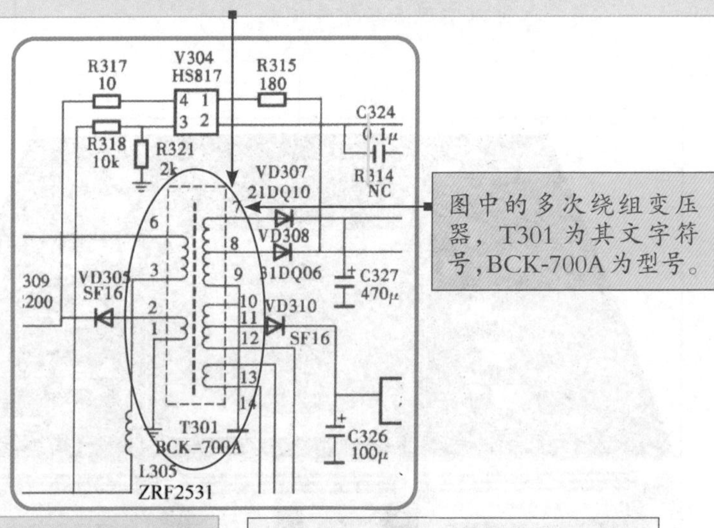

图中的多次绕组变压器，T301 为其文字符号，BCK-700A 为型号。

该电源变压器的初级线圈有两组线圈，可以输入两种电压，次级线圈有一组线圈，输出一组电压。

电源变压器，T1 为其文字符号，TRANS66 为其型号。实线表示变压器中心带铁芯。

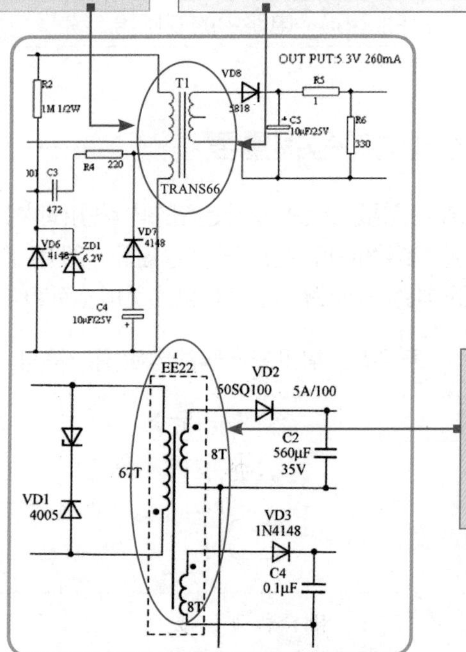

多次绕组变压器，其初级线圈有一组线圈，而次级线圈有两组线圈，可以输入两种电压。

图 2-51　电路图中的变压器

2.9.3　通过观察法来判断变压器故障

通过观察法来判断变压器故障的方法如图 2-52 所示。

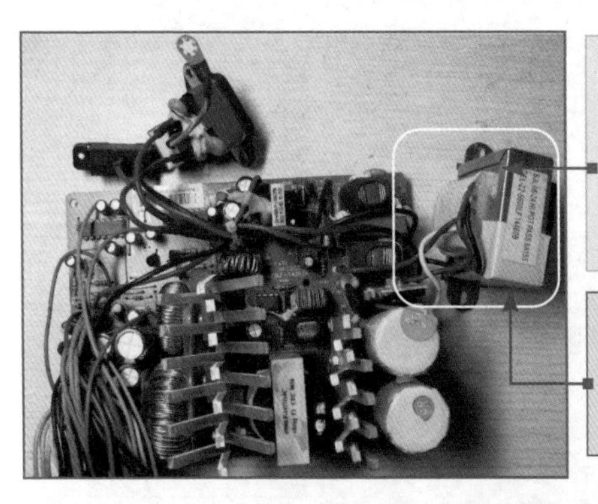

（1）首先检查变压器外表是否有破损，观察线圈引线是否断裂、脱焊，绝缘材料是否有烧焦痕迹，铁芯紧固螺杆是否有松动，硅钢片有无锈蚀，绕组线圈是否有外露等。如果有这些现象，说明变压器有故障。

（2）在空载加电后几十秒之内用手触摸变压器的铁芯，如果有烫手的感觉，则说明变压器有短路点存在。

图 2-52　通过观察法来判断变压器故障的方法

2.9.4　通过测量绝缘性检测变压器

通过测量绝缘性检测变压器的方法如图 2-53 所示。

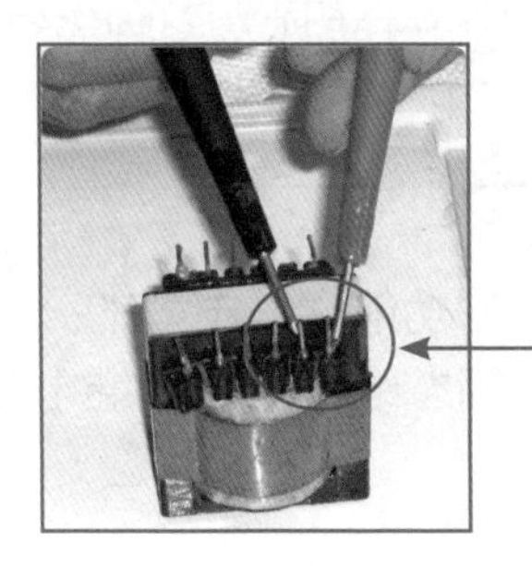

变压器的绝缘性测试是判断变压器好坏的一种好的方法。测试绝缘性时，将指针万用表的挡位调到 R×10k 挡。然后分别测量铁芯与初级，初级与各次级、铁芯与各次级、静电屏蔽层与初级、次级各绕组间的电阻值。如果万用表指针均指在无穷大位置不动，说明变压器正常。否则，说明变压器绝缘性能不良。

图 2-53　通过测量绝缘性检测变压器的方法

2.9.5　通过检测线圈通 / 断检测变压器

通过检测线圈通 / 断检测变压器的方法如图 2-54 所示。

如果变压器内部线圈发生断路，变压器就会损坏。检测时，将指针万用表调到 R×1 挡进行测试。如果测量某个绕组的电阻值为无穷大，则说明此绕组有断路性故障。

图 2-54　通过检测线圈通 / 断检测变压器的方法

2.10 认识继电器及其检测方法

继电器是自动控制中常用的一种电子元器件，它利用电磁原理、机电或其他方法实现接通或断开一个或一组接点的自动开关，以完成对电路的控制功能。继电器是在自动控制电路中起控制与隔离作用的执行部件，它实际上是一种可以用低电压、小电流来控制大电流、高电压的自动开关。其中，电磁继电器主要由铁心、电磁线圈、衔铁、复位弹簧、触点、支座及引脚等组成。

2.10.1 常用的继电器

继电器是一种电子控制器件，它具有控制电路的功能。继电器的分类方法较多，其中常用的继电器主要有：电磁继电器、固态继电器、热继电器、时间继电器等。

下面介绍一些常用的继电器，如图 2-55 所示。

电磁继电器由控制电流通过线圈所产生的电磁吸力驱动磁路中的可动部分而实现触点开、闭或转换功能的继电器。电磁继电器主要包括直流电磁继电器、交流电磁继电器和磁保持继电器三种。

图 2-55　常用的继电器

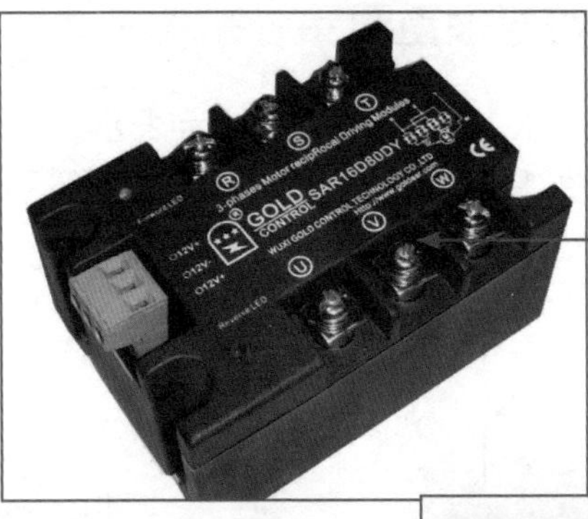

固态继电器是一种能够像电磁继电器那样执行开、闭线路的功能，且其输入和输出的绝缘程度与电磁继电器相当的全固态器件。

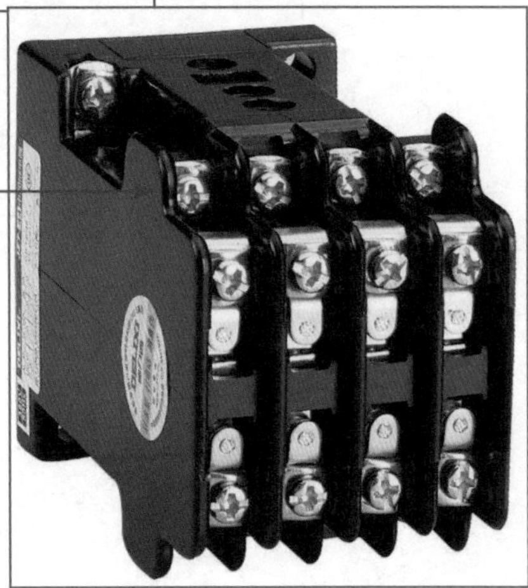

利用热效应而动作的继电器称为热继电器。热继电器包括温度继电器和电热式继电器。其中，当外界温度达到规定要求时而动作的继电器为温度继电器；而利用控制电路内的电能转变成热能，当达到规定要求时而动作的继电器为电热式继电器。

当加上或除去输入信号时，输出部分需延时或限时到规定的时间才闭合或断开其被控线路的继电器称为时间继电器。时间继电器常用作延时元件，通常它按预定的时间接通或分断电路，在自动程序控制系统中起时间控制作用。

图 2-55　常用的继电器（续）

2.10.2 认识继电器的符号很重要

继电器在电路中常用字母 K、KT、KA 加数字表示，而不同继电器在电路中有不同的图形符号。如图 2-56 所示为继电器的图形符号。

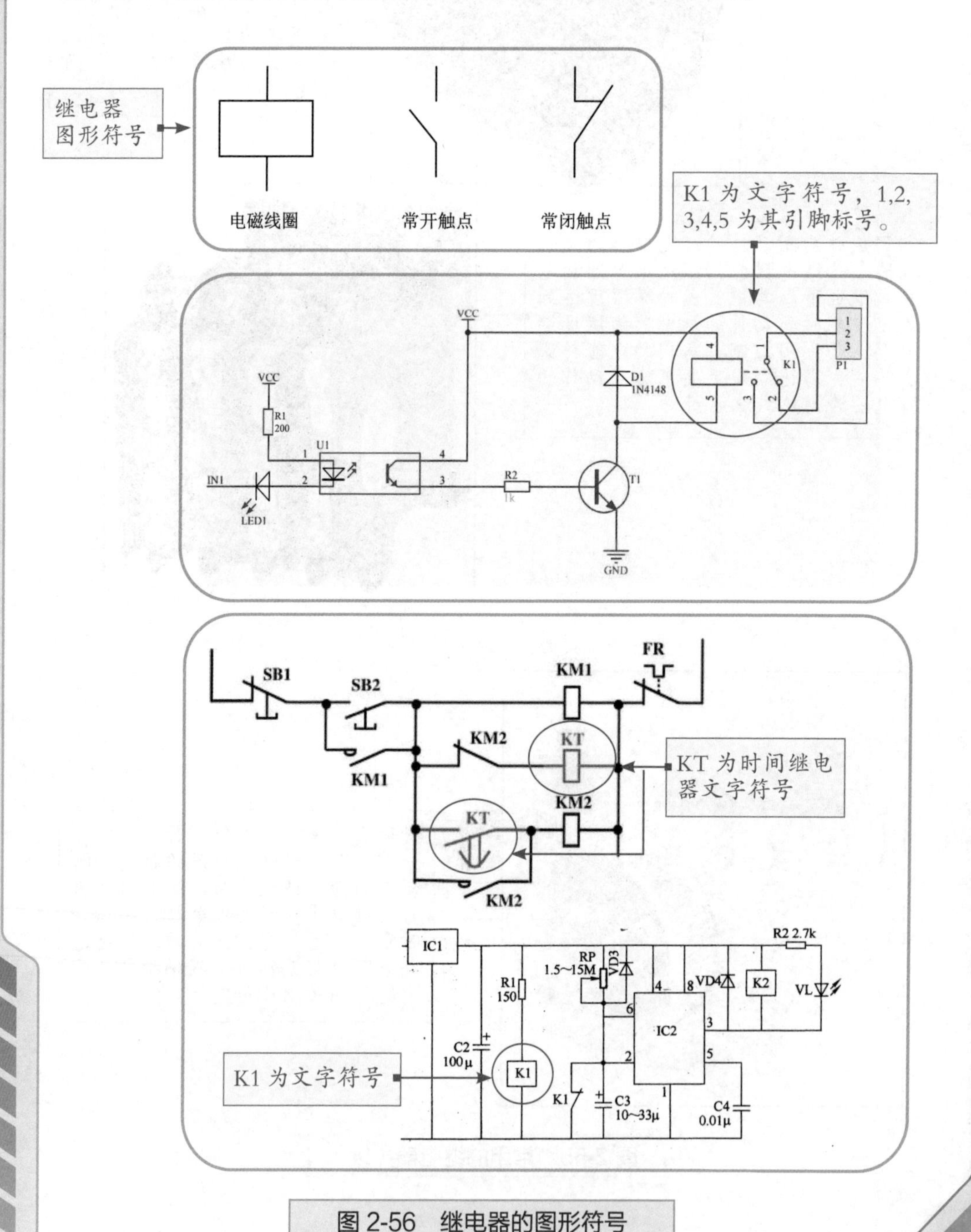

图 2-56 继电器的图形符号

2.10.3　检测继电器的方法

检测继电器的方法如图 2-57 所示。

分析：如果继电器的输入端正向电阻为一个固定值，反向电阻为无穷大。而输出端的正、反向电阻均为无穷大，则可以判断此继电器正常。如果反向电阻为 0，则继电器线圈短路损坏；如果输出端阻值为 0，这说明继电器触点有短路损坏。

步骤：将指针万用表的挡位调到 R×1 挡，然后将两表笔分别接到固态继电器的输入端和输出端引脚上，测量其正、反向电阻值的大小。

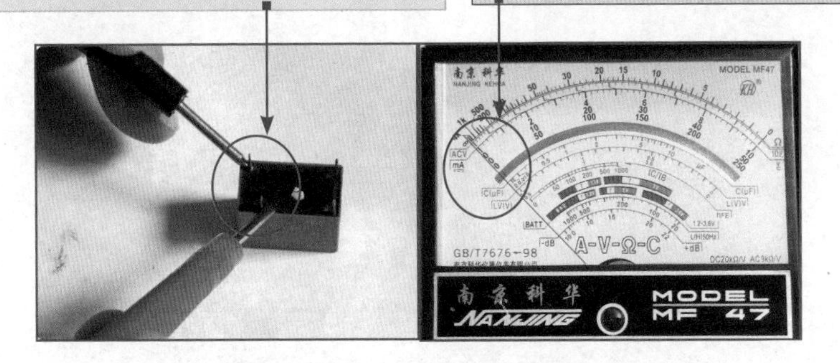

图 2-57　检测继电器的方法

第3章 工业电路板运放电路维修方法

在工业电路板中，对模拟信号的处理几乎都会用到运算放大器电路。在实际的电路中，运算放大器电路种类繁多，运用广泛。在维修过程中，经常需要检测其是否正常，因此本章重点讲解运算放大器电路及其维修检测方法。

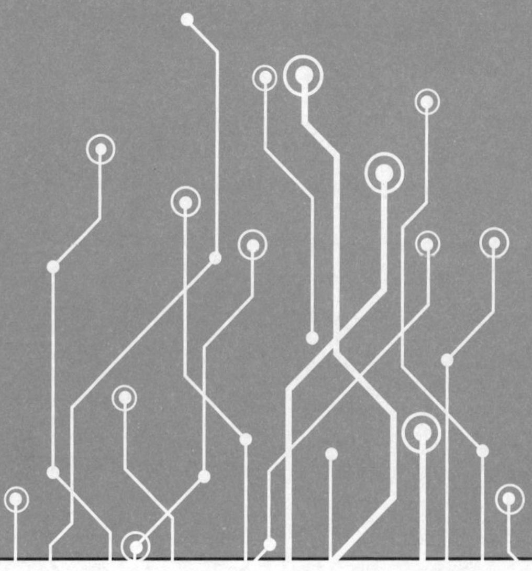

运算放大器基础

运算放大器是一种可以进行数学运算的放大电路。运算放大器不仅可以通过增大或减小模拟输入信号来实现放大，还可以进行加减法以及微积分等运算。所以，运算放大器是一种用途广泛，又便于使用的集成电路。

3.1.1　认识运算放大器

运算放大器通常结合反馈网络共同组成某种功能模块，可以进行信号放大、信号运算、信号的处理（滤波、调制）以及波形的产生和变换等功能，如图 3-1 所示。

运算放大器

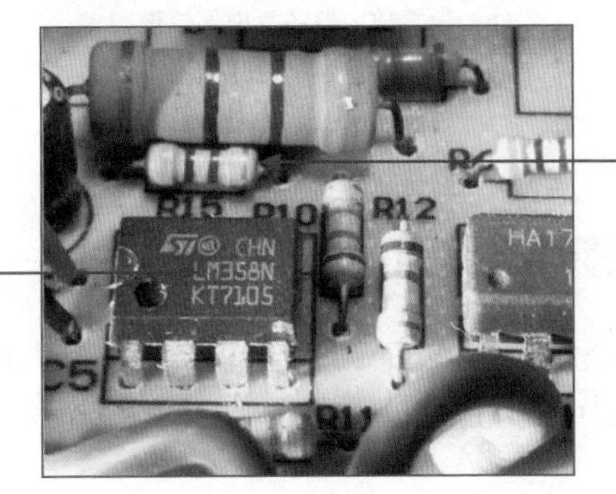

运算放大器电路中的电阻器

（a）电路板中的运算放大器

LM358

LF356

LF324

TL082

LT337

TLE2072

（b）运算放大器芯片

图 3-1　电路中常见的运算放大器

在电路中，运算放大器常用字母N表示，其常用的电路图形符号如图3-2所示。

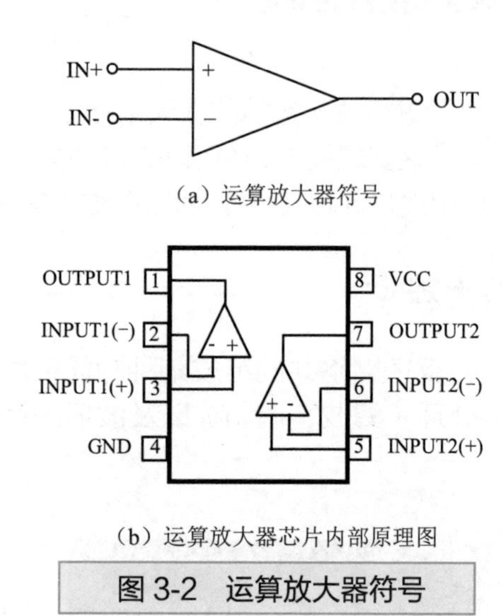

图3-2　运算放大器符号

3.1.2　运算放大器的电路组成

运算放大器的电路组成如图3-3所示，可分为输入级、中间级、输出级和偏置电路四个基本组成部分。

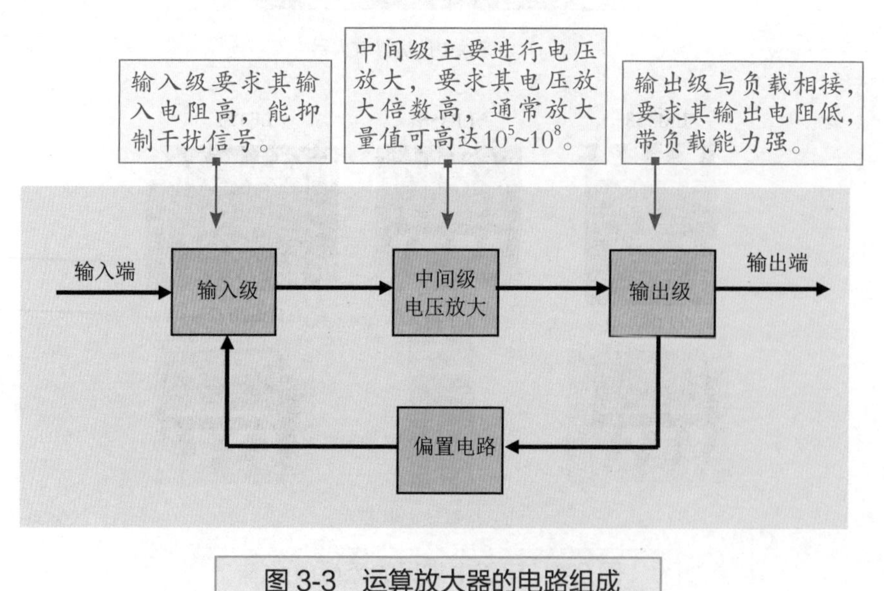

图3-3　运算放大器的电路组成

常用运算放大器电路

3.2.1 运算放大器电路特点

运算放大器的工作状态大致可分为线性工作状态和非线性工作状态。一般来说，负反馈工作在在线性区（反馈电阻器连接在反相输入端），如，各种同相、反相、差分放大电路。无反馈（亦称开环）或正反馈工作在非线性区（反馈电阻器连接在同相输入端），如比较器、振荡器电路，如图 3-4 所示。

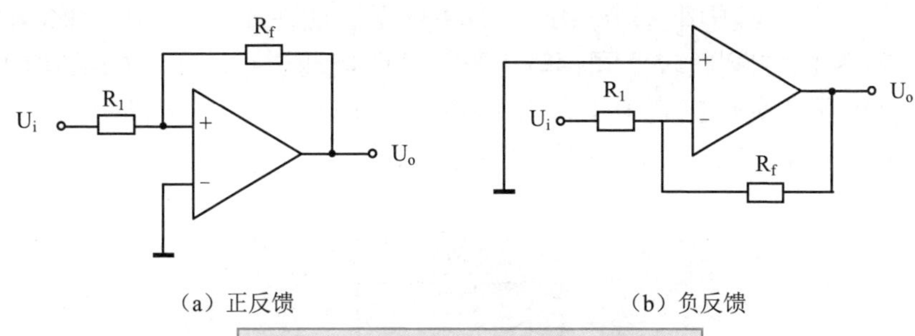

图 3-4 运算放大器电路工作状态

在理想化条件下，当运算放大器线性工作时，同相输入与反相输入端电压相等。由于理想条件运算放大器的差模输入电阻趋于无穷大，所以流进运算放大器的同相、反相输入端电流可以视为 0。

通过以上分析，可以得到理想运算放大器的两个重要特点：一个是虚短，另一个是虚断。

（1）虚短：由于运算放大器的电压放大倍数很大，一般通用型运算放大器的开环电压放大倍数都在 80 dB 以上。 而运算放大器的输出电压是有限的，一般为 10 ~ 14V。因此，运算放大器的差模输入电压不足 1mV，两输入端近似等电位，即同相、反相输入端之间的电压差为 0，相当于两输入端短路，但又不是真正的短路，故称为“虚短”，虚短实际上是指两输入端的电压相同。

（2）虚断：由于运算放大器的差模输入电阻很大，一般通用型运算放大器的输入电阻都在 1MΩ 以上。因此流入运算放大器输入端的电流往往不足 1μA，远小于输入端外电路的电流。故通常把运算放大器的两输入端视为开路，且输入电阻越大，两输入端越接近开路。但又不是真正断开，故称为“虚断”，虚断表明两输入端没有电流。

显然，理想运算放大器是不存在的，但只要实际运算放大器的性能较好，其应用效果与理想运算放大器很接近,就可以把它近似看成理想运算放大器。

3.2.2 比较器电路

比较器，顾名思义就是可以对两个或多个数据进行比较的装置。比较器的功能是比较两个电压的大小。比较器电路可以看作是运算放大器的一种应用电路，比较器对两个或多个数据项进行比较，以确定它们是否相等，或确定它们之间的大小关系。如图 3-5 所示，反馈电阻 R_f 连接到同相输入端，为正反馈，此电路称为比较器电路（注意如果反馈电阻 R_f 连接到反相输入端，为负反馈，称为放大器电路）。

电路中，U_A 经电阻器 R_2 和 R_3 串联分压后加在比较器的反相输入端；U_B 经电阻器 R_1 加到比较器同相输入端。两路电压进行比较，如果同相电压高于反相电压，则输出高电平，U_o 接近电源电压；反之输出低电平，U_o 接近 0V 或负电压（取决于是单电源还是双电源）。

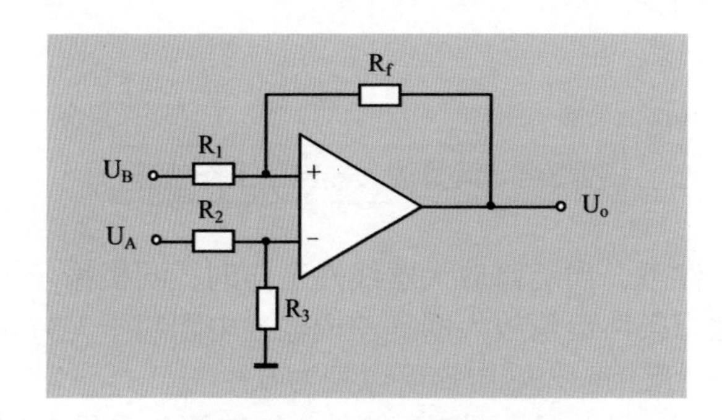

图 3-5　比较器电路

3.2.3 反相放大器电路

如果输入电压是从运算放大器的反相输入端输入的，这样的电路称为反相放大器电路。反相放大器电路具有放大输入信号并反相输出的功能。“反相”的意思是正、负号颠倒。该放大器应用了负反馈技术。如图 3-6 所示的电路中，把输出 U_o 经由 R_f 连接（返回）到反相输入端（–）的连接方法就是负反馈。

反相放大器的两个输入端电位始终近似为零（同相端接地，反相端虚地），只有差模信号，抗干扰能力强；但输入阻抗很小，等于信号到输入端的串联电阻器的阻值。

分析反相放大器电路时，把放大器看成理想放大器，根据它的电压传输特性，利用虚短和虚断的方法判断。

由于放大器同相输入端接地，因此 $U_+=0$；假设放大器 A 为理想放大器（处于线性状态），由于同相输入端和反相输入端虚短，所以 $U_-=U_+=0$；由于同、反相输入端虚断（反相输入端电流为 0），所以 $I_1=I_f$。由此可得：$U_i/R_1=U_o/R_f$，则电压放大倍数 $A=U_o/U_i=R_f/R_1$。

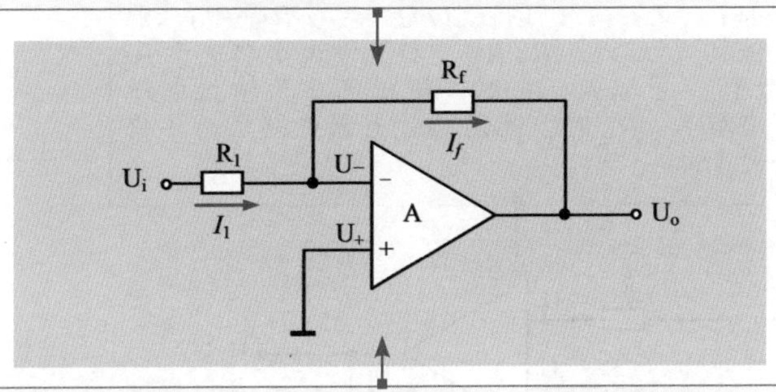

当 $R_f>R_1$ 时，$U_o>U_i$，此电路为反相放大器电路。
当 $R_f=R_1$ 时，$U_o=U_i$，此电路为倒相器电路。对输入信号起到倒相输出作用，无电压放大倍数，如输入 +2.5V 信号，输出电压为 −2.5V，起到信号倒相作用。
当 $R_f<R_1$ 时，$U_o<U_i$，电路变为反相衰减器电路。若输入 0~10V 信号，输出 0~−3.3V 的反相信号，是一个比例衰减器。

（a）反相放大器电路

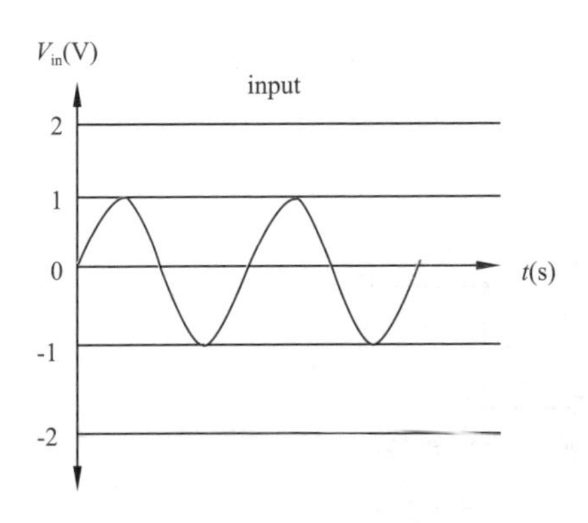

（b）反相放大器输入端电压波形

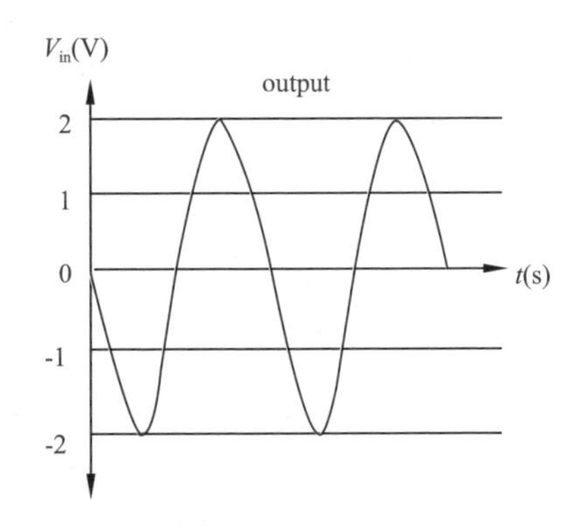

（c）反相放大器输出端电压波形

图 3-6　反相放大器电路

3.2.4 同相放大器电路

如果运算放大器电路的输入信号是从同相输入端输入的，这样的放大电路称为同相放大器电路。在同相放大器电路中，输出电压按一定比例衰减以后，再反馈到反相输入端，如图 3-7 所示。

假设放大器为理想放大器（处于线性状态），由于同相输入端和反相输入端虚短，所以 $U_-= U_+$；由于同、反相输入端虚断（反相输入端电流为 0），所以 $U_i=U_+$，同时 $I_2=I_f$。由此可得：$U_i/R_2=U_o/(R_2+R_4)$，则电压放大倍数 $A=U_o/U_i=R_f/R_2$，放大量大小取决于 R_f 与 R_2 的比值。当取 $R_2=R_f$ 时，输出电压为输入电压的 2 倍；当取 $R_f<R_2$ 时，此同相放大器电路成为 1 倍以上的放大电路。

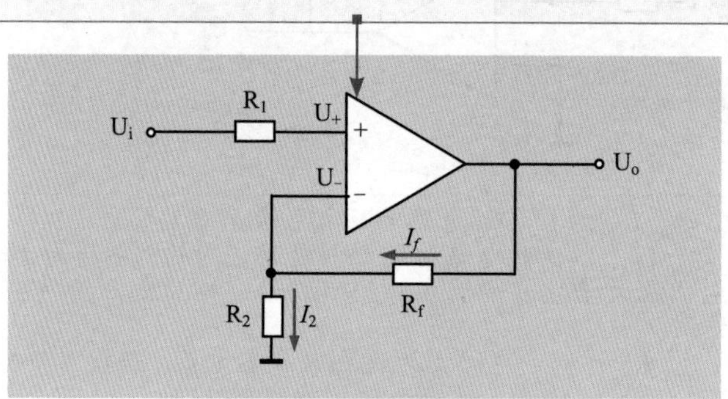

图 3-7 同相放大器电路

图 3-7 中电路当 R_f 短接或 R_2 开路时，输出信号与输入信号的相位一致且大小相等，因而图 3-7 的电路可进一步“进化”为图 3-8 所示的电路。

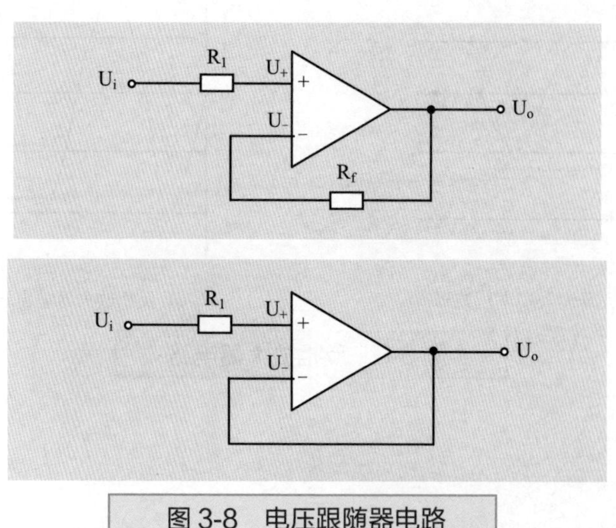

图 3-8 电压跟随器电路

图 3-8 中的电路为电压跟随器电路，输出电压完全跟踪于输入电路的幅度与相位，故电压放大倍数为 1；虽无电压放大倍数，但有一定的电流输出能力。电路起到阻抗变换作用，提升电路的带负载能力，将一个高阻抗信号源转换成一个低阻抗信号源。减弱信号输入回路高阻抗和输出回路低阻抗的相互影响，又起到对输入、输入回路的隔离和缓冲作用。只要求输出正极性信号时，也可以采用单电源供电。

3.2.5　反相加法器电路

反相加法器电路又称反相求和电路，是指一路以上输入信号进入反相输入端，输出结果为多路信号相加之和的绝对值。如图 3-9 所示为反相加法器电路。

假设放大器 A 为理想放大器，由于放大器同、反相输入端虚断，输入阻抗无穷大输入电流为零，所以电阻器 R_3 上无压降，即 $U_+=0$；由于同相、反相输入端虚短，同相输入端和反相输入端电压相等，所以 $U_-=U_+=0$。再根据虚断特性，反相输入端电流为 0，所以 $I_1+I_2=I_f$。由此可得：$U_{i1}/R_1+U_{i2}/R_2=U_o/R_f$，即 $-U_o=R_f\times U_{i1}/R_1+R_f\times U_{i2}/R_2$。当 $R_1=R_2=R_f$ 时，$-U_o=U_{i1}+U_{i2}$，即输出电压的反相为两个输入电压的和。

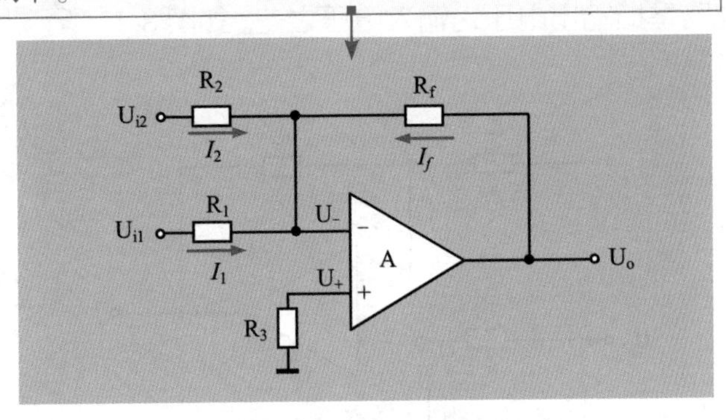

图 3-9　反相加法器电路

3.2.6　同相加法器电路

同相加法器电路是指一路以上输入信号进入同相输入端，输出结果为多路信号相加之和。如图 3-10 所示为同相加法器电路。

假设放大器 A 为理想放大器（处于线性状态），由于同相输入端和反相输入端虚短，则 $U_- = U_+$；由于同、反相输入端虚断（即反相输入端电流为 0），所以 $I_3=I_f$。由此可得，$U_- / R_3= U_o / (R_3+R_f)$，即 $U_- = U_o R_3 / (R_3+R_f)$；同时，$I_1+I_2=0$，即 $(U_{i1}-U_+) / R_1 + (U_{i2}-U_+) / R_2=0$，所以 $U_+ = (U_{i1}R_2+U_{i2}R_1) / (R_1+R_2)$。由于 $U_-= U_+$，因此，$(U_{i1}R_2+U_{i2}R_1) / (R_1+R_2) = U_o R_3 / (R_3+R_f)$。当 $R_1=R_2=R_3=R_f$，$U_o =U_{i1}+U_{i2}$，即输出电压为两个输入电压的和。

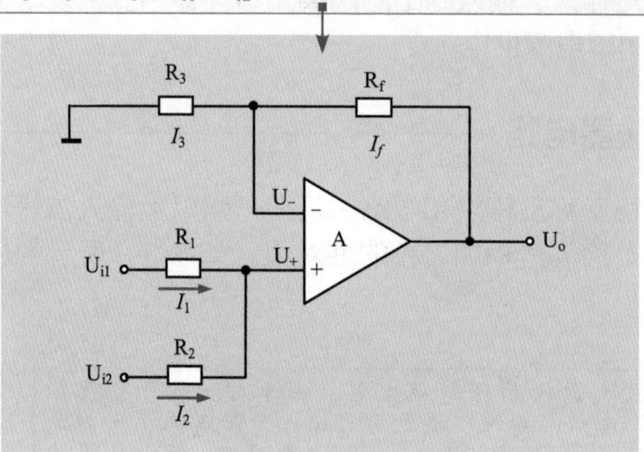

图 3-10　同相加法器电路

3.2.7　减法器电路

减法器电路是指输出电压为输入电压之差。如图 3-11 所示为减法器电路。

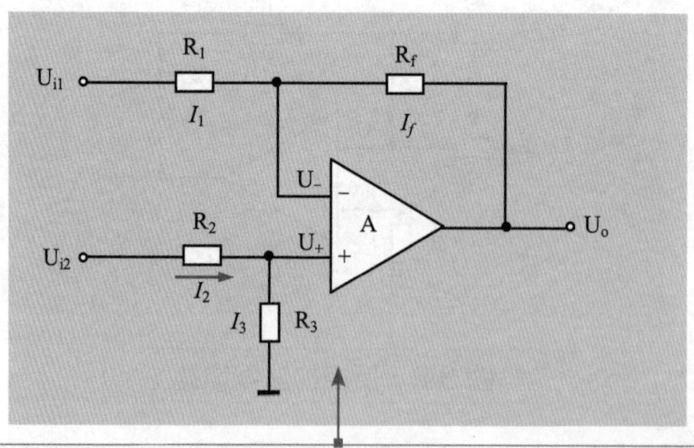

假设放大器 A 为理想放大器（处于线性状态），由于同相输入端和反相输入端虚短，则 $U_-= U_+$；由于同相、反相输入端虚断（反相输入端电流为 0），所以 $I_1=I_f$。由此可得：$(U_{i1}-U_-) / R_1= (U_- - U_o) / R_f$，即 $U_- = (U_{i1}R_f+U_oR_1) / (R_1+R_f)$。同时，$I_2=I_3$，所以 $(U_{i2}-U_+) / R_2= U_+ / R_3$，即 $U_+ =U_{i2}R_3 / (R_2+R_3)$。由于，$U_-= U_+$，所以，$(U_{i1}R_f+U_oR_1) / (R_1+R_f) = U_{i2}R_3 / (R_2+R_3)$。即：$U_o= U_{i2} R_3 (R_1 +R_f) / R_1 (R_2+R_3) - U_{i1}R_f / R_1$。当 $R_1=R_2=R_3=R_f$ 时，$U_o= U_{i2} - U_{i1}$，即输出电压为两个输入电压的差。

图 3-11　减法器电路

3.2.8　差分放大电路

差分放大电路也称差动放大电路，它可以有效地放大交流信号，而且还能够有效地减小由于电源波动和晶体管随温度变化多引起的零点漂移。被大量的应用于集成运放电路中，常被用作多级放大器的前置级。差分放大电路的基本形式对电路的要求是两个电路的参数完全对称，两个管子的温度特性也完全对称。差分放大器的电路优点是放大差模信号抑制共模信号，在抗干扰性能上很出色。

差分放大电路如图 3-12 所示。

从图中可以看到，A_1、A_2 两个同相运算放大器电路构成输入级，在与差分放大器 A_3 串联组成三运放差分放大电路。首先每个运算放大器都有负反馈电阻,所以虚短成立。因为虚短，运算放大器 A_1 的同、反相输入端电压相等，运算放大器 A_2 的同、反相输入端电压相等，所以，R_p 两端的电压差就是 U_{i1} 和 U_{i2} 的差值。因为虚断，A_1 的反相输入端没有电流进出，A_2 的反相输入端也没有电流进出，所以流过电阻器 R_5、R_p、R_6 的电流相同，都是 I_p。它们可以视为串联，串联电路每一个电阻上的分压与阻值成正比，所以：

$(U_{i11}-U_{i21}) / R_5+R_p+R_6 = (U_{i1}-U_{i2}) / R_p$

得：$U_{i11}-U_{i21}= (U_{i1}-U_{i2})(R_5+R_p+R_6) / R_p$

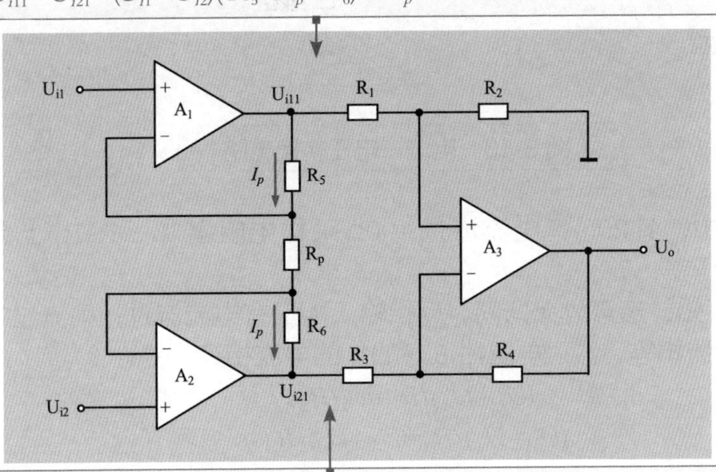

对于 A_3 运算放大器，由于同相输入端和反相输入端虚短，则 $U_-= U_+$；由于同、反相输入端虚断，通过 R_1 的电流和通过 R_2 的电流相等，所以：

$(U_{i11}-U_+) / R_1=U_+/ R_2$，即：$U_+= U_{i11} R_2 / (R_1+ R_2)$。

同时，通过 R_3 的电流和通过 R_4 的电流相等，所以：

$(U_{i21}-U_-) /R_3= (U_--U_o) /R_4$，

即：$U_-= (U_{i21} R_4 + U_o R_3) / (R_3+ R_4)$。

由于，$U_-= U_+$，所以，$U_{i11} R_2 / (R_1+ R_2)= (U_{i21} R_4 + U_o R_3) / (R_3+ R_4)$。

当 $R_1=R_2=R_3=R_4$ 时，$U_o= U_{i11}- U_{i21}$。由于，$U_{i11}- U_{i21}= (U_{i1}- U_{i2})(R_5+R_p+R_6) / R_p$

所以，$U_o= (U_{i1}- U_{i2})(R_5+R_p+R_6) / R_p$

由上可知，此电路是一个差分放大器电路，它可将两个输入电压的差值放大指定的增益。

图 3-12　差分放大电路

3.2.9 电流—电压转换电路

电流—电压转换电路是将输入的电流信号转换为电压信号，是电流控制的电压源，在工业控制器与传感器应用场合使用比较多。在工业控制器中，有很多控制器接收来自各种检测仪表的 0~20mA 或 4~20mA 电流，电路将此电流转换成电压后再送 ADC 转换成数字信号。如图 3-13 所示为电流—电压转换电路。

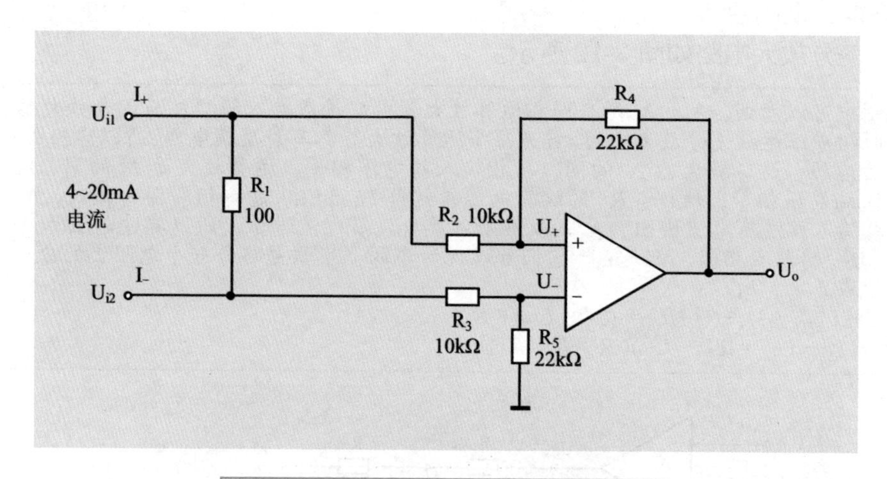

图 3-13 电流—电压转换电路

图 3-13 中，4~20mA 电流流过 100Ω 采样电阻器 R_1，在 R_1 上会产生 0.4~2V 的电压差。

由虚断可知，运算放大器同、反相输入端没有电流流过，则流过电阻器 R_3 和 R_5 的电流相等，流过电阻器 R_2 和 R_4 的电流相等。故:

$$(U_{i2}-U_+)/R_3=U_+/R_5 \quad (1)$$

$$(U_{i1}-U_-)/R_2=(U_--U_o)/R_4 \quad (2)$$

由虚短可知:

$$U_-=U_+ \quad (3)$$

电流从 0~20mA 变化，则:

$$U_{i1}=U_{i2}+(0.4\sim2) \quad (4)$$

由式（3）、式（4）代入式（2）得:

$$(U_{i2}+(0.4\sim2)-U_+)/R_2=(U_+-U_o)/R_4 \quad (5)$$

如果 $R_3=R_2$，$R_4=R_5$，则，由式（5）、式（1）得:

$$U_o=-(0.4\sim2)R_4/R_2 \quad (6)$$

由于: $R_4/R_2=22k/10k=2.2$，则式（6）结果为:

$$U_o=-(0.88\sim4.4)V$$

也就是说，当输入 4~20mA 电流时，电阻器 R_1 上产生 0.4~2V 的电压，U_o 输出一个反相的 −0.88~−4.4V 电压，此电压可以送 ADC 去处理。注意：若将图 3-13 中电流反接即得 U_o=+(0.88~4.4)V。

3.2.10 电压—电流转换电路

电压—电流转换电路是将输入的电压信号转换成满足一定关系的电流信号，转换后的电流相当一个输出可调的恒流源，其输出电流应能够保持稳定而不会随着负载的变化而变化。一般来说，电压—电流转换电路是通过负反馈的形式来实现的，可以是电流串联负反馈，也可以是电流并联负反馈，主要用在工业控制器和许多传感器中，如图 3-14 所示。

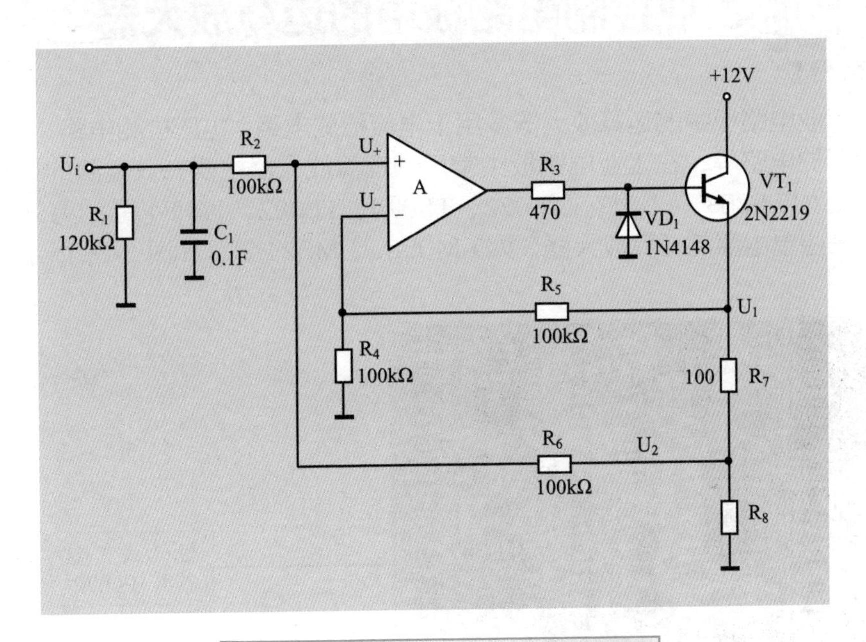

图 3-14 电压—电流转换电路

图 3-14 中，运算放大器 A 的负反馈没有通过电阻直接反馈，而是串联了三极管 VT_1 的发射结。由于有负反馈电路，因此虚短、虚断的规律仍然可以用。

由虚断可知，运算放大器同、反相输入端没有电流流过，则：

$$(U_i - U_+)/R_2=(U_+ - U_2)/R_6 \quad (7)$$

同理：

$$(U_1 - U_-)/R_5=U_-/R_4 \quad (8)$$

由虚短可知：

$$U_{+}=U_{-}$$

如果 $R_2=R_6$，$R_4=R_5$，则由式（7）、式（8）、式（9）得：

$$U_1-U_2=U_i \tag{9}$$

上式说明电阻器 R_7 两端的电压与输入电压 U_i 相等，则通过电阻器 R_7 的电流为：

$$I=U_i/R_7 \tag{10}$$

如果负载电阻器 R_8<<100kΩ，则通过电阻器 R_1 和通过电阻器 R_7 的电流基本相同。也就是说，当负载 R_8 取值在某个范围内时，其电流是不随负载变化的，而是受 U_i 所控制。

工业控制电路板中的运算放大器

工业电路板中的运算放大器多用于电流检测电路、电压检测电路、报警 / 停机保护电路等，在工业电路板中常用的运算放大器主要有双电源的运算放大器，如 LF353、LF347、TL072、TL074、TL082、TL084 等；另外，还包括一些单电源的运算放大器，如 LM358、LM324 等，如图 3-15 所示。

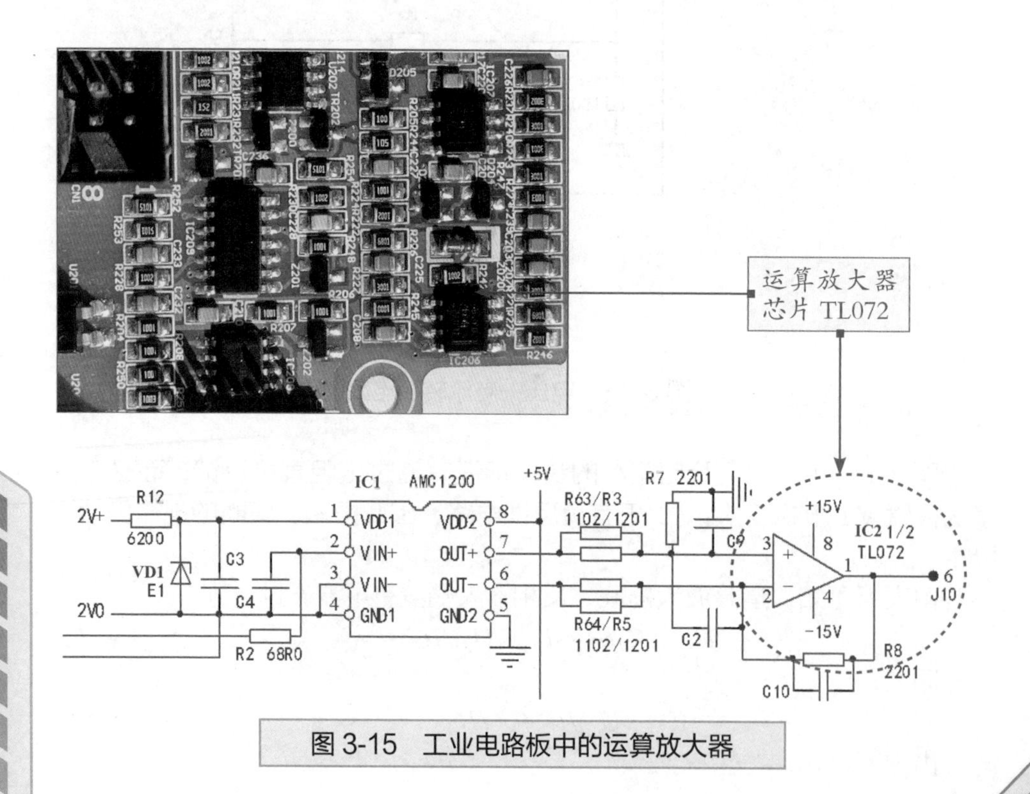

图 3-15　工业电路板中的运算放大器

在电路中常用的运算放大器芯片主要有三个类型：8 引脚单运放、8 引脚双运放、14 引脚四运放。图 3-16 所示 TL081 为 8 引脚单运放，TL082 为 8 引脚双运放、TL084 为双引脚四运放。常用运算放大器芯片其实就是 8 脚和 14 脚的双运放和四运放集成器件，记住这两种芯片引脚功能，检修中就不需要随时去查资料了。图 3-17 所示为运放器的内部结构。

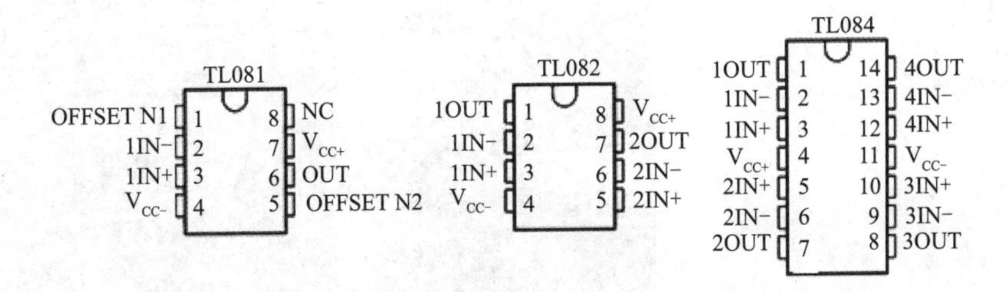

（a）单运放（贴片双列）　（b）双运放（贴片双列）　（c）四运放（贴片双列）

图 3-16　三种运算放大器

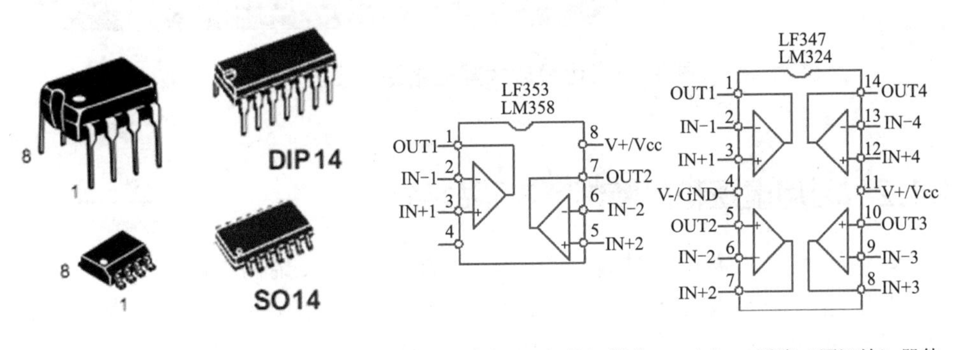

（a）运放封装、实物图　（b）8 引脚（双运放）器件　（c）14 引脚（四运放）器件

图 3-17　运放器的内部结构

3.4 运算放大器电路故障维修方法

理想运算放大器具有虚短和虚断的特性，这两个特性对分析判断运算放大器电路故障十分有用。下面详细讲解运算放大器和运算放大器电路故障的维修方法。

3.4.1 运算放大器电路易坏元器件

运算放大器电路出现故障后通常会导致输出电压不正常，运算放大器电路易坏元器件主要包括运算放大器芯片、电阻器等，如图 3-18 所示。

运算放大电路中的电阻器虚焊、老化，或损坏导致输出电压不正常。
运算放大器芯片接触不良或损坏导致输出电压不正常。

图 3-18 运算放大器电路易坏元器件

3.4.2 利用虚短和虚断判断电路故障

运算放大器的虚短特性是，在闭环状态下两输入端的电压差为 0；虚断特性则是输入端流入的电流为 0，即输入端既不流出电流，也不流入电流。利用好这两个特性即可判断出运算放大器电路中的故障元器件。

1. 利用虚断查找故障元器件

如图 3-19 所示为康沃变频器上的一个运算放大器电路图，此变频器开机后面板显示接地故障。而接地故障检测的前级电路为反相加法器电路，可根据“虚断”特性检查故障原因。

2. 利用虚短查找故障元器件

如图 3-20 所示为变频器电流检测电路中的差分放大器电路。当变频器出现过电流 OC 故障，检查电流检测电路中的差分放大器电路时，可根据虚短特性判断故障原因。

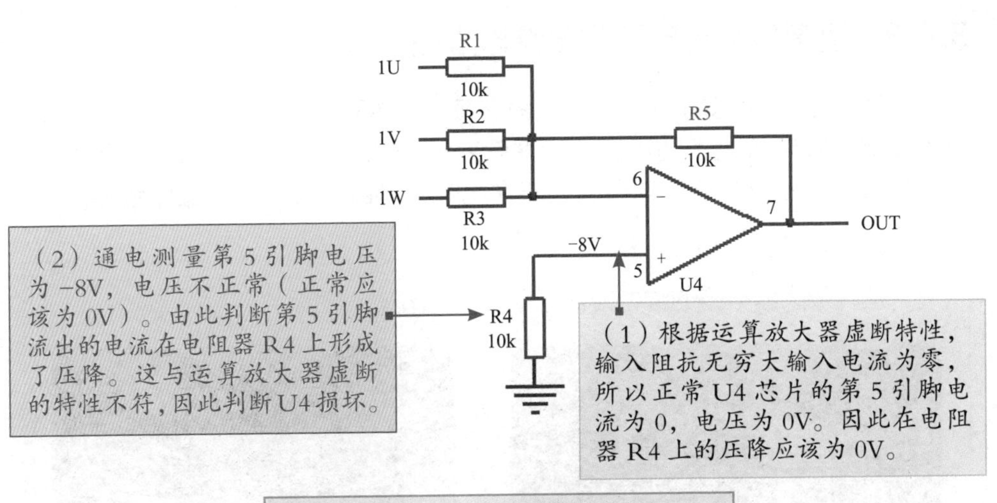

R1
1U
10k
R2
1V
10k
R5
10k
1W
R3
10k
6
7
OUT
-8V
5
U4
R4
10k
（2）通电测量第5引脚电压为−8V，电压不正常（正常应该为0V）。由此判断第5引脚流出的电流在电阻器R4上形成了压降。这与运算放大器虚断的特性不符，因此判断U4损坏。
（1）根据运算放大器虚断特性，输入阻抗无穷大输入电流为零，所以正常U4芯片的第5引脚电流为0，电压为0V。因此在电阻器R4上的压降应该为0V。

图 3-19　利用虚断判断故障

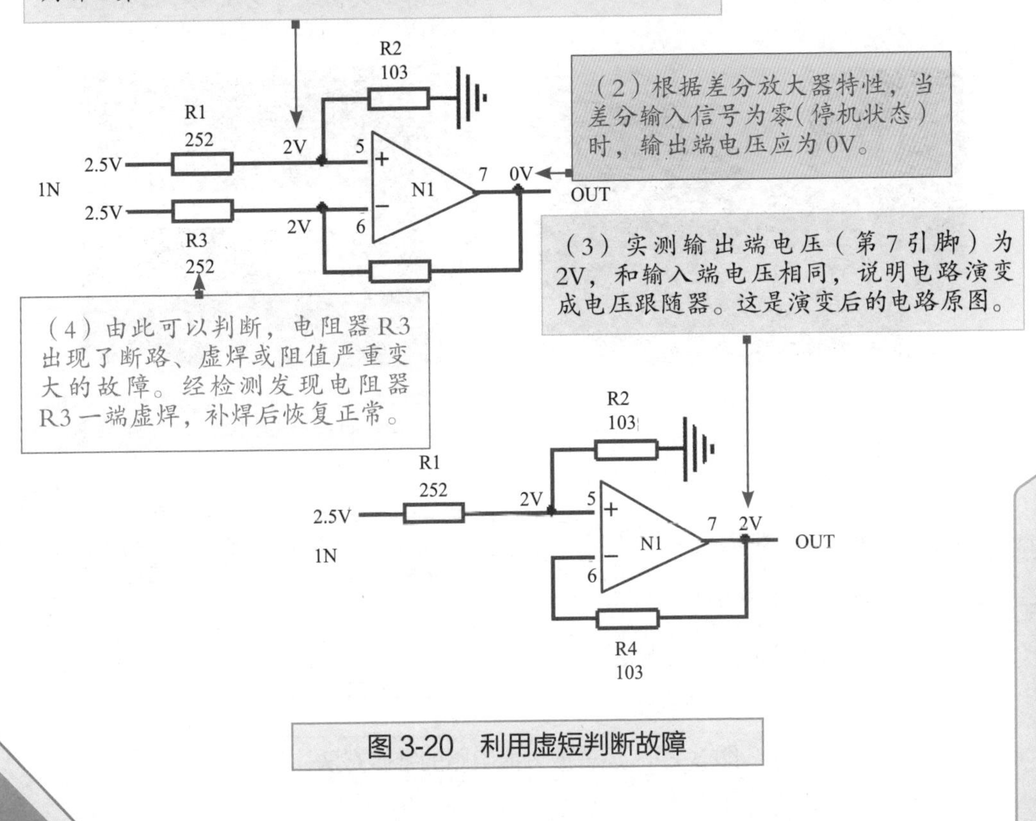

（1）接电检测N1芯片的第5、6、7引脚电压，实测都为2V。由于第5、6引脚电压相等，所以虚短规则成立，因此判断运算放大器芯片N1正常。
R2
103
R1
252
2.5V
2V
5
1N
2.5V
N1
7
0V
OUT
R3
252
2V
6
（2）根据差分放大器特性，当差分输入信号为零（停机状态）时，输出端电压应为0V。
（3）实测输出端电压（第7引脚）为2V，和输入端电压相同，说明电路演变成电压跟随器。这是演变后的电路原图。
（4）由此可以判断，电阻器R3出现了断路、虚焊或阻值严重变大的故障。经检测发现电阻器R3一端虚焊，补焊后恢复正常。
R2
103
R1
252
2.5V
2V
5
N1
7
2V
OUT
1N
6
R4
103

图 3-20　利用虚短判断故障

3.4.3 运算放大器电路故障维修方法

为了保证线性运用，运算放大器必须在闭环（负反馈）下工作。如果没有负反馈，开环放大下的运算放大器就变成一个比较器。如果要判断电路是否有故障，首先应分清楚运算放大器在电路中是做放大器还是做比较器。

运算放大器电路的维修方法如图 3-21 所示。

首先断开电源，检查运算放大器电路是否有明显损坏的元器件，如元器件烧坏、元器件引脚虚焊或断路等。

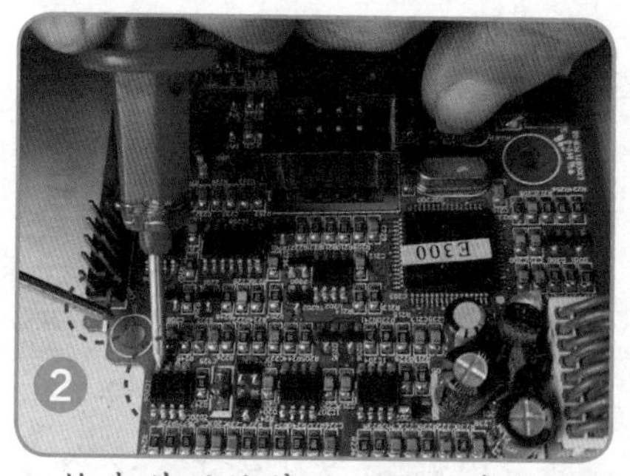

检查外观故障后，接下来给电路通电，然后用万用表 20V 直流电压挡检查运算放大器工作电压是否正常（红表笔接 VCC 引脚，黑表笔接地）。

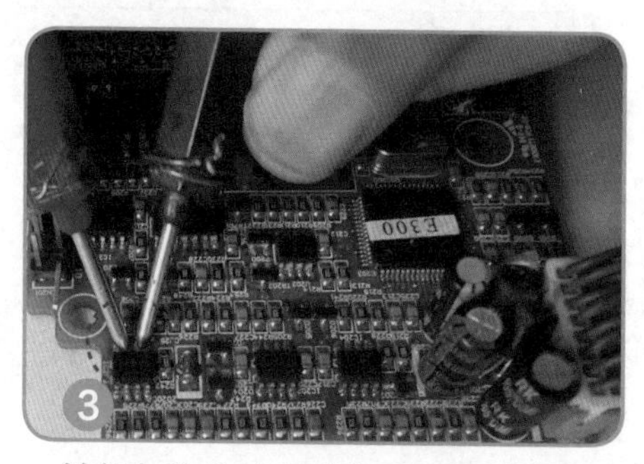

判断电路是放大器电路还是比较器电路。不论是何种类型的放大器，都有一个反馈电阻 R_f，我们在维修时可从电路上检查这个反馈电阻。在断开电源的情况下，用万用表 20M 挡检查输出端和反相输入端之间的阻值，如果阻值在几 MΩ 以上，则可以肯定电路是做比较器电路用。如果是做比较器用，则允许同相输入端和反向输入端电压不相等，同相电压大于反相电压，则输出电压接近正的最大值。

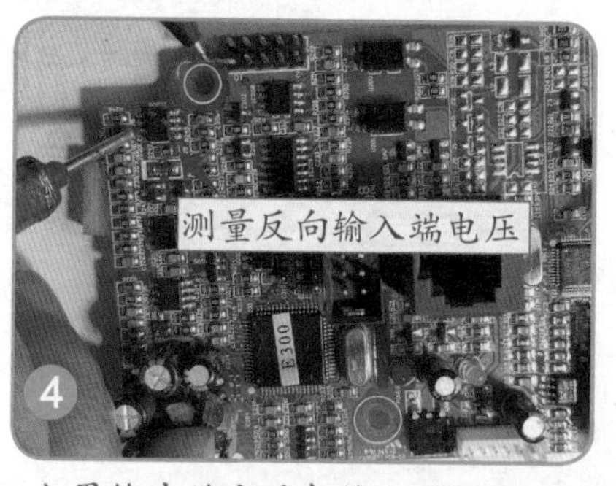

如果输出端和反相输入端之间的阻值在 0Ω 至几十 kΩ，则再检查一下有无电阻接在输出端和反相输入端之间，有的话一定是做放大器用。根据放大器虚短的原理，也就是说，如果这个运算放大器工作正常，其同向输入端和反相输入端电压必然相等，即使有差别也是 mV 级的。当然在某些高输入阻抗电路中，万用表的内阻会对电压测试有点影响，但一般也不会超过 0.2V，如果有 0.5V 以上的差别，则运算放大器电路肯定有问题（电阻损坏或运算放大器损坏）。

图 3-21 运算放大器电路的维修方法

测量输出端已有正电压(或负电压)输出，但短接两个输入端，若正常的话，输出电压应马上降(或升)为0V左右。若输出电压值为一个固定值，不随着输入端的短接而变化，说明运算放大器芯片损坏。

当运算放大器电路输出不正常，而排除运算放大器芯片正常的情况下，故障可能是运算放大器芯片周围的电阻器损坏，重点检查周边元器件。

图3-21 运算放大器电路的维修方法(续)

3.4.4 通过测量运算放大器芯片引脚电压判断芯片的好坏

根据运算放大器的特点，如果同相输入端电压大于反相输入端电压，则输出端电压为高电位；如果同相输入端电压小于反相输入端电压，则输出端电压为低电位。因此我们可以通过测量运算放大器引脚的电压来判断运算放大器的好坏。

通过测量运算放大器引脚电压判断芯片好坏的方法如图3-22所示。

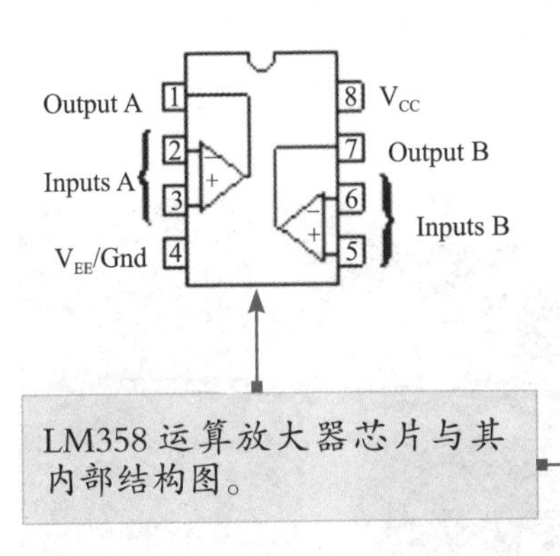

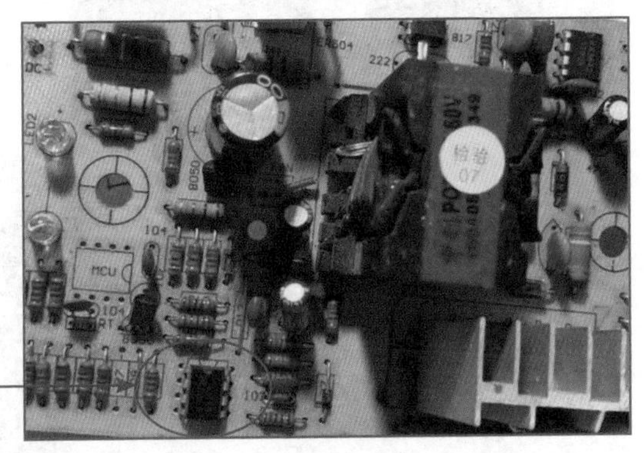

图3-22 通过测量运算放大器引脚电压判断芯片的好坏

第一步：给电路板接上直流电源，然后将数字万用表调到直流电压 20V 挡，红表笔接运算放大器芯片供电第 8 引脚，黑表笔接第 4 引脚（接地脚）。测量的电压值为 12.17V，供电电压正常。如果供电电压不正常，则检测供电电路中的元器件。

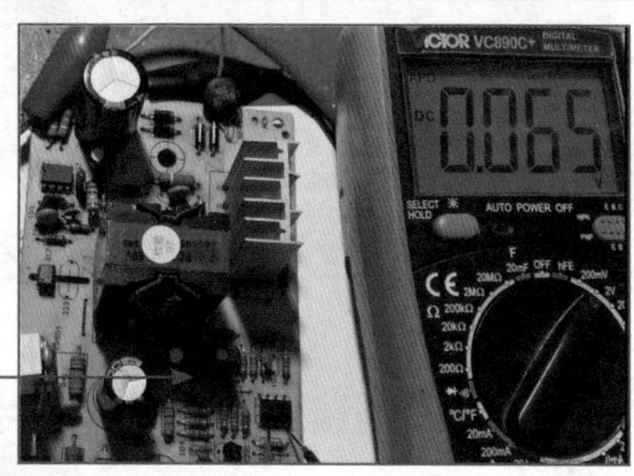

第二步：将数字万用表调到直流电压 2V 挡，红表笔接运算放大器芯片第 2 引脚（反相输入端），黑表笔接第 4 引脚（接地脚）。测量的电压值为 0.065V。

第三步：将红表笔接运算放大器芯片第 3 引脚（同相输入端），黑表笔接第 4 引脚（接地脚）。测量的电压值为 0.013V。

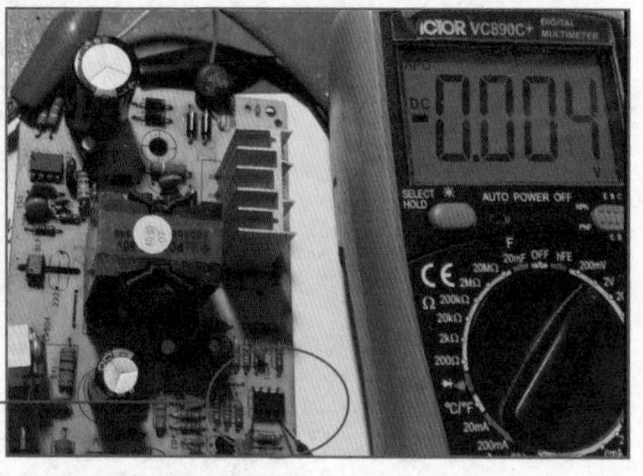

第 4 步：将红表笔接运算放大器芯片第 1 引脚（输出端），黑表笔接第 4 引脚（接地脚）。测量的电压值为 0.004V。由于第 3 引脚（同相输入端）电压小于第 2 引脚（反相输入端）电压，输出端输出低电平，因此可以判定该运算放大器正常。

图 3-22　通过测量运算放大器引脚电压判断芯片的好坏（续）

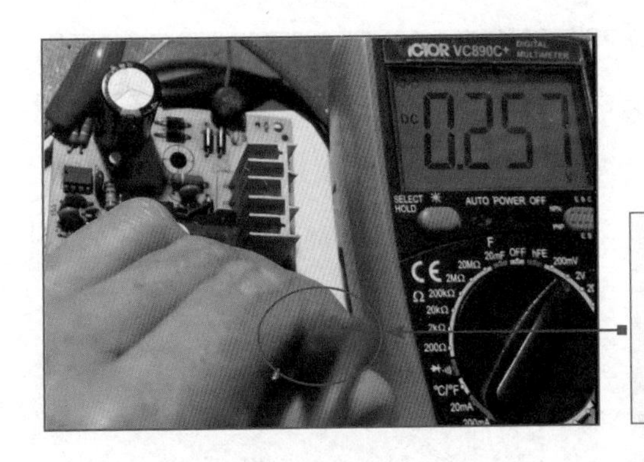

第五步：测量芯片内部另一个运算放大器。将红表笔接运算放大器芯片第 5 引脚（同相输入端），黑表笔接第 4 引脚（接地脚）。测量的电压值为 0.257V。

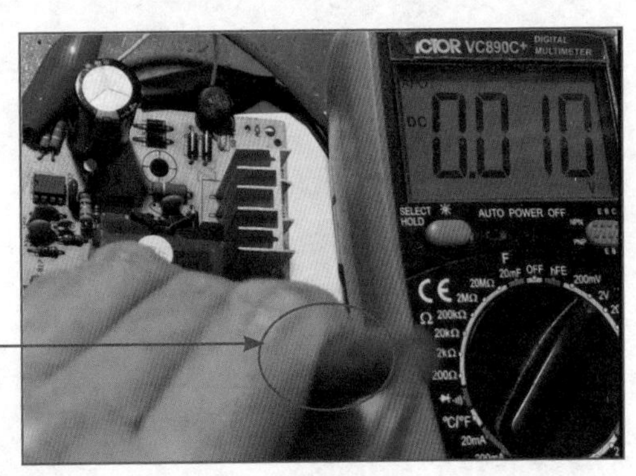

第六步：将红表笔接运算放大器芯片第 6 引脚（反相输入端），黑表笔接第 4 引脚（接地脚）。测量的电压值为 0.010V。

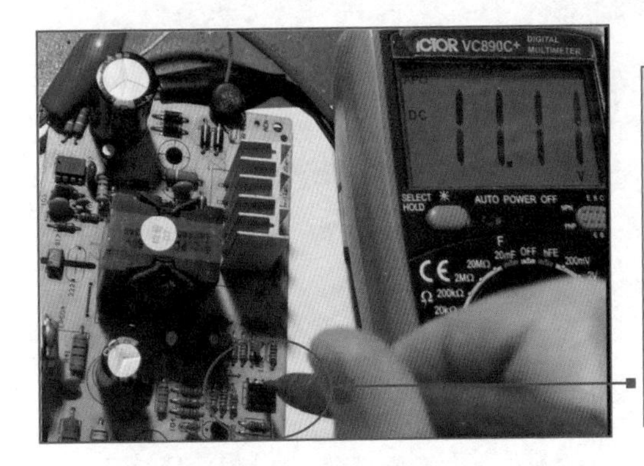

第七步：将数字万用表调到直流电压 20V 挡，将红表笔接运算放大器芯片第 7 引脚（输出端），黑表笔接第 4 引脚（接地脚）。测量的电压值为 11.11V。由于第 5 引脚（同相输入端）电压大于第 6 引脚（反相输入端）电压，输出端输出高电平，因此可以判定该运算放大器正常。

图 3-22　通过测量运算放大器引脚电压判断芯片的好坏（续）

第4章 数字逻辑电路维修方法

在工业电路板中经常会用到数字逻辑电路，比如与非门、触发器等。本章重点讲解数字逻辑电路的基本知识、工业电路板中常用的数字逻辑电路芯片及数字逻辑电路维修方法。

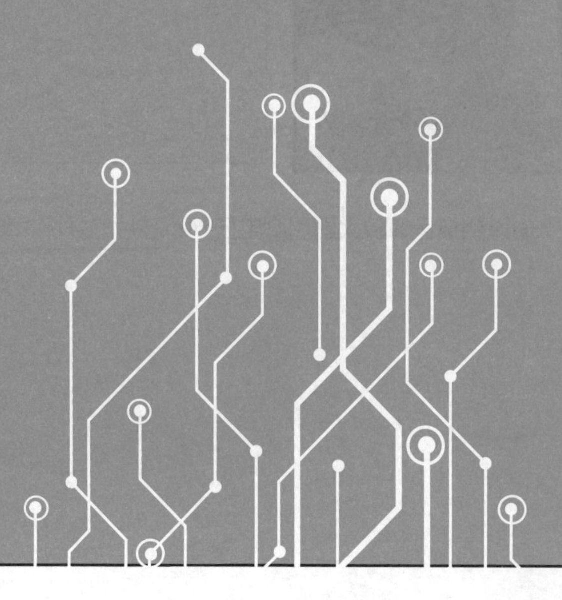

4.1 数字逻辑电路

凡是对脉冲通路上的脉冲起着开关作用的电子线路称为门电路，门电路是基本的逻辑电路。门电路的各输入端所加的脉冲信号只有满足一定的条件时，“门”才打开，即才有脉冲信号输出。门电路可以有一个或多个输入端，但只有一个输出端。像这种实现基本和常用逻辑运算的电子电路，称为逻辑门电路。

在数字电路中，所谓“门”是指只能实现基本逻辑关系的电路。最基本的逻辑关系是与、或、非，最基本的逻辑门是与门、或门和非门。逻辑门可以用电阻器、电容器、二极管、三极管等分立原件构成，成为分立元件门。也可以将门电路的所有器件及连接导线制作在同一块半导体基片上，构成集成逻辑门电路。

数字电路中的信号，通常只有高电平和低电平两种状态。通常高电平用 1 表示，低电平用 0 表示。一般规定低电平为 0~0.3V，高电平为 3~5V。

4.1.1 与门

与门又称“与电路”或逻辑“与”电路。当所有的输入同时为高电平（逻辑 1）时，输出才为高电平，否则输出为低电平（逻辑 0）。与门有 3 种逻辑符号，如图 4-1 所示。

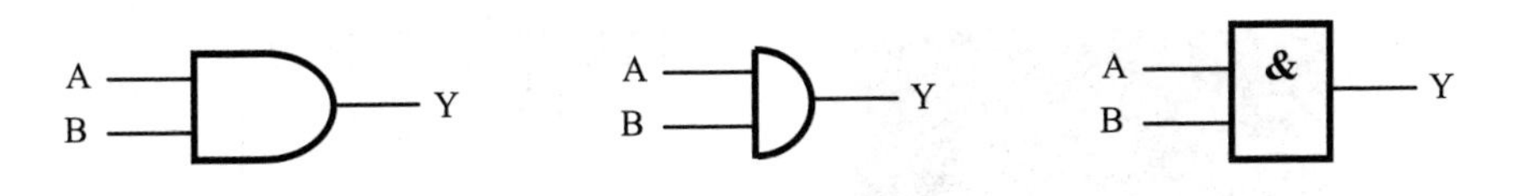

图 4-1　与门符号

与门的实现方法包括使用 CMOS 逻辑、NMOS 逻辑、PMOS 逻辑以及二极管实现等。与门的工作原理如图 4-2 所示。

图中，$V_{cc}=5V$，$R_1=3k\Omega$，下面根据图中情况具体分析一下。

（1）当 A=B=0.3V 时，VD_1，VD_2 正向偏置，两个二极管均会导通，此时 Y 电位为 0.3V，输出为低电平。

（2）当 A = 3V，B = 0.3V，VD_2 会导通，导通后 VD_2 压降将会被限制在 0.3V，那么 VD_1 由于右侧是 0.3V，左侧是 3V，所以会反向偏置而截止，因此最后 Y 为 0.3V 低电平输出。当 A =0.3V，B =3V，VD_1 会导通，导通

后 VD_1 压降将被限制在 0.3V，那么 VD_2 由于右侧是 0.3V，左侧是 3V，所以会反向偏置而截止，因此最后 Y 为 0.3V 低电平输出。

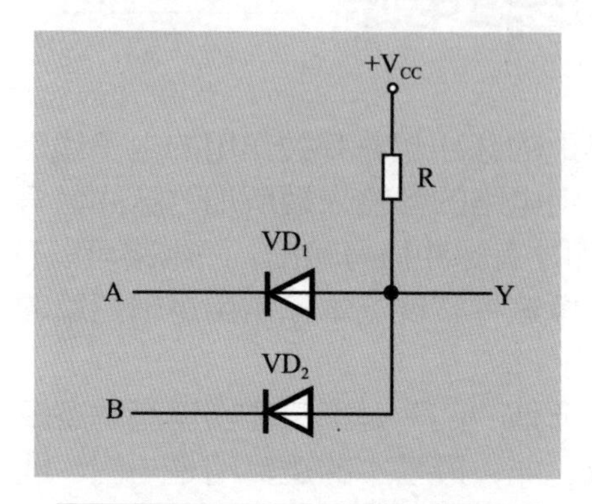

图 4-2　与门工作原理

（3）当 A=B=3V 时，VD_1、VD_2 都会正偏，Y 被限定在 3V，高电平输出。

从上面的电路可以看出，只有当 A、B 输入端都为高电平时，输出端 Y 才为高电平。其逻辑表达式为 Y=AB，其真值如表 4-1 所示。

在电路中，常用的与门芯片型号有 74LS08、74LS09 等。如图 4-3 所示为与门芯片及其内部结构图。

表 4-1　与门的真值表

输入A	输入B	输出Y
0	0	0
0	1	0
1	0	0
1	1	1

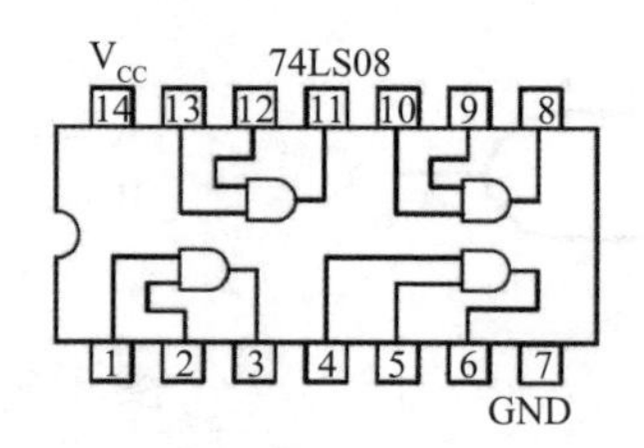

图 4-3　与门芯片及其内部结构图

4.1.2　或门

或门是实现逻辑加的电路，又称逻辑和电路，此电路有两个以上输入端和一个输出端。只要有一个或几个输入端是高电平（逻辑 1），或门的输出即为高电平（逻辑 1）。而只有所有输入端为低电平（逻辑 0）时，输出才为低电平（逻辑 0）。

或门有 3 种逻辑符号，如图 4-4 所示。

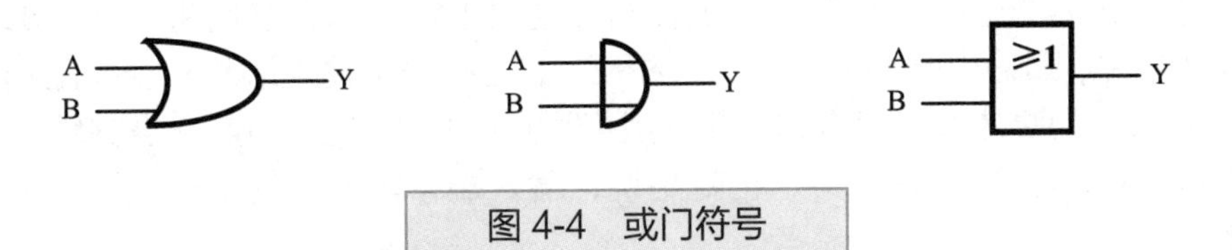

图 4-4　或门符号

或门的工作原理如图 4-5 所示。

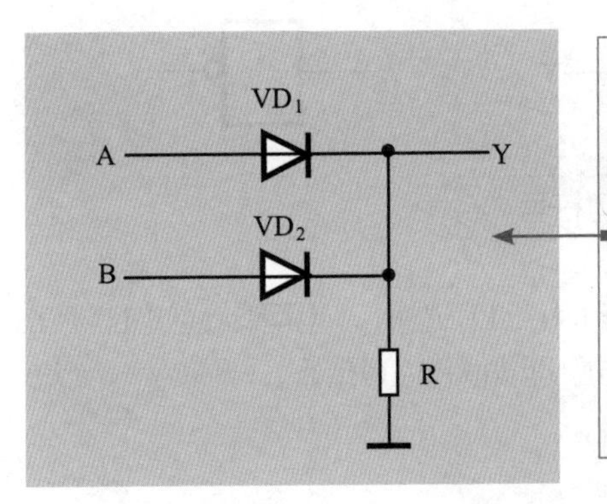

（1）当 $A=B=0V$ 时，VD_1、VD_2 都截止，那么 Y 输出电压为 0V，为低电平。

（2）当 $A=5V$，$B=0V$ 时，此时 VD_2 则截止，VD_1 导通，$Y=5-0.7=4.3V$，即输出电压为 4.3V，为高电平；同理 $A=0V$，$B=5V$ 时，VD_2 导通，VD_1 截止，Y 输出电压同样为 4.3V，为高电平。

（3）当 $A=B=3V$ 时，此时 VD_1，VD_2 都导通，$Y=5-0.7=4.3V$，即 Y 输出电压为 4.3V，为高电平。

图 4-5　或门的工作原理

从上面的电路可以看出，只有当 A、B 输入端都为低电平时，输出端 Y 才为低电平。其逻辑表达式为 $Y=A+B$，其真值如表 4-2 所示。

在电路中，常用的或门芯片型号有 74LS32 等。如图 4-6 所示为或门芯片及其内部结构图。

表 4-2　或门的真值表

输入A	输入B	输出Y
0	0	0
0	1	1
1	0	1
1	1	1

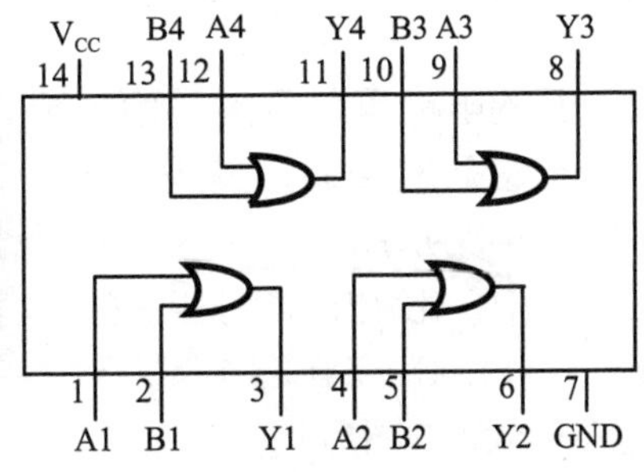

图 4-6　或门芯片及其内部结构图

4.1.3 非门

非门又称非电路、反相器、倒相器、逻辑否定电路，它用来实现逻辑代数非的功能，即输出始终和输入保持相反。非门有一个输入端和一个输出端。当其输入端为高电平（逻辑 1）时输出端为低电平（逻辑 0），当其输入端为低电平时输出端为高电平。也就是说，输入端和输出端的电平状态总是反相的。

非门有 3 种逻辑符号，如图 4-7 所示。

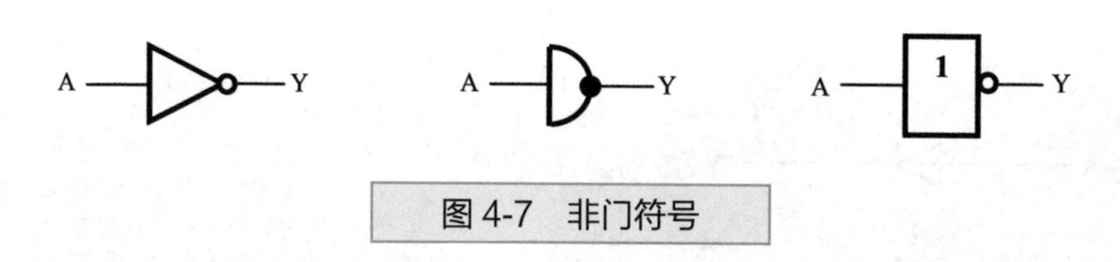

图 4-7 非门符号

非门（反相器）通常采用 CMOS 逻辑和 TTL 逻辑，也可以通过 NMOS 逻辑、PMOS 逻辑等来实现。非门的工作原理如图 4-8 所示。

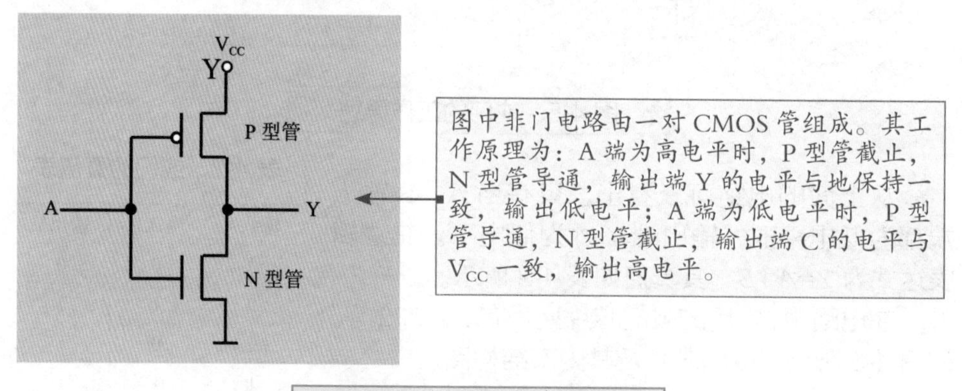

Vcc
Y
P 型管
A
Y
N 型管
图中非门电路由一对 CMOS 管组成。其工作原理为：A 端为高电平时，P 型管截止，N 型管导通，输出端 Y 的电平与地保持一致，输出低电平；A 端为低电平时，P 型管导通，N 型管截止，输出端 C 的电平与 VCC 一致，输出高电平。

图 4-8 非门的工作原理

从上面的电路可以看出，输入端 A 和输出端 Y 的电平状态总是反相的。其逻辑表达式为 $Y=\overline{A}$，其真值如表 4-3 所示。

表 4-3 非门的真值表

输入A	输出Y
0	1
1	0

在电路中，常用的非门芯片型号有：74LS04、74LS05、74LS06、74LS14 等。图 4-9 所示为非门芯片及其内部结构图。

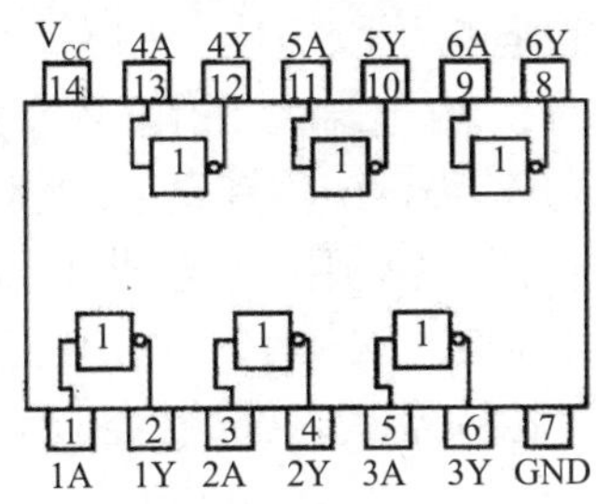

图 4-9　非门芯片及其内部结构图

4.1.4　与非门

与非门是与门和非门的叠加，先进行与运算，再进行非运算。其有多个输入端和一个输出端，只有当所有输入端 A 和 B 均为高电平（逻辑 1）时，输出端 Y 才为低电平（逻辑 0），若输入端 A、B 中至少有一个为低电平（逻辑 0），则输出端 Y 为高电平（逻辑 1）。

与非门有 3 种逻辑符号，如图 4-10 所示。

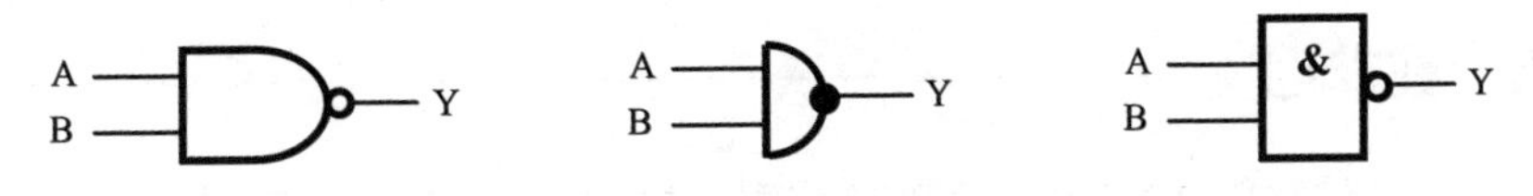

图 4-10　与非门符号

与非门通常采用 CMOS 逻辑和 TTL 逻辑，也可以通过 NMOS 逻辑、PMOS 逻辑等来实现。与非门的工作原理如图 4-11 所示。

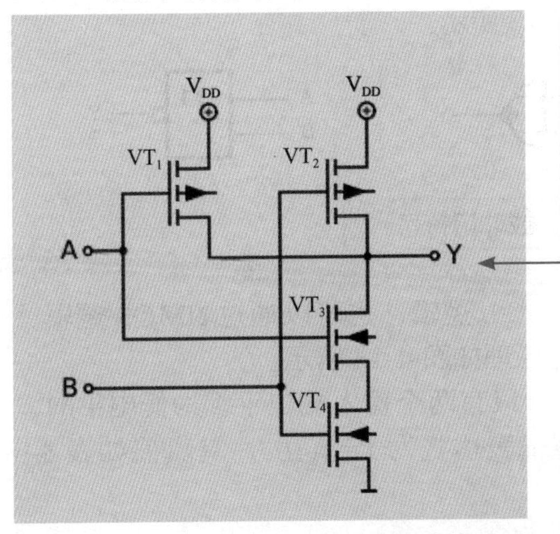

（1）当 A、B 输入均为低电平时，MOS 管 VT_1、VT_2 导通，MOS 管 VT_3、VT_4 截止，输出端 Y 的电压与 V_{DD} 一致，输出高电平。

（2）当 A 输入高电平，B 输入低电平时，MOS 管 VT_1、VT_3 导通，MOS 管 VT_2、VT_4 截止，输出端 Y 电位与 T_1 的漏极保持一致，输出高电平。

（3）当 A 输入低电平，B 输入高电平时，情况与（2）类似，亦输出高电平。

（4）当 A、B 输入均为高电平时，MOS 管 VT_1、VT_2 截止，MOS 管 VT_3、VT_4 导通，输出端 Y 电压与地一致，输出低电平。

图 4-11　与非门的工作原理

从上面的电路可以看出，只有两个输入端电平都为高电平时，输出端 Y 的电平才为低电平。其逻辑表达式为 $Y=\overline{A*B}$，其真值如表 4-4 所示。

在电路中，常用的与非门芯片型号有 74LS00、74LS03、74S31、74LS132 等。图 4-12 所示为与非门芯片及其内部结构图。

表 4-4　与非门的真值表

输入A	输入B	输出Y
0	0	1
0	1	1
1	0	1
1	1	0

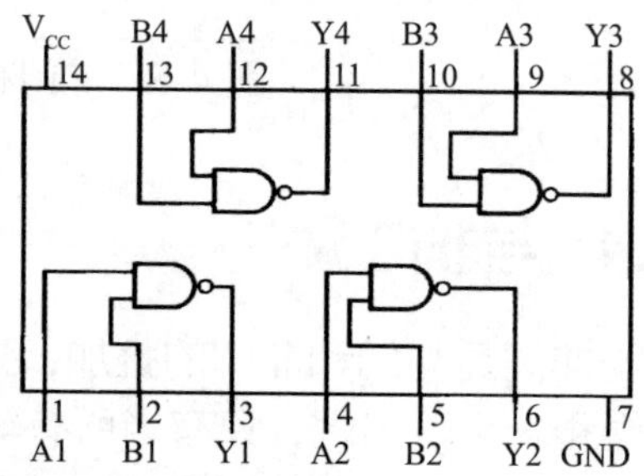

图 4-12　与非门芯片及其内部结构图

4.1.5 或非门

或非是逻辑或加逻辑非得到的结果。或非门是数字逻辑电路中的基本元件，其有多个输入端和 1 个输出端，多输入或非门可由 2 输入或非门和反相器构成。若输入端中有一个为高电平（逻辑 1）时，输出就是低电平（逻辑 0），只有当所有输入端均为低电平（逻辑 0）时，输出才为高电平（逻辑 1）。

或非门有 3 种逻辑符号，如图 4-13 所示。

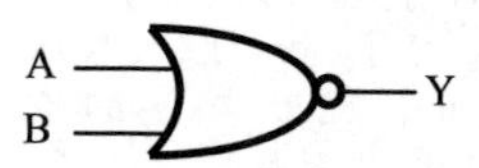

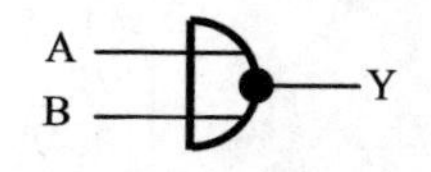

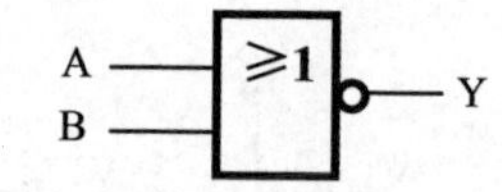

图 4-13　或非门符号

或非门通常采用 CMOS 逻辑和 TTL 逻辑，也可以通过 NMOS 逻辑、PMOS 逻辑等来实现。或非门的工作原理如图 4-14 所示。

从图 4-14 所示的电路可以看出，只有两个输入端电平都为低电平时，输出端 Y 的电平才为高电平。其逻辑表达式为 $Y=\overline{A+B}$ ，其真值如表 4-5 所示。

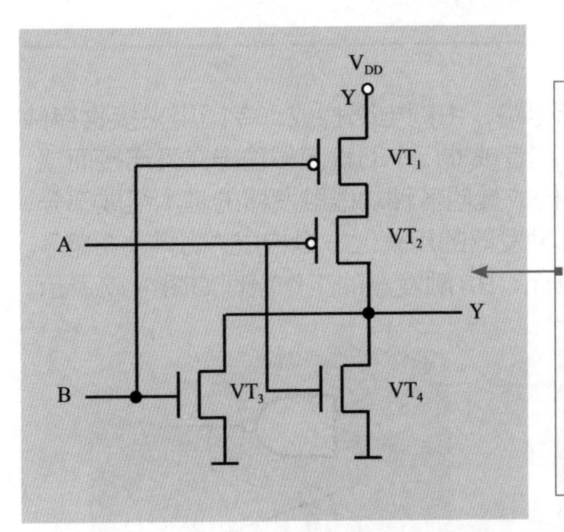

（1）当A、B输入均为低电平时，MOS管VT_1、VT_2导通，VT_3、VT_4截止，输出端Y电压与V_{DD}一致，输出高电平。
（2）当A输入高电平，B输入低电平时，MOS管VT_1、VT_4导通，VT_2、VT_3截止，输出端Y输出低电平。
（3）当A输入低电平，B输入高电平时，情况与（2）类似，亦输出低电平。
（4）当A、B输入均为高电平时，MOS管VT_1、VT_2截止，VT_3、VT_4导通，输出端Y电压与地一致，输出低电平。

图4-14　或非门的工作原理

表4-5　或非门的真值表

输入A	输入B	输出Y
0	0	1
0	1	0
1	0	0
1	1	0

在电路中，常用的或非门芯片型号有74LS02等。图4-15所示为或非门芯片及其内部结构图。

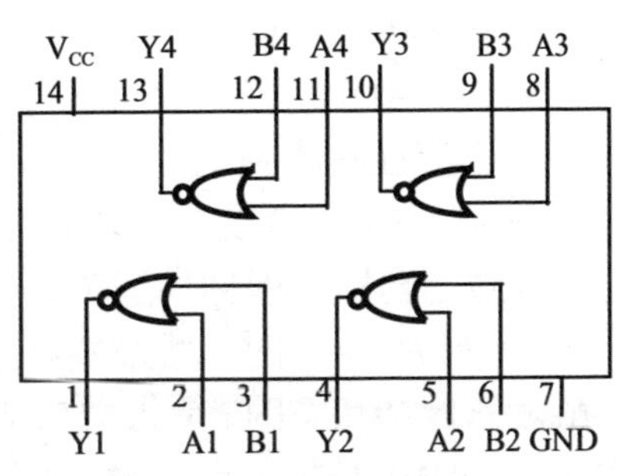

图4-15　或非门芯片及其内部结构图

4.1.6 RS 触发器

触发器是具有记忆功能的单元电路，由门电路构成，专门用来接收存储输出 0、1 代码。它由两个与非门（或者或非门）的输入和输出交叉连接而成，具有复位和置位功能。RS 触发器是构成其他各种功能触发器的基本组成部分，故又称为基本 RS 触发器。基本 RS 触发器的用途之一是构成“防抖动电路”。

RS 触发器逻辑符号如图 4-16 所示。RS 触发器的工作原理如图 4-17 所示。

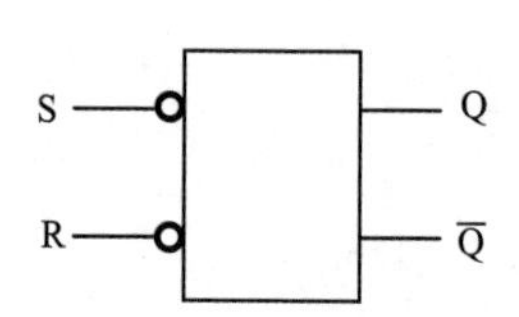

图 4-16 RS 触发器逻辑符号

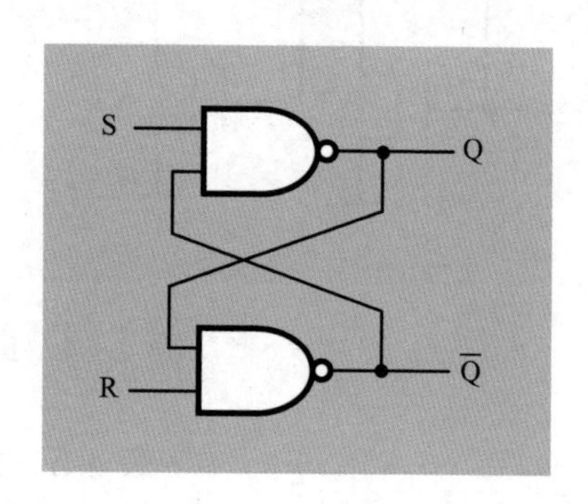

图 4-17 RS 触发器的工作原理

由图 4-17 可得，$Q=\overline{S\overline{Q}}$，$\overline{Q}=\overline{RQ}$。根据这两个式子得到它的四种输入与输出的关系：

（1）当 R=1，S=0 时，则 Q=1，$\overline{Q}$=0，触发器置 1。

（2）当 R=0，S=1 时，则 Q=0，$\overline{Q}$=1，触发器置 0。

以上两种输入输出关系是当触发器的两个输入端加入不同逻辑电平时，它的两个输出端 Q 和有两种互补的稳定状态。一般规定触发器 Q 端的状态作为触发器的状态。通常称触发器处于某种状态，实际是指它的 Q 端的状态。例如 Q=1、Q=0 时，称触发器处于 1 态，或称置位；反之触发器处于 0 态，或称复位。若触发器原来为 1 态，欲使之变为 0 态，必须令 R 端的电平由 1 变 0，S 端的电平由 0 变 1。这里所加的输入信号（低电平）称为触发信号，由它们导致的转换过程称为翻转。

（3）当 R=S=1 时，触发器状态保持不变。

触发器保持状态时，输入端都加非有效电平（高电平），需要触发翻转时，要求在某一输入端加一负脉冲，例如在 S 端加负脉冲使触发器置 1，该脉冲信号回到高电平后，触发器仍维持 1 状态不变，相当于把 S 端某一时刻的电平信号存储起来，这体现了触发器具有记忆功能。

（4）当 R=S=0 时，触发器状态不确定。

在此条件下，两个与非门的输出端 Q 和全为 1，在两个输入信号都同时撤去（回到 1）后，由于两个与非门的延迟时间无法确定，触发器的状态不能确定是 1 还是 0，因此称这种情况为不定状态，这种情况应当避免。从另外一个角度来说，正因为 R 端和 S 端完成置 0、置 1 都是低电平有效，所以二者不能同时为 0。

RS 触发器的逻辑功能可以用输入、输出之间的逻辑关系构成一个真值表来描述，如表 4-6 所示。

表 4-6　RS 触发器真值表

R	S	Q	$\overline{Q}$
0	1	0	1
1	0	1	0
1	1	不变	
0	0	不定	

在电路中，常用的 RS 触发器芯片型号有 74LS71、74LS279 等。图 4-18 所示为 RS 触发器芯片及其内部结构图。

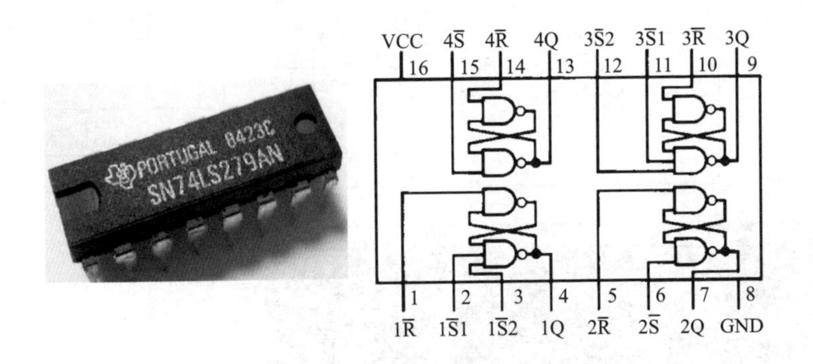

图 4-18　RS 触发器芯片及其内部结构图

4.2 工业电路板中的数字逻辑电路芯片

在工业控制电路中，数字电路芯片一般用在控制电路、端子接口电路、驱动电路等电路中，且以 TTL（三极管—三极管逻辑）集成电路和 CMOS（互补型金属氧化物半导体逻辑）集成电路为主。其中以 74 系列的 TTL 电路和 4000 系列的 CMOS 电路最为常见，如 74HC165(D)、74HC594(D)、74HC595 等，如图 4-19 所示。

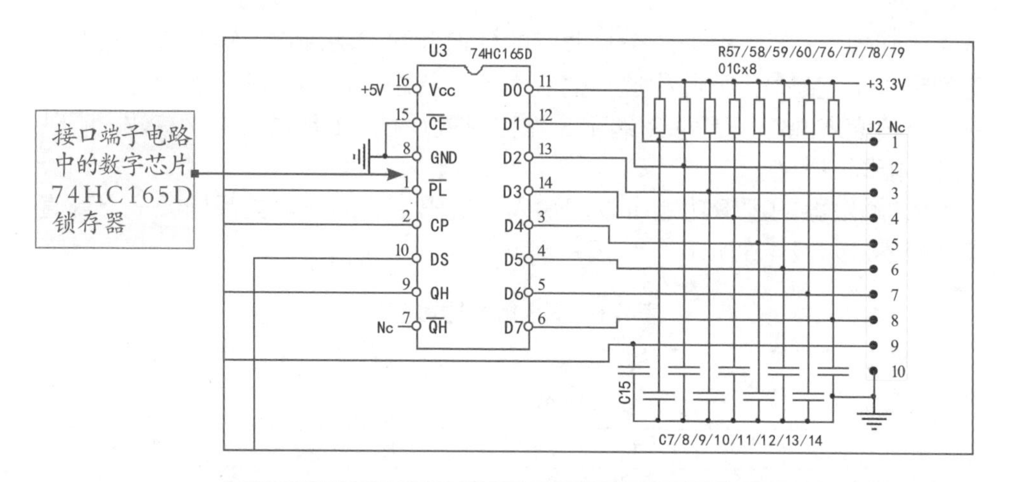

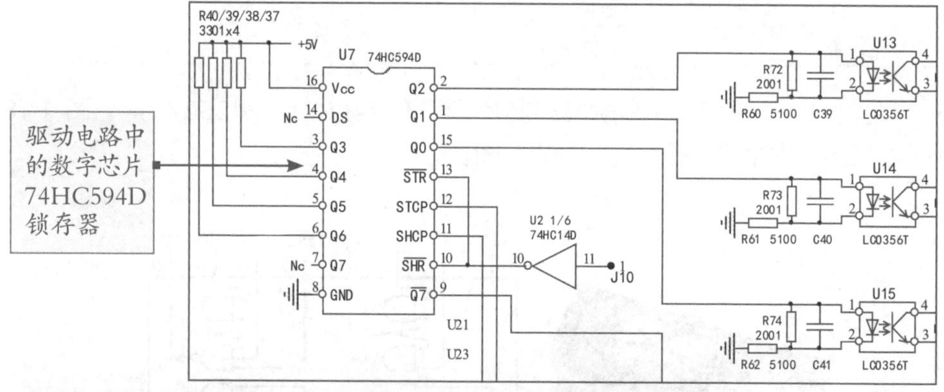

图 4-19　工业控制电路板中的数字电路芯片

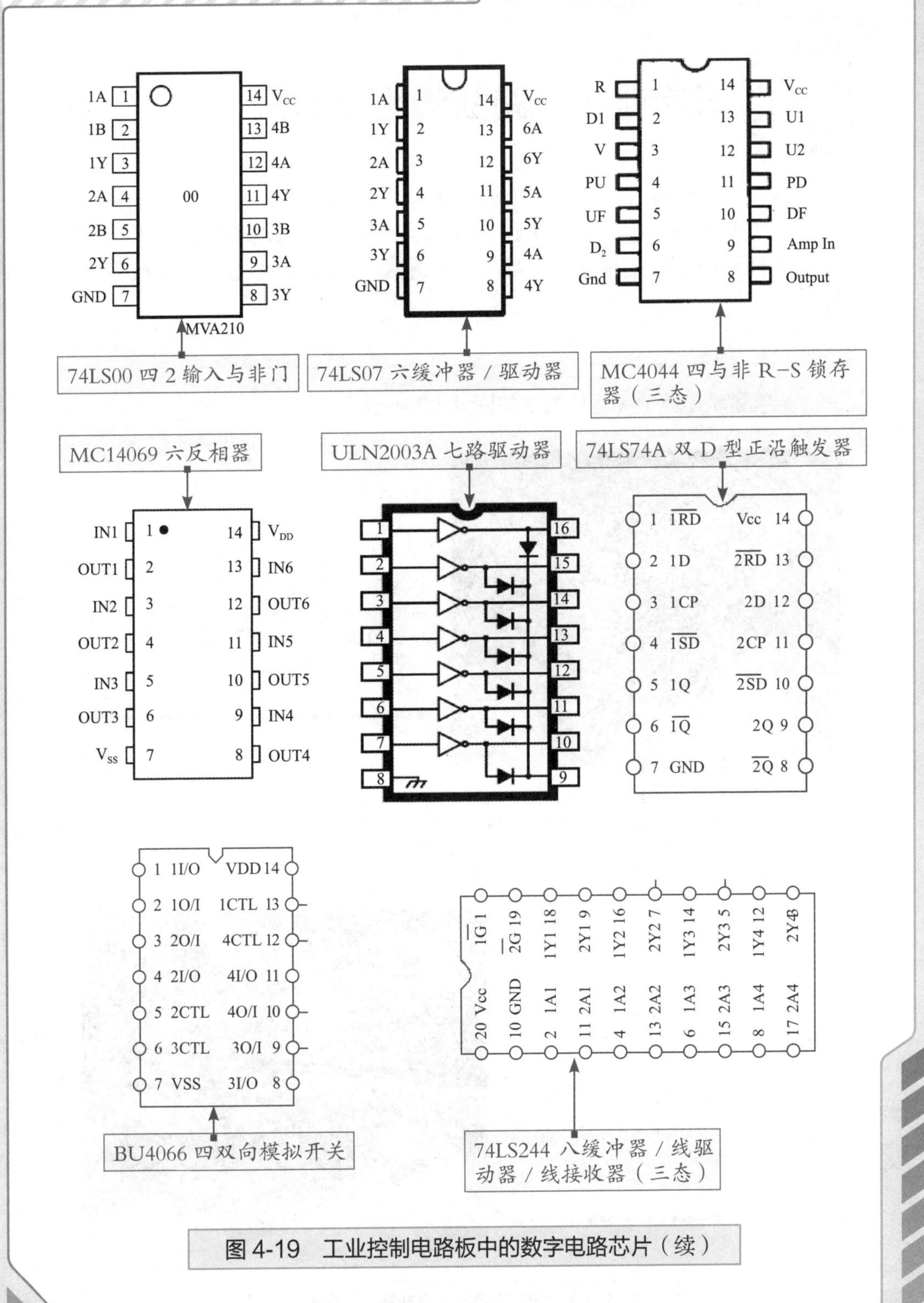

图 4-19 工业控制电路板中的数字电路芯片（续）

4.3 数字逻辑电路故障维修方法

在数字逻辑电路芯片组成的组合电路中，若输入一组固定不变的逻辑状态，则电路的输出端应按照电路的逻辑关系输出一组正确结果。若存在输出状态与理论值不符的情况，则数字逻辑电路有故障，必须进行查找和排除故障。

数字逻辑电路故障维修方法如图 4-20 所示。

首先将数字万用表挡位调到直流电压 20V 挡，然后测量数字逻辑电路芯片的工作电压是否正常（如 TTL 集成电路的工作电压为 5V，实测正常值一般为 4.15V～5.25V）。如果工作电压不正常，重点检测供电电路中的电容器、电感器等易坏元器件。

图中黑表笔接的是数字芯片的接地引脚（GND），在无法找到电路板的地线的情况下，可以使用芯片的接地引脚来测量。

如果芯片的工作电压正常，接着测量数字逻辑电路芯片的输入端和输出端各点的电压是否正常。

图 4-20 数字逻辑电路故障维修方法

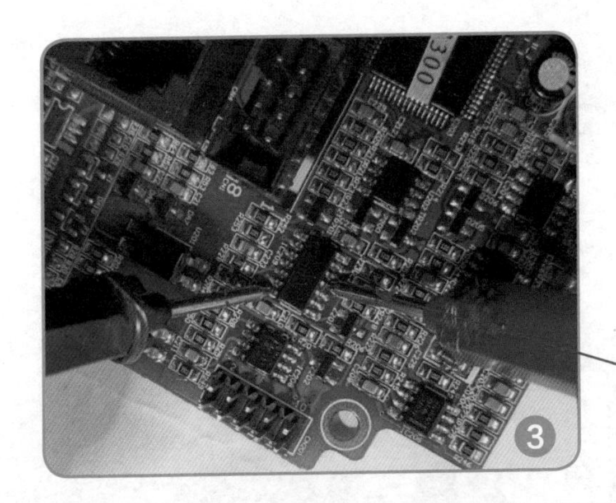

注意：逻辑0的电压应小于0.3V，逻辑1的电压为3~5V。如果引脚电压不符，则可能是连接短路、断路或芯片损坏故障。

图4-20 数字逻辑电路故障维修方法（续）

提示：测量时，还可以采用测量门电路引脚电阻值的方法判断好坏，将万用表调到200K挡，然后将红表笔接GND引脚，黑表笔接门电路的逻辑引脚测量阻值。通常相同门电路引脚的电阻值相近或相同，如果电阻值差别较大，说明门电路损坏。

第5章 开关电源电路维修方法

目前工业设备中的电源供电电路几乎都采用开关电源电路模式，因此在开关电源维修之前，我们先学习一下开关电源电路的基本知识。

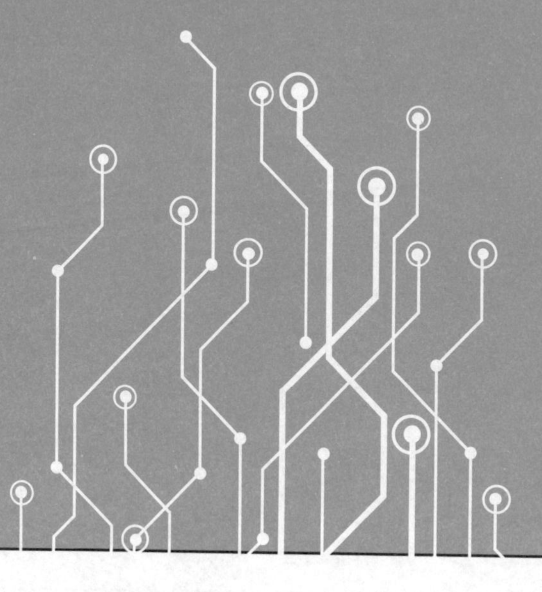

5.1 开关电源电路基本知识

开关电源是用半导体功率器件作为开关，将一种电源形式的电路变换成另一种形态的电路（称为开关变换），以自动控制稳定输出并有各种保护环节电路的电源。

5.1.1　开关电源电路的元件构成

开关电源电路中的基本元器件包括整流二极管（整流堆）、滤波电容器、开关管、PWM 控制器、开关变压器、光电耦合器、电感器、电容器等，如图 5-1 所示。

整流二极管的作用是用 4 只整流二极管组成整流电路，将 220V 交流电压整流输出约为 +310V 的直流电压。

桥式整流堆的主要作用是将 220V 交流电压整流输出约为 +310V 的直流电压。桥式整流堆的内部是由 4 只二极管构成的。

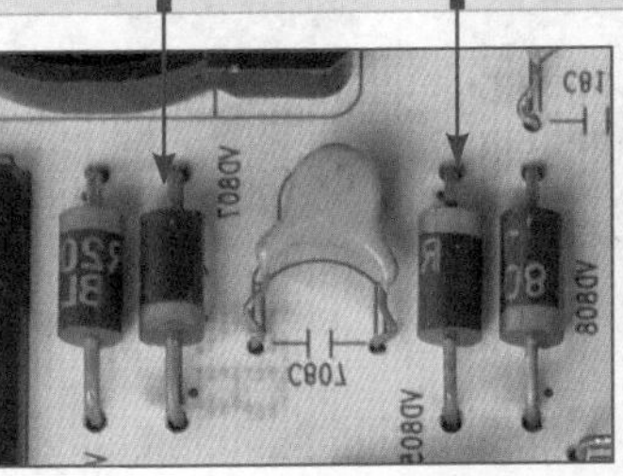

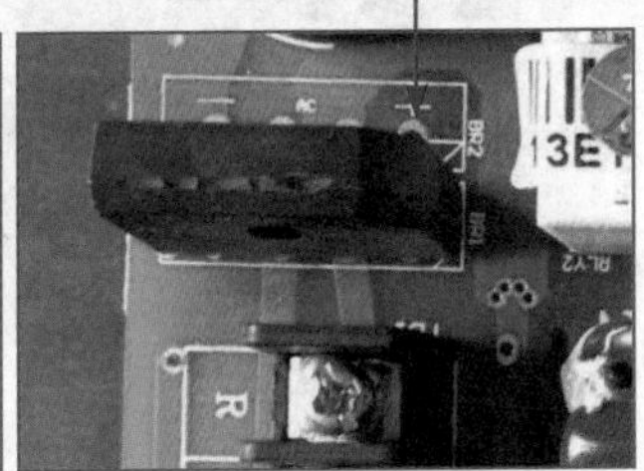

开关管的型号

电容器上的标注为电容的耐压值和容量。

滤波电容器主要用于对桥式整流堆送来的 310V 直流电压进行滤波。

开关管的作用是将直流电流变成脉冲电流。它与开关变压器一起构成一个自激（或他激）式的间歇振荡器，从而把输入直流电压调制成一个高频脉冲电压，起到能量传递和转换作用。

图 5-1　开关电源电路中的基本元器件

PWM 控制器是开关电源的核心，它能产生频率固定而脉冲宽度可调的驱动信号，控制开关管的通 / 断状态，从而调节输出电压的高低，达到稳压的目的。另外，它还监控输出电压、电流的变化，根据保护电路的反馈电压、电流信号控制电路的开断。

开关变压器是利用电磁感应的原理来改变交流电压的装置，主要部件是初级线圈、次级线圈和铁心（磁芯）。

在开关变压器次级输出端连接的二极管存在反向恢复时间，在导通瞬间会引起较大的尖峰电流，它不仅增加了二极管本身的功耗，而且使开关管流过过大的浪涌电流，增加了开通瞬间的功耗。因此，在开关变压器次级输出端一般采用快速恢复二极管或肖特基二极管作为整流二极管。

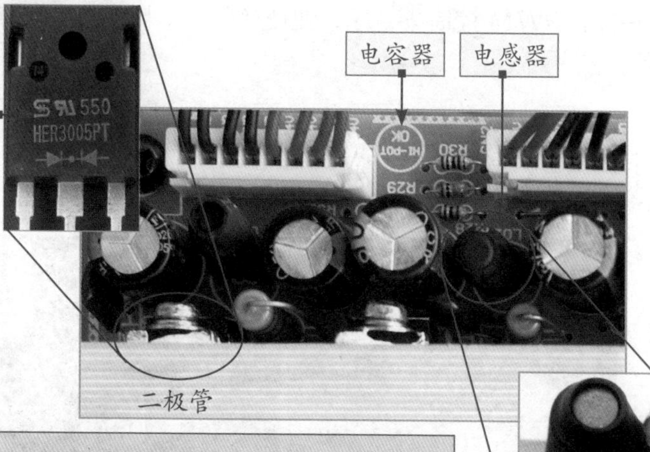

在电子线路中，电感线圈对交流有限流作用，另外，电感线圈还有通低频、阻高频的作用，这就是电感器的滤波原理。
电感在电路最常见的作用就是与电容一起组成 LC 滤波电路。由于电感有“通直流、阻交流、通低频、阻高频”的功能，而电容有“阻直流、通交流”的功能。因此在整流滤波输出电路中使用 LC 滤波电路，可以利用电感吸收大部分交流干扰信号，将其转化为磁感和热能，剩下的大部分被电容旁路到地。这样就可以抑制干扰信号，在输出端就获得比较纯净的直流电流。

在开关电源电路中，整流滤波输出电路中的电感器一般是由线径非常粗的漆包线环绕在涂有各种颜色的圆形磁芯上，而且附近一般有几个高大的滤波铝电解电容器，这二者组成的就是上述的 LC 滤波电路。

图 5-1　开关电源电路中的基本元器件（续）

5.1.2　开关电源电路的拓扑结构

电路拓扑是指电路的连接关系，或组成电路的各个电子元器件相互之间的连接关系，即电路的组成架构。开关电源电路也有很多拓扑结构，其中最基本的拓扑有 Buck（降压式）、Boost（升压式）、Buck/Boost（升 / 降压式）、单端反激（隔离反激）、单端正激、推挽、半桥和全桥等。下面简单介绍一下常用的开关电源拓扑结构。

1. Buck（降压式）电路

Buck 电路也称降压式变换器，是一种输出电压小于输入电压的单管不隔离直流变换器，如图 5-2 所示。

（1）图中，VT 为开关管，其驱动电压一般为 PWM 驱动信号，电感器 L 和电容器 C 组成低通滤波器。
（2）当开关管 VT 驱动电压为高电平时，开关管 VT 导通，输入电源 V_{in} 通过储能电感器 L 对电容器 C 进行充电，电能储存在电感器 L 的同时也为外接负载 R 提供电能。
（3）当开关管 VT 驱动电压为低电平时，开关管关断，由于流过电感器 L 的电流不能突变，电感器 L 通过二极管 VD 形成导通回路（二极管 VD 也因此称为续流二极管），从而为输出负载 R 提供电能，此时，电容器 C 也为负载 R 放电提供电能。

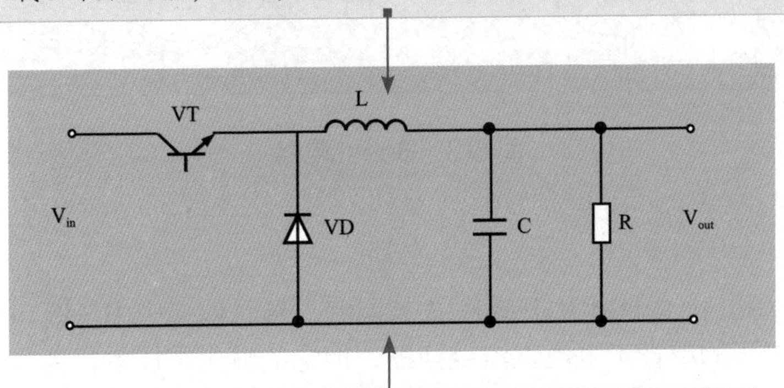

（4）通过控制开关管 VT 的导通时间（占空比）即可控制输出电压的大小（平均值），当控制信号的占空比越大时，输出电压的瞬间峰值越大，则输出电压平均值越大；反之，输出电压平均值越小。

图 5-2　Buck 电路

2. Boost（升压式）电路

Boost 电路又称升压变换器，它是一种常见的开关直流升压电路，通过开关管导通和关断来控制电感储存和释放能量，从而使输出电压比输入电压高。图 5-3 所示为 Boost 电路。

（1）当开关管 VT 驱动电压为高电平时，开关管 VT 导通，这时输入电源 V_{in} 流过电感器 L，将电能储存在电感器 L 中，同时，电源流过二极管 VD 对电容器 C 进行充电。在这个过程中，二极管 VD 反偏截止，由电容器 C 给负载提供能量，负载靠存储在电容器 C 中的能量维持工作。

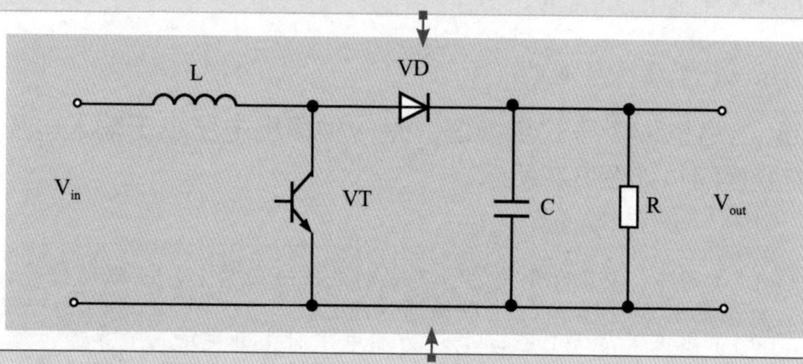

（2）当开关管 VT 断开时，由于电感的电流不能突变，也就是说流经电感器 L 的电流不会马上变为零，而是缓慢地由充电完毕时的值变为零，这需要一个过程，而原来的电路回路已经断开，于是电感器只能通过新电路放电，即电感器开始给电容器 C 充电，电容器两端电压升高，此时电压已经高于输入电压了。如果电容器 C 电容量足够大，那么输出端就可以在放电过程中保持一个持续的电流。如果这个通 / 断的过程不断重复，就可以在电容两端得到高于输入电压的电压。
（3）实际上升压过程就是一个电感器的能量传递过程。充电时，电感器 L 吸收能量，放电时电感器 L 放出能量。

图 5-3　Boost 电路

3. Buck/Boost(升 / 降压式) 电路

Buck/Boost 电路也称升降压式变换器，是一种输出电压既可低于也可高于输入电压的单管不隔离直流变换器，但它的输出电压的极性与输入电压相反。Buck/Boost 电路可以看作是 Buck（降压式）电路和 Boost（升压式）电路串联而成，合并了开关管。图 5-4 所示为开 Buck/Boost 电路。

4. 单端反激电路

所谓单端是指只有一个脉冲调制信号功率输出端——漏极 D，反激式则指当开关管导通时，就将电能储存在高频变压器的初级绕组上，仅当开关管关断时，才向次级绕组输送电能，由于开关频率高达 100kHz，使得高频变压器能够快速存储、释放能量，经高频整流滤波后即可获得直流连续输出，如图 5-5 所示。

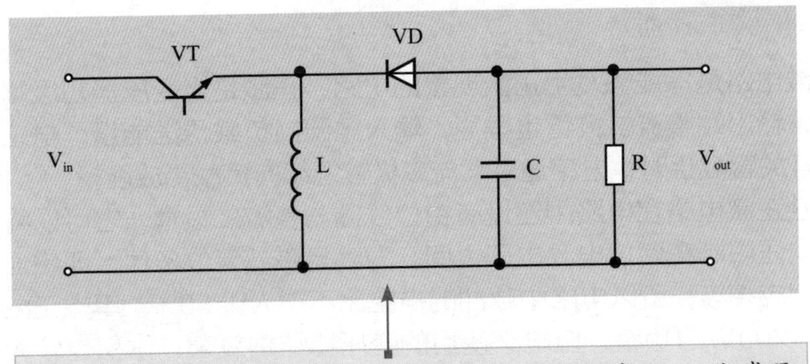

（1）当开关管 VT 接通时，输入电源 V_{in} 流过电感器 L，电感器 L 电流线性增加，将电能储存在电感器中；在此过程中，由电容器 C 给负载提供能量，负载靠存储在电容器 C 的中的能量维持工作。
（2）当开关管 VT 关闭时，电感器 L 电流减小，电感器 L 两端电压极性反转，且其电流同时提供输出电容器 C 的电流和输出负载 R 电流。根据电流流向可知，输出电压为负，即与输入电压极性相反。因为输出电压为负，因此电感电流是减小的，而且由于加载电压必须是常数，所以电感电流线性减小。

图 5-4　Buck/Boost 电路

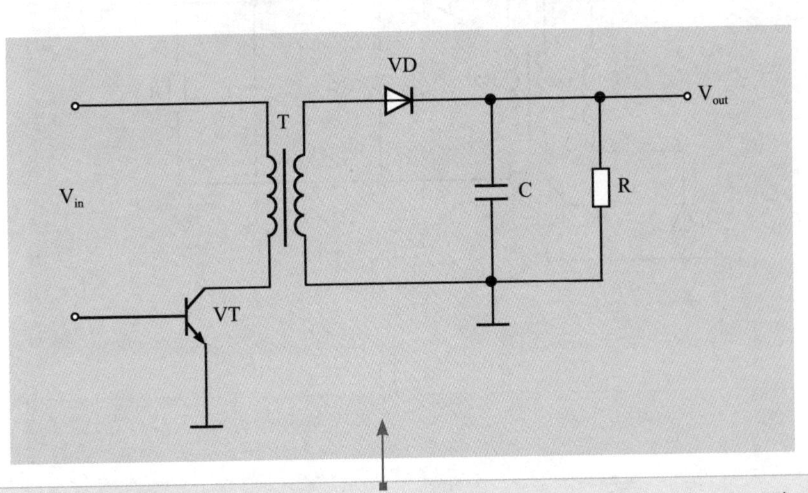

（1）当开关管 VT 导通时，高频变压器 T 初级绕组的感应电压为上正下负，整流二极管 VD 处于截止状态，在初级绕组中储存能量。
（2）当开关管 VT 截止时，变压器 T 初级绕组中存储的能量，通过次级绕组及 VD 整流和电容器 C 滤波后向负载输出。
（3）单端反激式开关电源是一种成本最低的电源电路，输出功率为 20~100 W，可以同时输出不同的电压，且有较好的电压调整率。唯一的缺点是输出的纹波电压较大，外特性差，适用于相对固定的负载。

图 5-5　单端反激电路

5. 单端正激电路

正激电路是指能够发生正激现象的电路，正激是当变压器初级侧开关管导通时，输出端整流二极管也导通，输入电源向负载传送能量，电感储存能量；当开关管截止时，电感通过续流二极管继续向负载释放能量。

单端正激电路在电路中还设有钳位线圈与整流二极管，它可以将开关管的最高电压限制在两倍电源电压之间。为满足磁芯复位条件，即磁通建立和复位时间应相等，所以电路中脉冲的占空比不能大于50%。单端正激电路可输出50~200 W的功率，但电路使用的变压器结构复杂，体积也较大，因此这种电路的实际应用较少。图5-6所示为单端正激电路。

（1）单端正激电路中，变压器T起到隔离和变压作用，在输出端加一个电感器L（续流电感器），起到能量储存及传递作用。变压器初级线圈需有复位绕组T−2。输出回路中需有一个整流二极管VD_2和一个续流二极管VD_3。

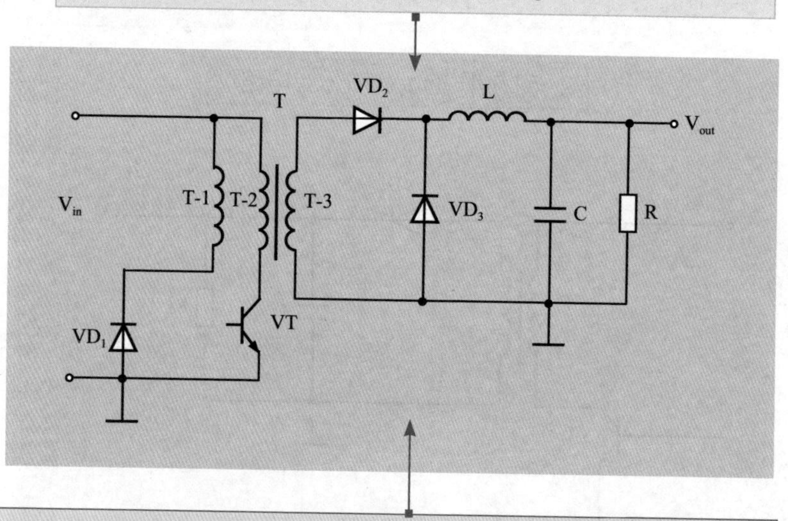

（2）当开关管VT导通时，输入电压V_{in}全部加到变压器T初级线圈T−2两端，去磁线圈T−1上产生的感应电压使二极管VD_1截止，而次级线圈T−3上感应的电压使VD_2导通，并将输入电流的能量传送给电感器L和电容器C及负载R。与此同时，在变压器T中建立起磁化电流。

（3）当开关管Q截止时，二极管VD_2截止，电感器L上的电压极性反转并通过续流二极管VD_3继续向负载供电，变压器T中的磁化电流则通过T−1、二极管VD_1向输入电源V_{in}释放而去磁；T−1具有钳位作用，其上的电压等于输入电压V_{in}，在开关管VT再次导通之前，变压器T中的去磁电流必须释放到零，即T中的磁通必须复位，否则，变压器T将发生饱和，导致开关管VT损坏。

图5-6　单端正激电路

6. 推挽电路

推挽电路的主要作用是增强驱动能力，为外部设备提供大电流。推挽电路是由两个不同极性晶体管连接的输出电路。推挽电路采用两个参数相同的晶体管或者场效应管，以推挽方式存在于电路中，各负责正负半周的波形放大任务。电路工作时，两只对称的功率开关管每次只有一个导通，这样交替导通，在变压器T两端分别形成相位相反的交流电压，改变占空比就可以改变输出电压，如图5-7所示。

（1）当开关管VT_1导通、VT_2截止时，电流从V_{in}正极流过变压器T初级线圈Np_1、开关管VT_1形成回路。此时在变压器T的次级线圈N_{S2}感应出电流，电流经过二极管VD_1、电感器L为电容器C充电，电能储存在电感器L的同时也为外接负载R提供电能。
（2）当开关管VT_1截止、VT_2仍未导通时，两管同时处于关断状态。整流管VD_1中电流逐渐减小，VD_2中电流逐渐增大，直到两管中电流相等（忽略变压器励磁电流），此时电容器C对负载R放电，为其提供电能。

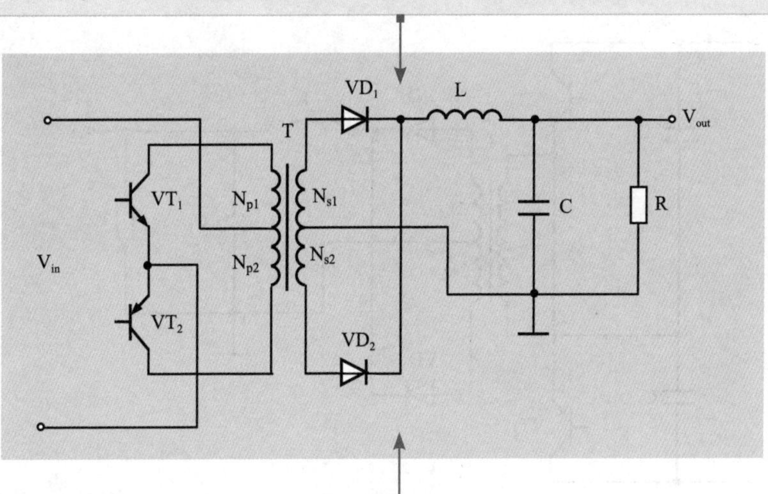

（3）当开关管VT_1截止、VT_2导通时，电流从V_{in}正极流过变压器T初级线圈Np_2、开关管VT_2形成回路。此时在变压器T的次级线圈N_{S1}感应出电流，电流经过二极管VT_2、电感器L为电容器C充电，电能储存在电感器L的同时也为外接负载R提供电能。
（4）当开关管VT_1仍未导通、VT_2截止时，两管同时处于关断状态。整流管VD_2中电流逐渐减小，VD_1中电流逐渐增大，直到两管中电流相等（忽略变压器励磁电流），此时电容器C对负载R放电，为其提供电能。
（5）如果VT_1和VT_2同时导通，就相当于变压器一次绕组短路，因此应避免两个开关管同时导通，每个开关管各自的占空比不能超过50%，所以要保留有一定的死区，防止两管同时导通。推挽变换器通常用于中小功率场合，一般使用的功率范围为几百瓦到几千瓦。

图5-7 推挽电路

7. 半桥电路

半桥电路由两个功率开关器件组成，它们以图腾柱的形式连接在一起，并进行输出。如图 5-8 所示为半桥电路原理图。

（1）图中，电容器 C_1 和 C_2 与开关管 VT_1、VT_2 组成桥，桥的对角线接变压器 T 的初级绕组 N_p，故称半桥电路。如果此时电容器 $C_1=C_2$，那么当某一开关管导通时，变压器初级绕组上的电压只有电源电压的一半，即 $V_{in}/2$。
（2）当开关管 VT_1 导通时，电容 C_1 通过 VT_1 向变压器初级绕组 N_p 放电，同时电容器 C_2 通过 VT_1、变压器 N_p 绕组被电源 V_{in} 充电。此时在变压器 T 的次级线圈 N_{s1}、N_{s2} 感应出电流，电流经过二极管 VD_1、电感器 L 为电容器 C_3 充电，电能储存在电感 L 的同时也为外接负载 R 提供电能。
（3）当开关管 VT_1 截止、VT_2 仍未导通时，两管同时处于关断状态。整流二极管 VD_1 中电流逐渐减小，VD_2 中电流逐渐增大，直到两管中电流相等（忽略变压器励磁电流），此时电容器 C_3 对负载 R 放电，为其提供电能。

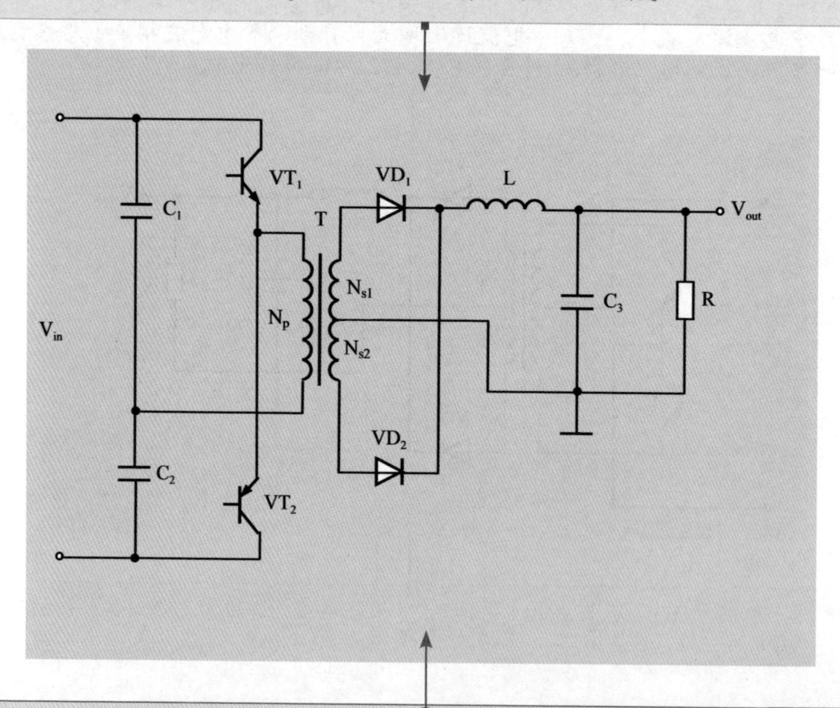

（4）当开关管 VT_1 截止，VT_2 导通时，电容器 C_2 向变压器初级绕组 N_p 放电，同时电容器 C_1 通过开关管 Q_2、变压器 N_p 绕组被充电。此时在变压器 T 的次级线圈 N_{s1}、N_{s2} 感应出电流，电流经过二极管 VD_2、电感器 L 为电容器 C_3 充电，电能储存在电感 L 的同时也为外接负载 R 提供电能。
（5）当开关管 VT_1 仍未导通、VT_2 截止时，两管同时处于关断状态。整流管 VD_2 中电流逐渐减小，VD_1 中电流逐渐增大，直到两管中电流相等（忽略变压器励磁电流），此时电容器 C_3 对负载 R 放电，为其提供电能。

图 5-8 半桥电路原理图

8. 全桥电路

全桥电路也称 H 桥电路，它由四个三极管或 MOS 管连接而成。这四个开关管两个一组同时导通，且两组轮流交错导通，如图 5-9 所示。

（1）当开关管 VT_1 和 VT_4 导通，开关管 VT_2 和 VT_3 截止时，输入电压 V_{in} 经过开关管 VT_1、变压器初级线圈 N_p、开关管 VT_4 回到电源负极。此时在变压器 T 的次级线圈 N_{s1}、N_{s2} 感应出电流，电流经过二极管 VD_1、电感器 L 为电容器 C 充电，电能储存在电感器 L 的同时也为外接负载 R 提供电能。
（2）当开关管 VT_1 和 VT_4 截止，开关管 VT_2 和 VT_3 未导通时，四个管同时处于关断状态。整流二极管 VD_1 中电流逐渐减小，VD_2 中电流逐渐增大，直到两管中电流相等（忽略变压器励磁电流），此时电容器 C 对负载 R 放电，为其提供电能。

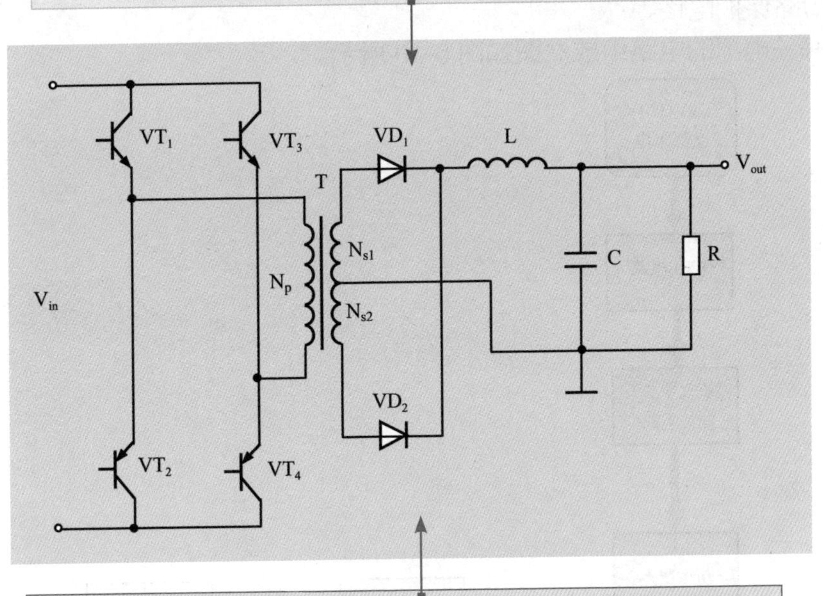

（3）当开关管 VT_1 和 VT_4 截止，开关管 VT_2 和 VT_3 导通时，输入电压 V_{in} 经过开关管 VT_3、变压器初级线圈 N_p、开关管 VT_2 回到电源负极。此时在变压器 T 的次级线圈 N_{s1}、N_{s2} 感应出电流，电流经过二极管 VD_2、电感器 L 为电容器 C 充电，电能储存在电感器 L 的同时也为外接负载 R 提供电能。
（4）当开关管 VT_1 和 VT_4 未导通，开关管 VT_2 和 VT_3 截止时，四个管同时处于关断状态。整流二极管 VD_2 中电流逐渐减小，VD_1 中电流逐渐增大，直到两管中电流相等（忽略变压器励磁电流），此时电容器 C 对负载 R 放电，为其提供电能。

图 5-9　全桥电路

5.2 开关电源电路工作原理

要想找出开关电源的故障，首先要了解开关电源是如何工作的，在掌握其工作原理的基础上才能掌握找到开关电源故障测试点,并找到故障元器件。

5.2.1 开关电源电路的结构

开关电源的主要电路是由输入电磁干扰滤波器（EMI）、桥式整流滤波电路、功率变换电路、PFC 电路、PWM 控制器电路、输出整流滤波电路组成。辅助电路有稳压控制电路、输出过欠压保护电路、输出过电流保护电路、输出短路保护电路等。

开关电源的电路组成框图如图 5-10 所示。

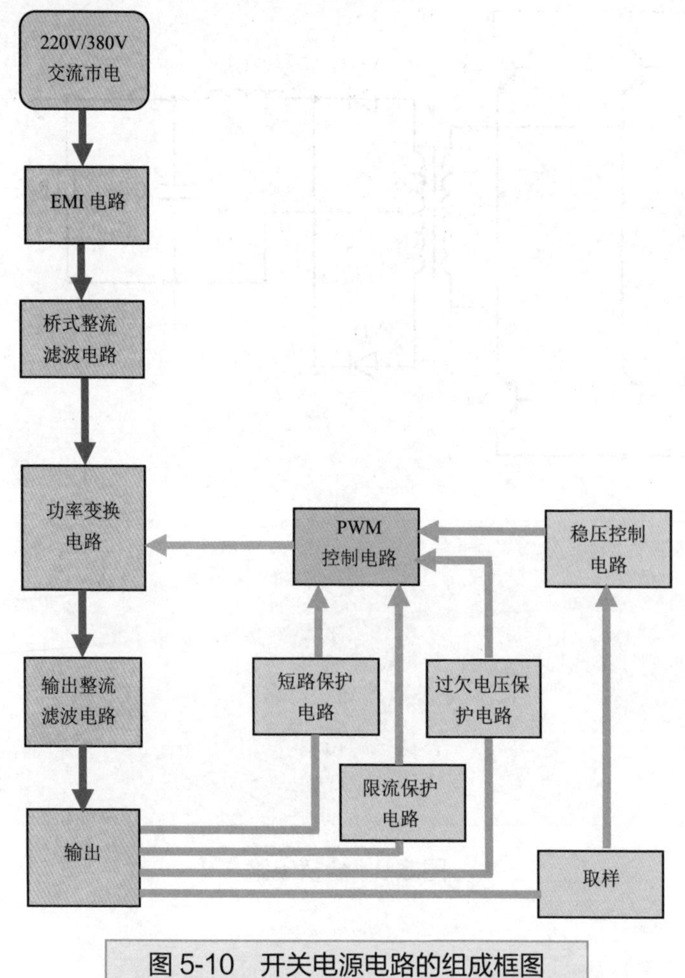

图 5-10　开关电源电路的组成框图

5.2.2 电磁干扰滤波电路（EMI）工作原理

EMI 电路用来过滤掉交流电网中的高频脉冲信号，防止电网中的高频脉冲信号对开关电源电路的干扰，同时减少开关电源电路本身对外界的电磁干扰。

EMI 滤波电路实际上是利用电感器和电容器的特性，使频率为 50Hz 左右的交流电可以顺利通过滤波器，但高于 50Hz 以上的高频干扰杂波被滤波器滤除，因此又将 EMI 滤波器称为低通滤波器，其意义为：低频可以通过，而高频则被滤除。

通用 EMI 滤波器一般由电感器、电容器或电阻器等无源元件组合而成。如图 5-11 所示为开关电源电路中的 EMI 电路。

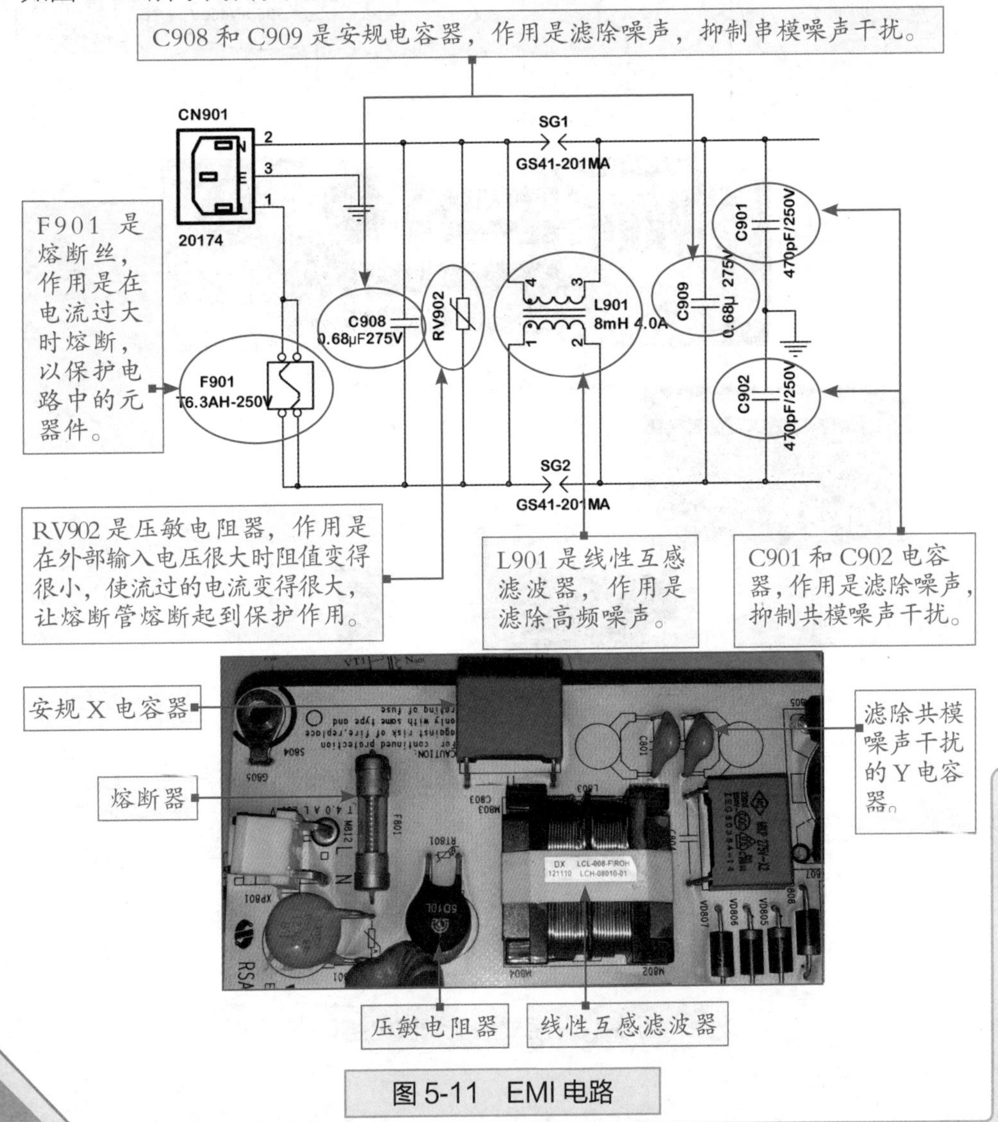

图 5-11　EMI 电路

5.2.3 桥式整流滤波电路工作原理

桥式整流滤波电路主要负责将经过滤波后的 220V 交流电进行全波整流，转变为直流电压，然后经过滤波后将电压变为市电电压的$\sqrt{2}$倍，即 310V 直流电压。

开关电源电路中的桥式整流滤波电路主要由桥式整流堆（或 4 个整流二极管）、高压滤波电容器等组成，如图 5-12 所示。

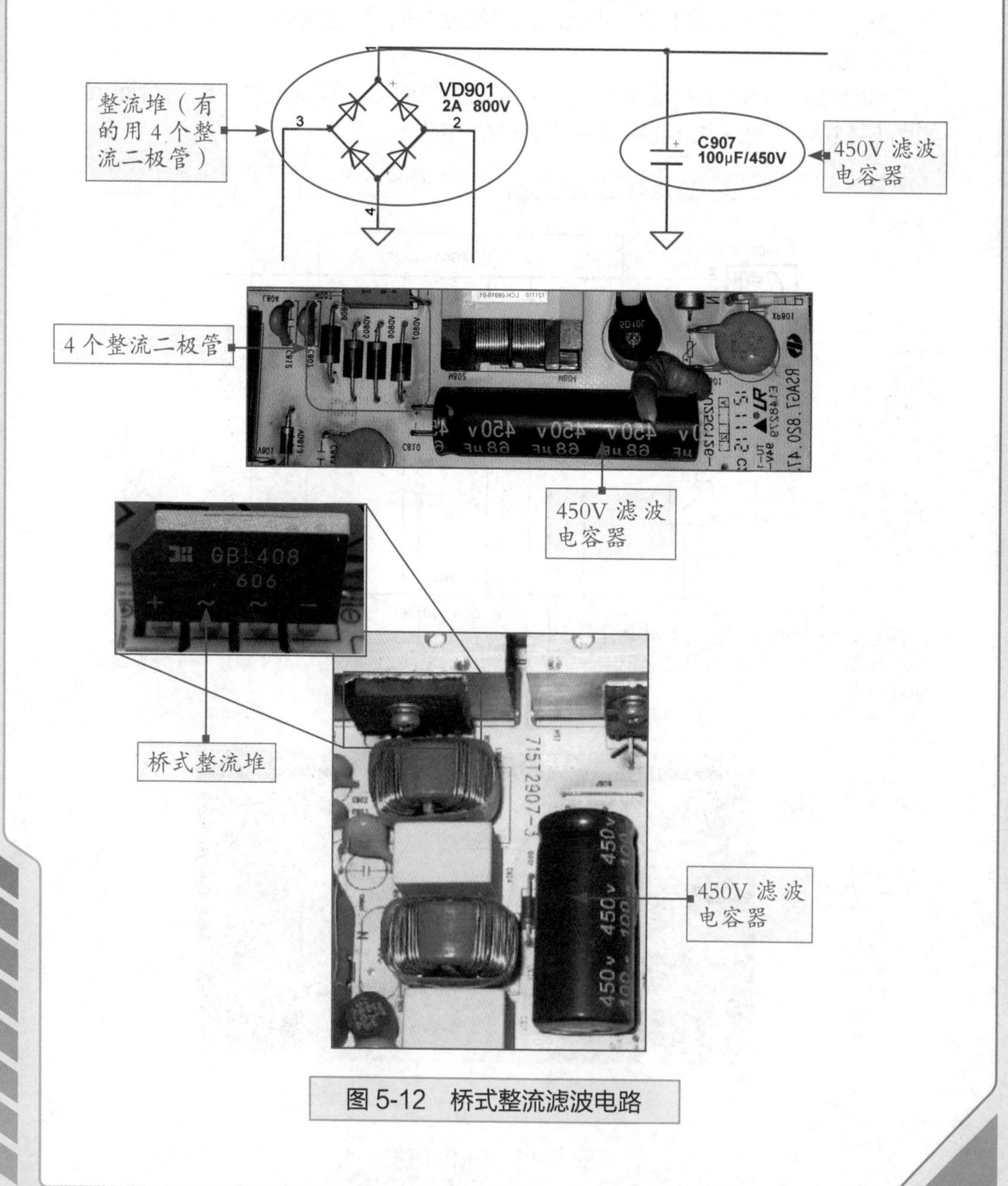

图 5-12 桥式整流滤波电路

图 5-12 中，BD901 是由 4 个二极管组成的桥式整流堆，C907 为高压滤波电容器，它们组成了桥式整流滤波电路。桥式整流堆的主要作用是将 220V 交流电压整流输出约为 +310V 的直流电压。桥式整流堆的内部是由 4 只二极管构成的，可通过检测每只二极管的正、反向阻值来判断其是否正常。如图 5-13 所示为桥式整流堆及其内部结构图。

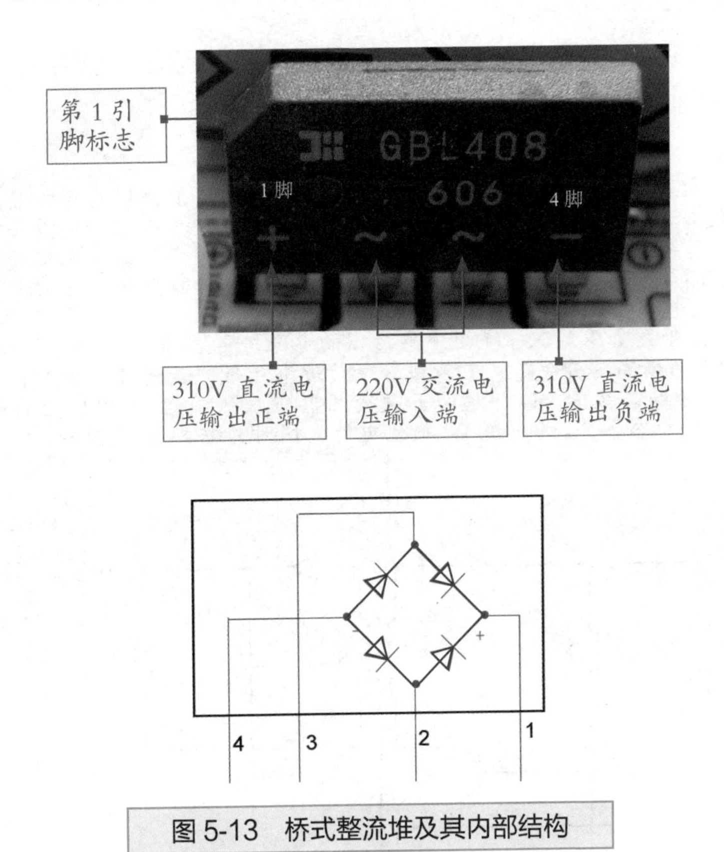

图 5-13　桥式整流堆及其内部结构

如图 5-13 中桥式整流堆的 4 个针脚中，中间 2 个针脚为交流电压输入端，两侧 2 个针脚为直流电压输出端。在进行故障检测时，测量直流输出电压，应测量两侧的正端和负端。

桥式整流滤波电路的工作特点是：脉冲小，电源利用率高。当 220V 交流电压进入桥式整流堆后，220V 交流电压进行全部整流，之后转变为 310V 左右的直流电压输出。

5.2.4　开关振荡电路工作原理

开关振荡电路是开关电源中的核心电路，开关振荡电路的作用是通过

PWM 控制器输出的矩形脉冲信号，驱动开关管不断导通、截止，处于开关振荡状态。从而使开关变压器的初级线圈产生开关电流，开关变压器处于工作状态，在次级线圈中产生感应电流，再经过处理后输出电压。开关振荡电路主要包括自激式振荡电路和他激式振荡电路。

1. 自激式振荡电路

自激式开关振荡电路主要包括开关管、开关变压器、电阻器、电容器等元器件。如图 5-14 所示为自激式振荡电路工作原理。

（1）当 V_{in} 输入电源接入后，启动电阻器 R_1 给开关管 VT 提供启动电流，使开关管 VT 基极 b 电位升高导通，V_{in} 经过开关变压器 T 的 N_{p1} 绕组加到开关管 VT 的集电极 c，再经过发射极 e 接地，构成回路。此时，开关变压器 T 初级绕组 N_{p1} 中电流为上正下负，在次级绕组 N_s 中产生感应电动势，此电压使二极管 VD 截止，电容器 C_2 放电为负载 RL 提供电能。
（2）同时在开关变压器 N_{p2} 绕组中感应出的电压给电容器 C_1 充电，随着电容器 C_1 充电电压的增高，开关管 VT 基极 b 电位逐渐变低，致使开关管 VT 截止。这时输出电路中的二极管 VD 导通，开关变压器 T 次级绕组 N_s 中感应的电能经过二极管 VD 和电容器 C_2 为负载 R_L 提供电能，同时为电容器 C_2 充电。

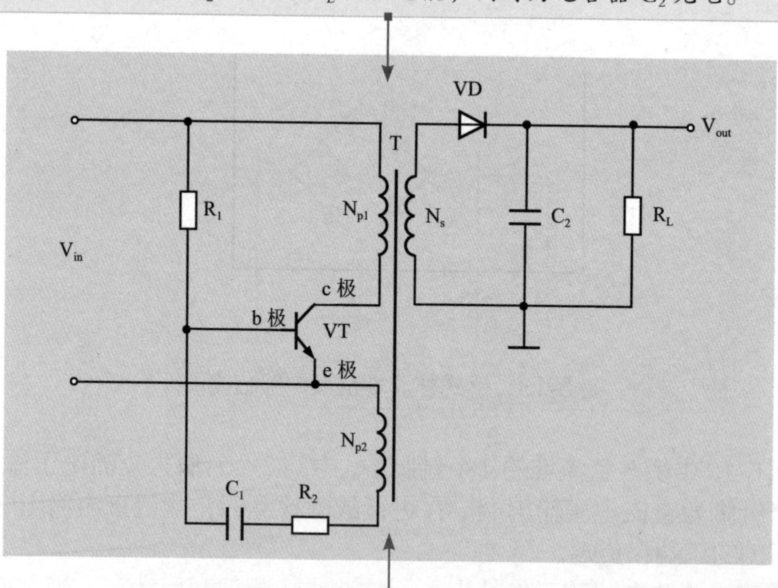

（3）在开关管 VT 截止时，开关变压器 T 的 N_{p2} 绕组中没有感应电压，V_{in} 输入电压又经启动电阻器 R_1 给电容器 C_1 反向充电，逐渐提高开关管 VT 基极 b 电位，使其重新导通，重复前面的过程。就这样开关管 VT 不断导通、截止、振荡，为负载源源不断地提供电能。

图 5-14　自激式振荡电路工作原理

2. 他激式振荡电路

他激式振荡电路主要由开关管、PWM 控制器、开关变压器等组成，如图 5-15 所示。

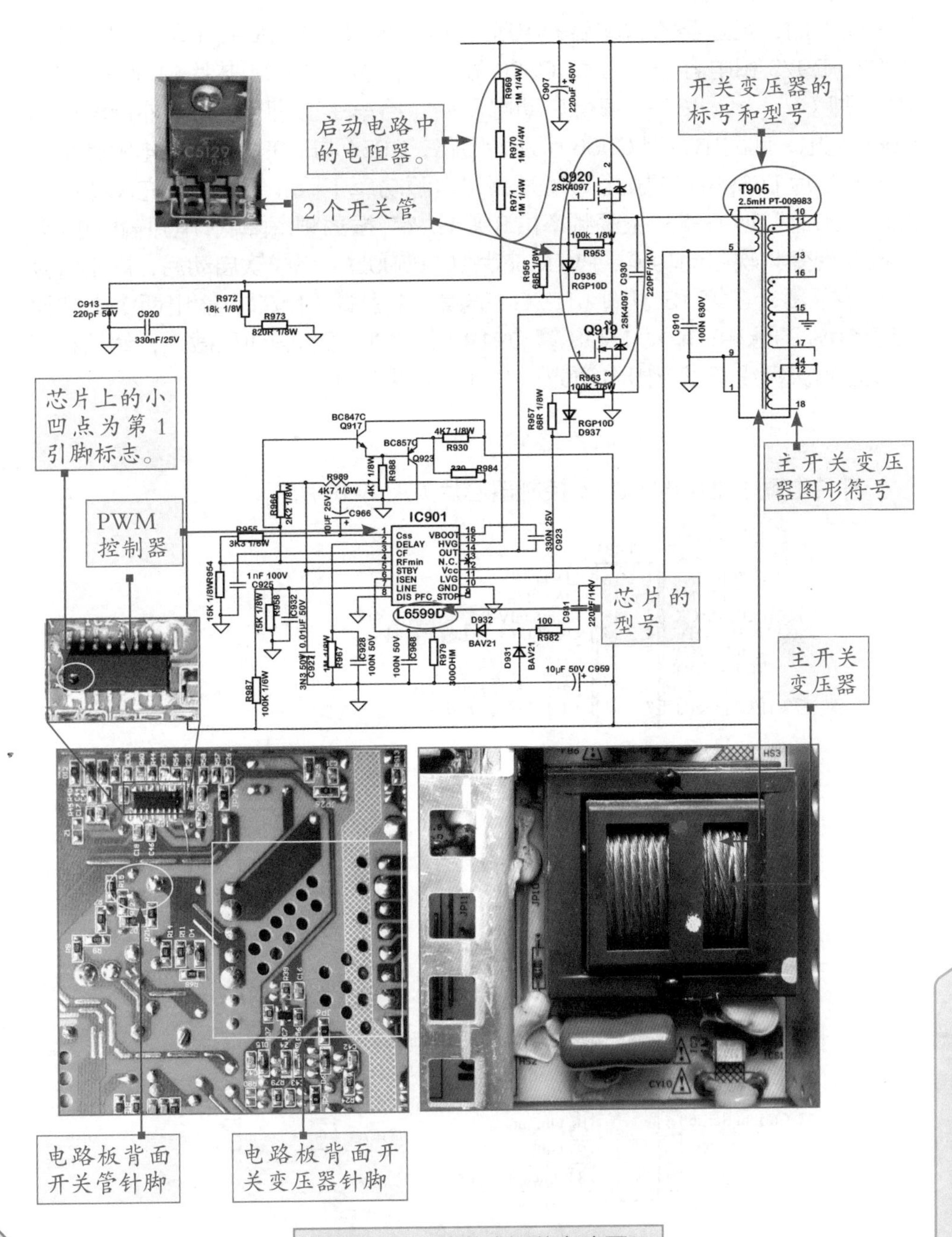

图 5-15　他激式振荡电路图

图 5-15 中，IC901（L6599D）为 PWM 控制器，它是开关电源的核心，它能产生频率固定而脉冲宽度可调的驱动信号，控制开关管的通 / 断状态，从而调节输出电压的高低，达到稳压的目的。Q920 和 Q919 为开关管，T905 为开关变压器。

工作时，经过整流滤波后的电压经过启动电阻器 R969、R970、R971、R972、R973 和电容器 C913、C920 处理后，加在 PWM 芯片 L6599D 的第 12 引脚（V_{CC}），L6599 获得启动电压后，给第 1 引脚（CSS）外接电容器 C966 充电，此时电容器 C966 可视为短路，R954 与 R955 并联，电阻减少，PWM 芯片 L6599D 的振荡频率升高，电源功率下降，当 C966 充满电时，此时C966可视为开路，振荡频率由R954决定，振荡频率降低，电源输出正常，由此实现变频软启动功能。PWM 芯片（L6599D）完成软启动后，内部振荡器开始振荡，在第 15 引脚（HVG）与第 11 引脚（LVG）输出两个占空比接近 50% 的脉冲，驱动 MOS 管 Q919 和 Q920 开始导通和截止，然后在开关变压器次级线圈感应出电动势，为负载提供电能。

3. 常用的 PWM 控制器总结

开关电源中常用的 PWM 控制器芯片如图 5-16 所示。

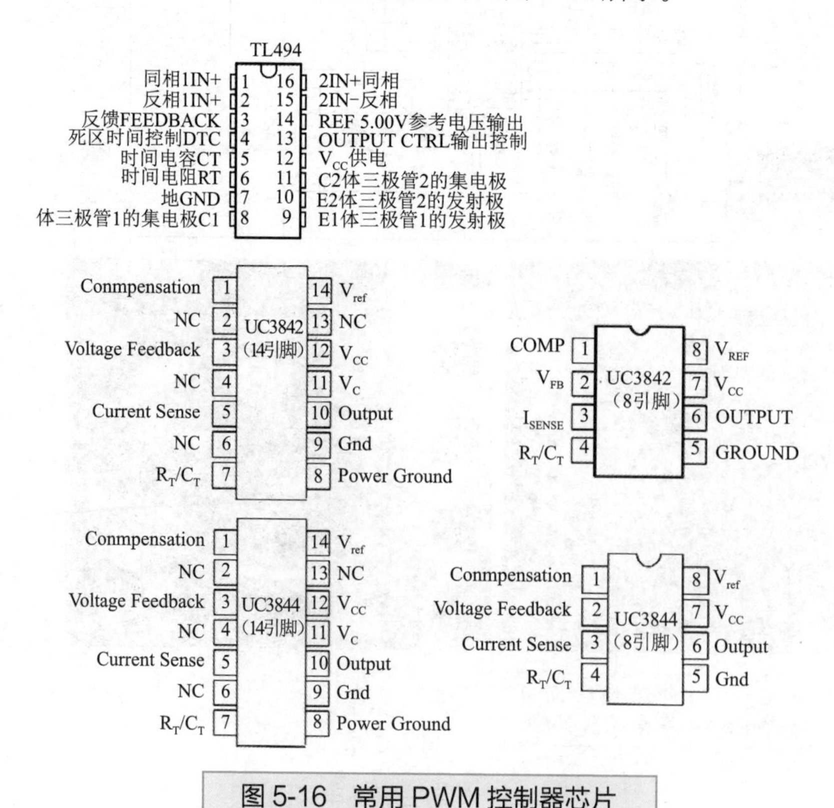

图 5-16　常用 PWM 控制器芯片

5.2.5 次级输出整流滤波电路工作原理

整流滤波输出电路的作用是将开关变压器次级端输出的电压进行整流与滤波，得到稳定的直流电压输出。因为开关变压器的漏感和输出二极管的反向恢复电流造成的尖峰，都形成了潜在的电磁干扰。因此要得到纯净的5V和12V电压，开关变压器输出的电压必须经过整流滤波处理。

整流滤波输出电路主要由整流二极管、滤波电阻器、滤波电容器、滤波电感器等组成。图5-17所示为整流滤波电路原理图。

图中，D901和D902为快恢复二极管，它的内部由两个二极管组成。由于在开关变压器次级输出端连接的二极管存在反向恢复时间，在导通瞬间会引起较大的尖峰电流，它不仅增加了二极管本身的功耗，而且使开关管流过过大的浪涌电流，增加了开通瞬间的功耗。因此在开关变压器次级输出端一般采用快恢复二极管或肖特基二极管作为整流二极管。和普通二极管相比，快恢复二极管的反向恢复时间较短，正向压降较低，反向击穿电压（耐压值）较高。

在此电路中，电感器L906与电容器C951、C952一起组成LC滤波电路。由于电感器有“通直流、阻交流、通低频、阻高频”的功能，而电容器有“阻直流、通交流”的功能。因此在整流滤波输出电路中使用LC滤波电路，可以利用电感吸收大部分交流干扰信号，将其转化为磁感和热能，剩下的大部分被电容旁路到地。这样就可以抑制干扰信号，在输出端就获得比较纯净的直流电流。

整流滤波电路的工作原理如下：

（1）当变压器T905的次级线圈10~13感应出上正下负的电流时，电流经过快恢复二极管D901、电感器L906为电容器C951、C952充电，电能储存在电感器L906的同时也为外接负载提供24V的电能。

（2）当变压器T905的次级线圈无感应电流时，电容器C951、C952放电，与电感器L906一起为负载提供24V的电能。

（3）当变压器T905的次级线圈14~18感应出上负下正的电流时，电流经过快恢复二极管D902、电感器L906为电容器C951、C952充电，电能储存在电感器L906的同时也为外接负载提供24V的电能。

（4）当变压器T905的次级线圈无感应电流时，电容器C951、C952放电，与电感器L906一起为负载提供24V的电能。

提示：输出端滤波电容损坏后，一般需要用低ESR（阻抗）的“高频低阻”铝电解电容器或低ESR钽电解电容器以及陶瓷贴片电容器进行代换。一般输出电流为1A以下时，电容器的总容量选择1000μF，分成2~3个电容器分级滤波，效果会更好些。

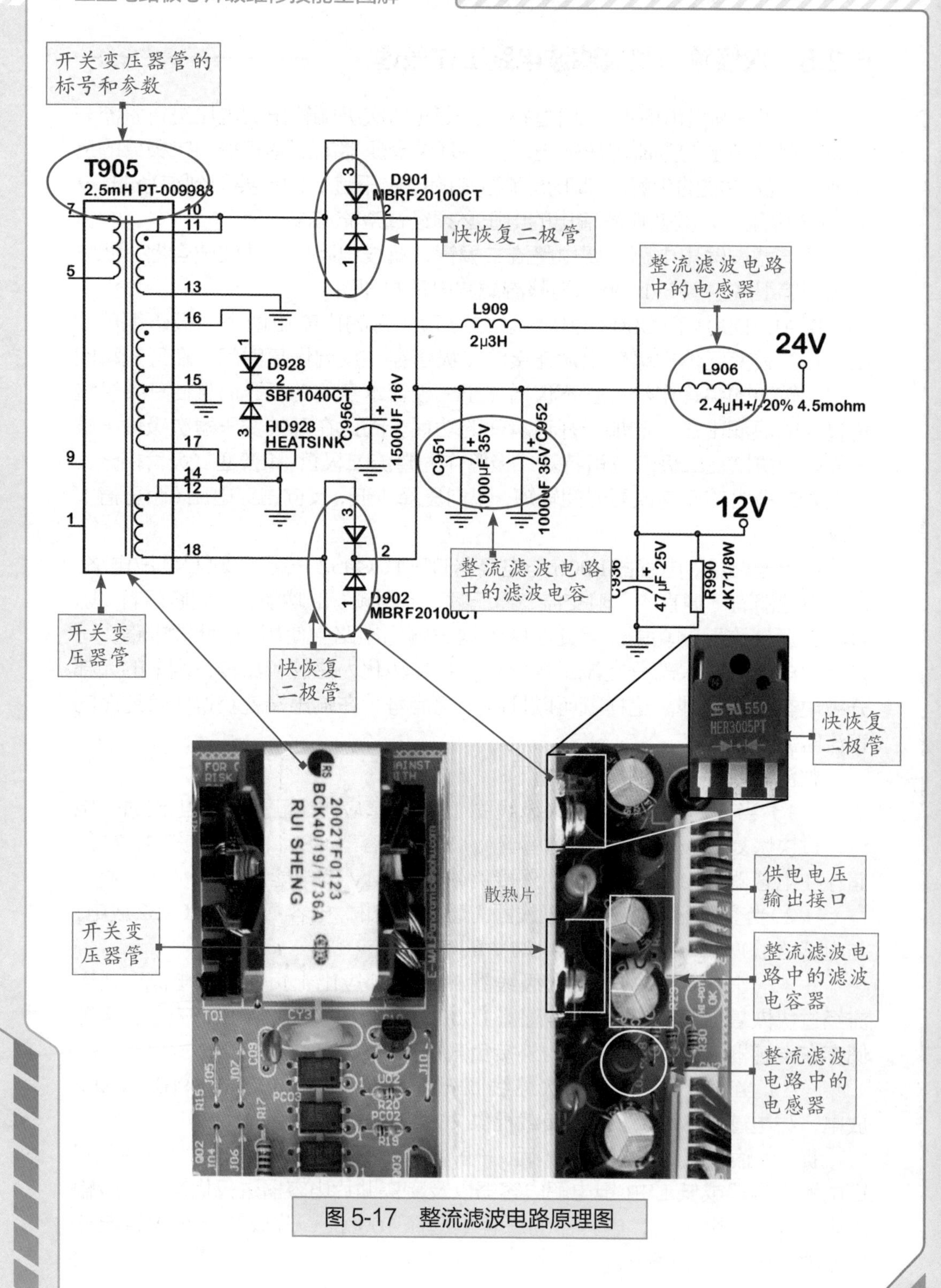
开关变压器管的标号和参数
T905
2.5mH PT-009983
D901
MBRF20100CT
快恢复二极管
整流滤波电路中的电感器
L909
2μ3H
24V
D928
SBF1040CT
HD928
HEATSINK
C956
1500UF 16V
L906
2.4μH+/-20% 4.5mohm
C951
1000μF 35V
C952
1000μF 35V
12V
D902
MBRF20100CT
整流滤波电路中的滤波电容
C936
47μF 25V
R990
4K71/8W
开关变压器管
快恢复二极管
HER3005PT
快恢复二极管
2002TF0123
BCK40/19/1736A
RUI SHENG
散热片
供电电压输出接口
开关变压器管
整流滤波电路中的滤波电容器
整流滤波电路中的电感器

图 5-17　整流滤波电路原理图

5.2.6　稳压控制电路工作原理

由于 220V 交流市电是在一定范围内变化的，当市电升高，开关电源电路的开关变压器输出的电压也随之升高，为了得到稳定的输出电压，在开关电源电路中一般都会设计一个稳压控制电路,用于稳定开关电源输出的电压。

稳压控制电路的主要作用是在误差取样电路的作用下，通过控制开关管激励脉冲的宽度或周期，控制开关管导通时间的长短，使输出电压趋于稳定。

稳压控制电路主要由 PWM 控制器（控制器内部的误差放大器、电流比较器、锁存器等）、精密稳压器、光电耦合器、取样电阻器等组成。图 5-18 所示为稳压控制电路原理图。

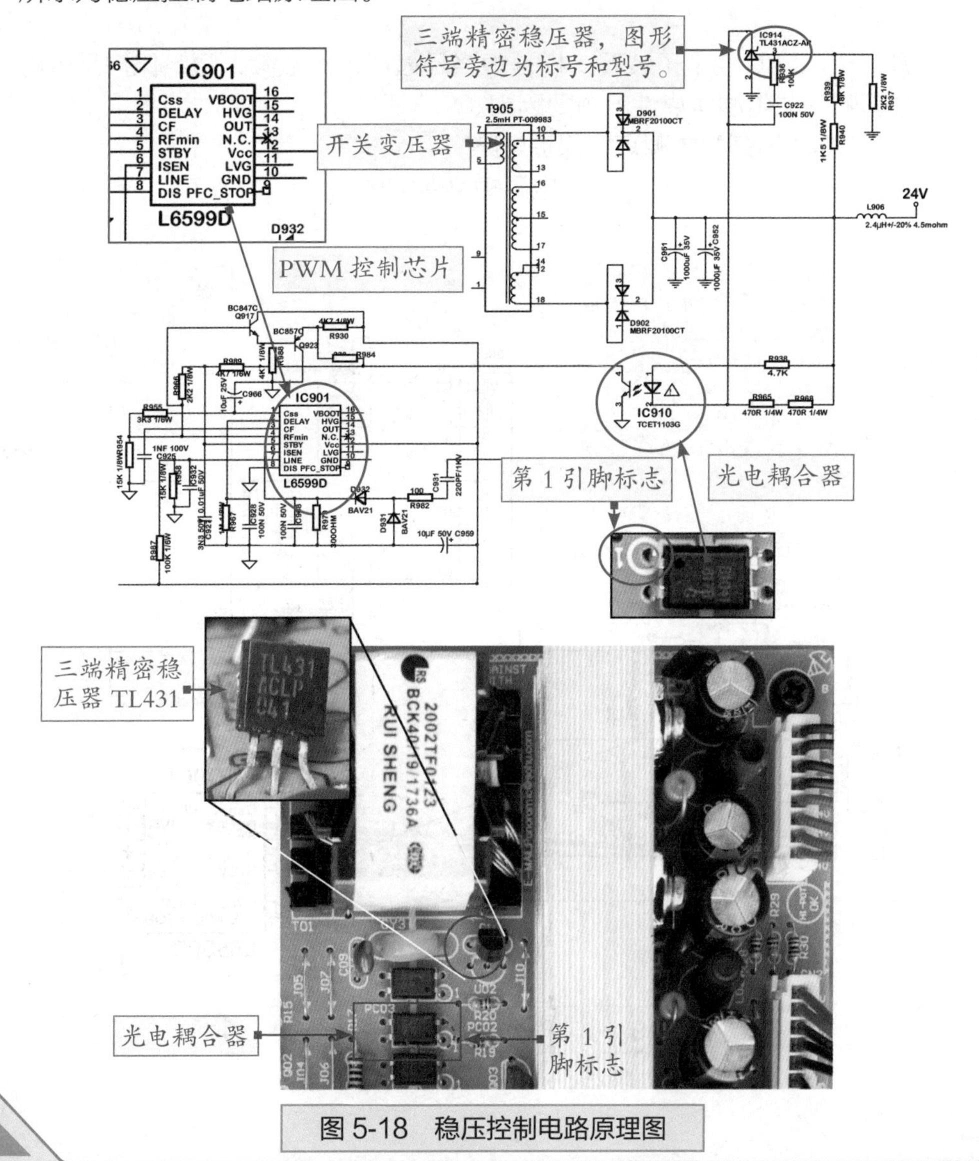

图 5-18　稳压控制电路原理图

稳压控制电路工作原理如下：

当输出电压发生波动时，经电阻器 R937、R939、R940 分压后得到的取样电压与 IC914（TL431）中的 2.5V 带隙基准电压进行比较，在阴极上形成误差电压，使光电耦合器 IC910 中 LED 的工作电流产生相应的变化，再通过光耦去改变控制器 IC901 控制端电流的大小，调节 PWM 控制器输出占空比，使输出电压保持不变，实现稳压输出。

5.2.7 保护电路工作原理

1. 短路保护电路

开关电源同其他电子装置一样，短路是最严重的故障，短路保护是否可靠，是影响开关电源可靠性的重要因素。

（1）小功率开关电源短路保护电路

如图 5-19 所示为小功率开关电源短路保护电路。

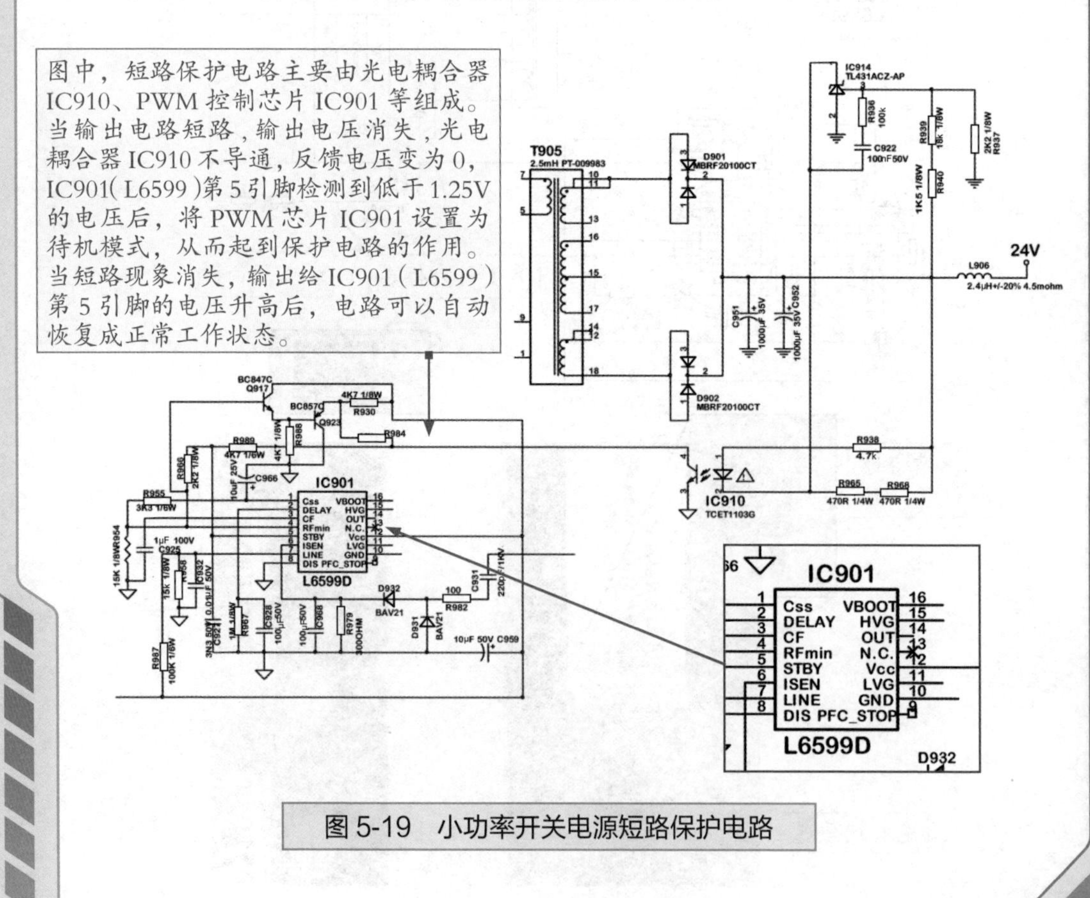

图 5-19　小功率开关电源短路保护电路

（2）中大功率开关电源短路保护电路

中大功率开关电源短路保护电路如图 5-20 所示。

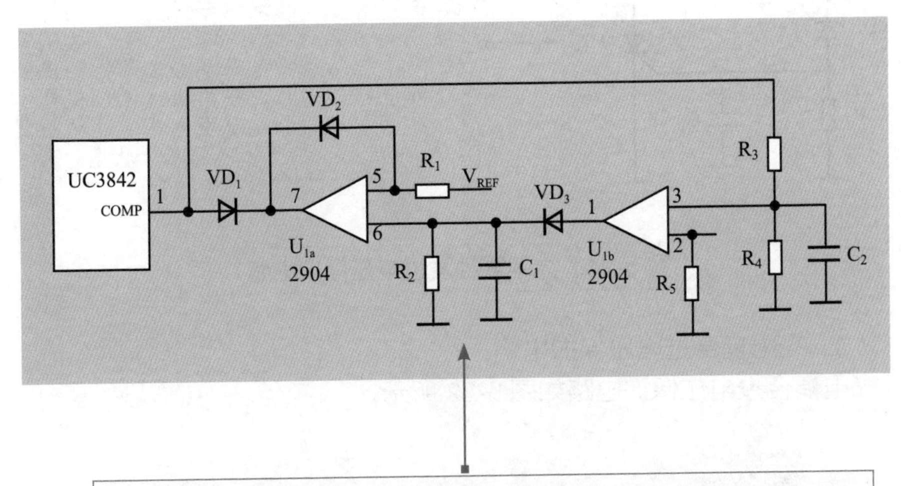

中大功率开关电源短路保护电路工作原理：当开关电源电路的输出电路短路时，PWM 芯片 UC3842 第 1 引脚电压上升，比较器 U_{1b}（2904）第 3 引脚电位高于第 2 引脚时，比较器翻转 U_{1b} 第 1 引脚输出高电平，给电容器 C_1 充电，当电容器 C_1 两端电压超过比较器 U_{1a} 第 5 引脚基准电压时，U_{1a} 第 7 引脚输出低电平，芯片 UC3842 第 1 引脚电压低于 1V，PWM 芯片 UC3842 停止工作，输出电压为 0V。当短路消失后电路正常工作。电阻器 R_2、电容器 C_1 是充放电时间常数，阻值不对时短路保护不起作用。

图 5-20　中大功率开关电源短路保护电路

2. 过电压保护电路

输出过电压保护电路的作用是当输出电压超过设计值时，把输出电压限定在安全值的范围内。当开关电源内部稳压环路出现故障或由于用户操作不当引起输出过电压现象时，过电压保护电路进行保护以防止损坏后级用电设备。

常用的过电压保护电路有如下几种。

（1）晶闸管触发过电压保护电路

晶闸管触发过电压保护电路如图 5-21 所示。

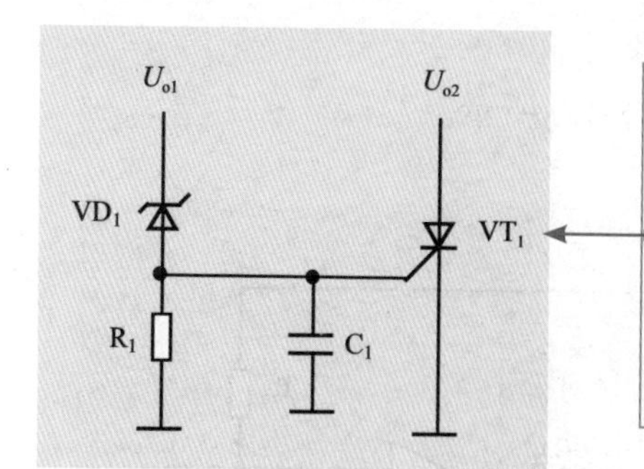

晶闸管触发过电压保护电路工作原理如下：当 U_{o1} 输出电压升高，稳压二极管 VD_1 击穿导通，晶闸管 VT_1 的控制端得到触发电压，因此晶闸管导通。U_{o2} 电压对地短路，短路保护电路就会工作，停止整个电源电路的工作。当输出过电压现象排除，晶闸管的控制端触发电压通过电阻器 R_1 对地泄放，晶闸管恢复断开状态。

图 5-21　晶闸管触发过电压保护电路

（2）光电耦合过电压保护电路

光电耦合过电压保护电路如图 5-22 所示。

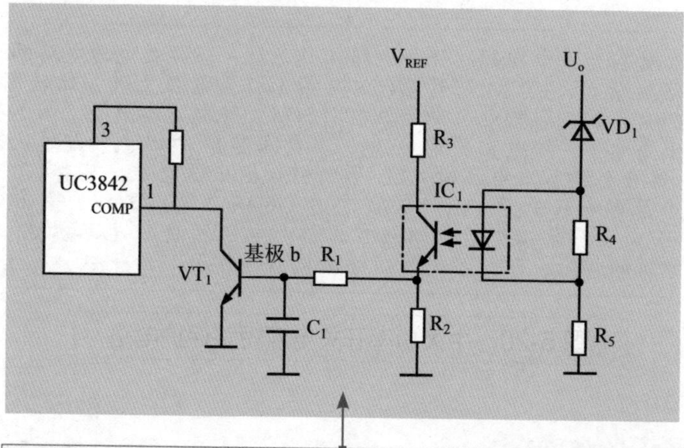

当输出电压 U_o 有过电压情况时，稳压二极管 VD_1 击穿导通，经光电耦合器 IC_1 和电阻器 R_5 接地，光电耦合器的发光二极管发光，从而使光电耦合器的光电晶体管导通。三极管 VT_1 的基极 b 得电导通，PWM 控制芯片 UC3842 的第 1 引脚电压降低，第 3 引脚电压降低，使 PWM 控制芯片 UC3842 停止工作，输出电压变为 0，起到保护电路的作用。

图 5-22　光电耦合过电压保护电路

5.3 易损元器件好坏检测

在检测开关电源的故障时，可能你会发现几个故障率较高的部件，如电容器、电阻器或开关管等。在检测开关电源电路故障时，经常需要测量一些易坏部件，排除好的元器件，找到故障元器件。下面总结一些易损元器件的检测方法。

5.3.1 整流二极管好坏检测方法

整流二极管主要用在桥式整流电路和次级整流滤波电路中，当怀疑整流二极管有问题时，可以通过测量整流二极管的压降或电阻值来判断好坏，通常用检测二极管压降的方法来判断好坏，如果通过测量二极管电阻值来判断好坏，则需要测量二极管的正反向电阻值，通常反向电阻值为无穷大，如果反向阻值较小或为0，则二极管被击穿。如图5-23所示。

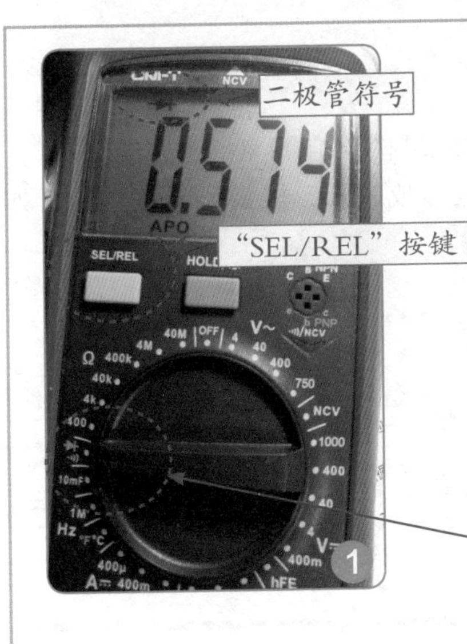

将万用表调到二极管挡。注意，有的万用表二极管挡和蜂鸣挡在一个挡位，需要用“SEL/REL”按键切换。调到二极管挡后，万用表的显示屏上会出现一个二极管的符号。

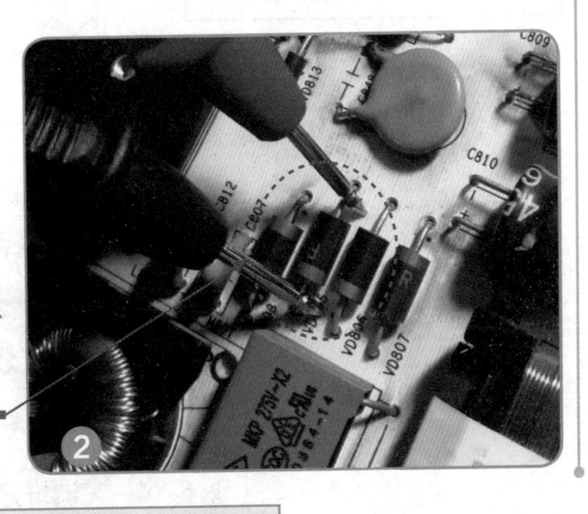

将红表笔接二极管的正极，黑表笔接二极管的负极，测量压降，有灰白色环的一端为负极。

图5-23 检测整流二极管

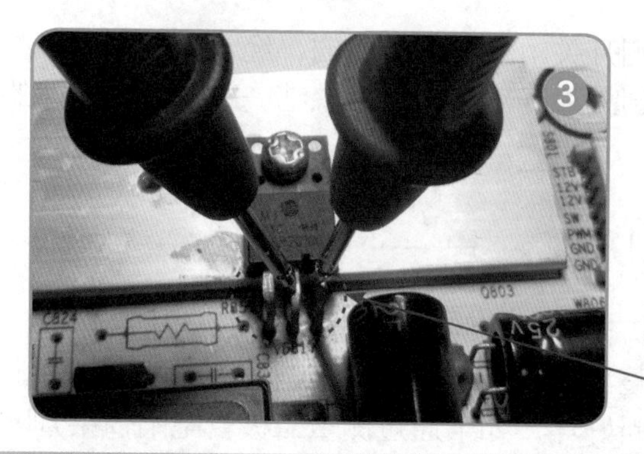

3
测量快恢复二极管时，黑表笔接中间引脚，红表笔分别接两侧的引脚，测量压降值。正常为0.4V左右。

图 5-23　检测整流二极管（续）

5.3.2　整流堆好坏检测方法

在有些开关电源中采用的是整流堆，整流堆内部包含 4 个整流二极管，其好坏测量方法可以通过测量整流堆引脚电压值或内部二极管压降来判断，如图 5-24 所示。

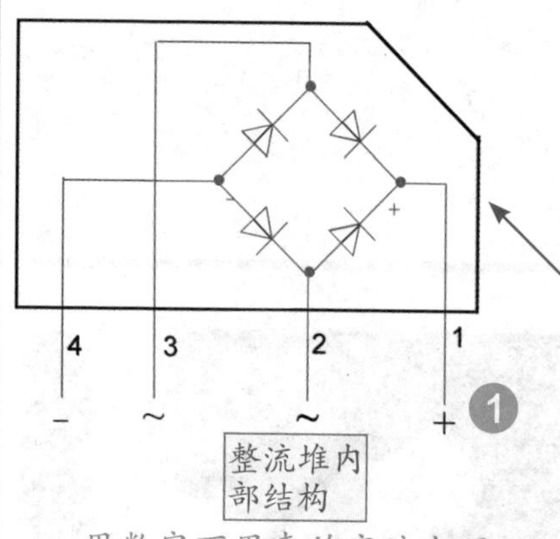

首先将万用表调到二极管挡，将红表笔接整流堆的第 4 引脚，黑表笔分别接第 3 引脚和第 2 引脚，测量两个压降值；再将黑表笔接第 1 引脚，红表笔分别接第 3 引脚和第 2 引脚，再次测量两个压降值。如果 4 次测量的压降值都在 0.6V 左右，说明整流堆正常，有一组值不正常，则整流堆损坏。

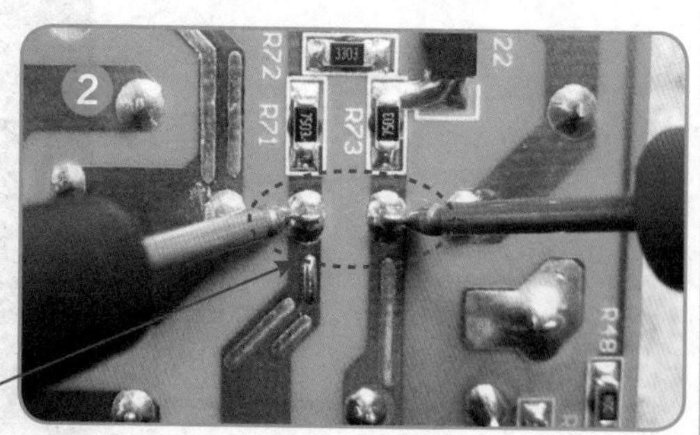

用数字万用表的交流电压 750V 挡，将黑表笔接整流堆中间的第 2 引脚。将红表笔接整流堆的第 3 引脚。测量两脚间的电压，正常应为 220V。如果此电压不正常，问题通常在前级电路。

图 5-24　整流堆好坏检测

将万用表调到直流电压 1000 挡。红表笔接整流堆第 1 引脚（正极引脚），黑表笔接第 4 引脚（负极引脚），通电情况下测量电压，正常为 310V。如果第 2、3 引脚的 220V 交流电压正常，而此处的 310V 电压不正常，则整流堆损坏。

图 5-24　整流堆好坏检测（续）

5.3.3　开关管好坏检测方法

在开关电源电路中，如果开关管损坏，电源就没有输出。开关管好坏检测方法如图 5-25 所示。

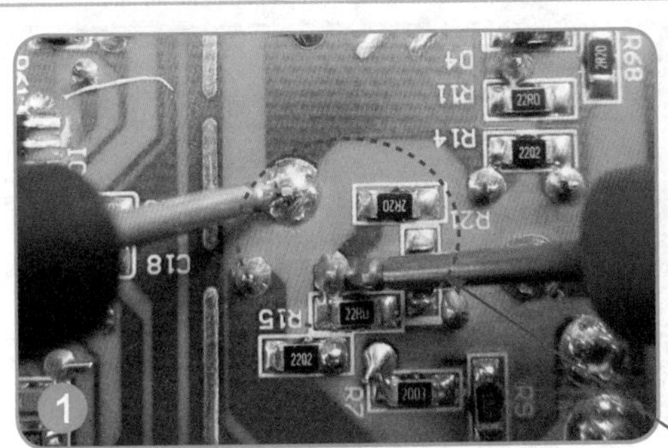

开关管发生故障时，一般都是被击穿。因此可以通过测量引脚间阻值来判断好坏。将数字万用表调到蜂鸣挡，然后用两支表笔分别测量三只引脚中的任意两只，如果测量的电阻值为 0，蜂鸣挡发出报警声，则说明开关管有问题。

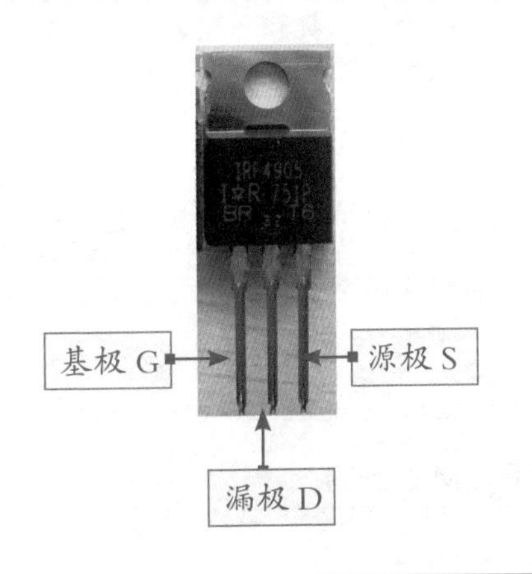

图 5-25　检测开关管

另外，也可以测量开关管源极S和漏极D之间的压降。将数字万用表调到二极管挡，然后用红表笔接S极，黑表笔接漏极D，测量压降。正常值为0.6V左右。如果压降不正常，则开关管损坏。

图5-25 检测开关管（续）

5.3.4 PWM控制芯片好坏检测方法

PWM控制芯片好坏检测方法如图5-26所示（以UC3842为例）。

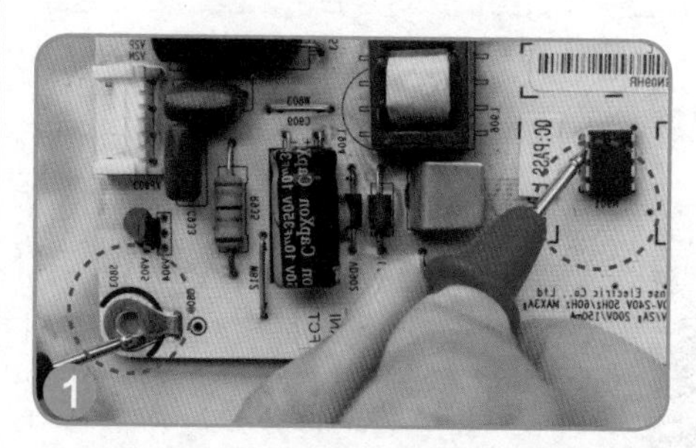

首先应判断开关电源的PWM芯片是否处在工作状态或已经损坏。判断方法为：加电测量UC3842的第7引脚（V_{CC}工作电源）和第8引脚（V_{REF}基准电压输出）对地电压，若测第8脚有+5V电压，第1、2、4、6引脚也有不同的电压，则说明电路已起振，UC3842基本正常。

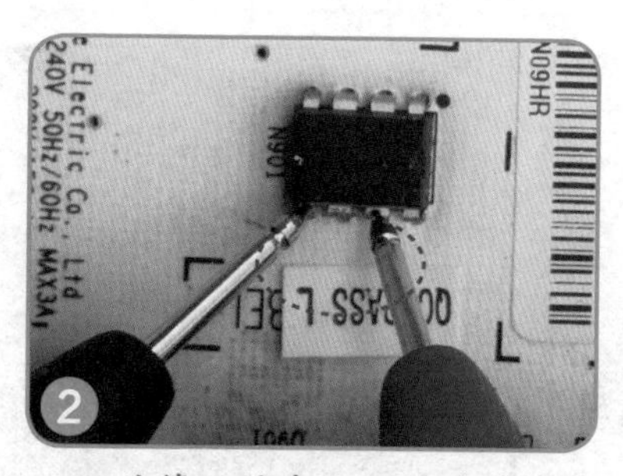

若第7引脚电压低（芯片启动后，第7引脚电压由第8引脚的恒流源提供），其余引脚无电压或不波动，则UC3842芯片可能损坏。断电的情况下，用万用表20k挡测量UC3842芯片第6、7引脚，第5、7引脚，第1、7引脚阻值（一般在10kΩ左右）。如果阻值很小（几十欧）或为0，则这几个引脚都对地击穿，更换UC3842芯片。

图5-26 测量PWM控制器

5.3.5　TL431 精密稳压器好坏检测方法

在稳压电路中精密稳压器（如TL431）有着非常重要的作用，如果损坏通常会造成输出电压不正常。精密稳压器好坏判断方法如图5-27所示。

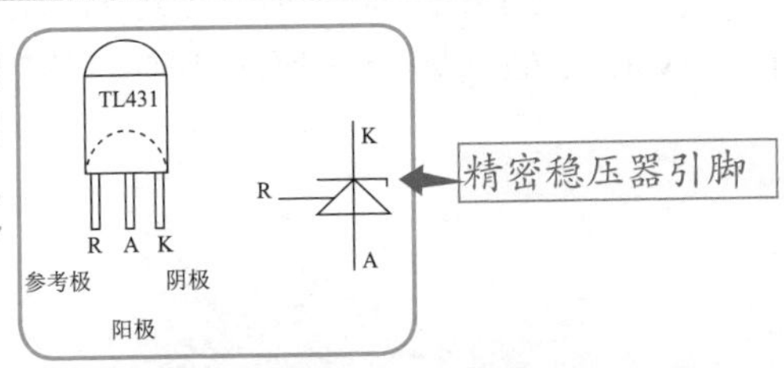

将数字万用表调到20k挡，将红表笔接精密稳压器的参考极R，黑表笔接阴极K，测得的阻值正常为无穷大；互换表笔测得的阻值正常为11kΩ左右。

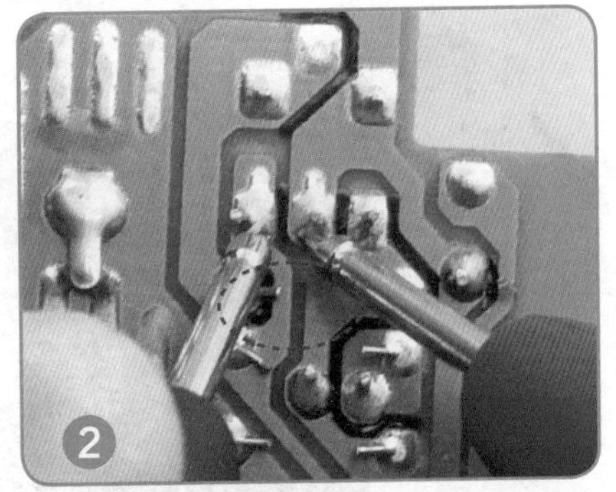

将红表笔接精密稳压器的阳极A，黑表笔接阴极K，测得的阻值正常为无穷大；互换表笔测得的阻值正常为8kΩ左右。

图5-27　测量精密稳压器

5.3.6　光电耦合器好坏检测方法

光电耦合器是否出现故障，可以按照内部二极管和三极管的正、反向电阻来判定。如图5-28所示为光电耦合器内部结构图。

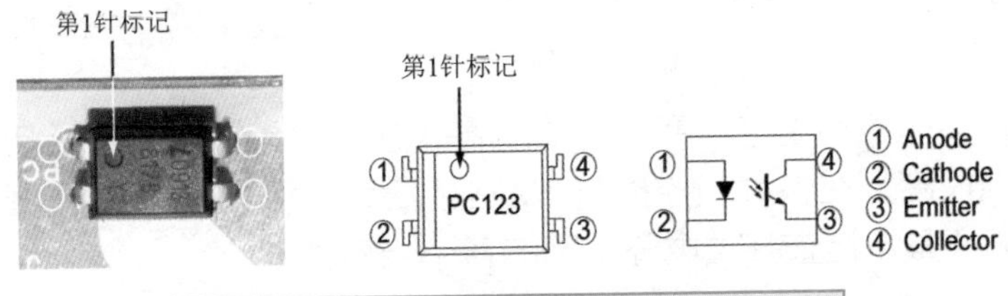

图5-28　光电耦合器内部结构图

光电耦合器的检测方法如图 5-29 所示。

（1）将万用表进行调挡，调挡至 R×1k 电阻挡。

（2）将两支表笔分别接在光电耦合器的输出端第 3、4 引脚，然后用一节 1.5V 的电池与另一只 50～100Ω 的电阻串接。

光电耦合器的引脚中，有圆圈的为第1引脚标志。

图 5-29　测量光电耦合器

（3）串接完成后，电池的正端接光电耦合器的第 1 引脚，负极接第 2 引脚，这时观察输出端万用表指针的偏转情况。

（4）如果指针摆动，说明光电耦合器是好的；如果不摆动，说明已经损坏。万用表指针摆动偏转角度越大，说明光电转换灵敏度越高。

5.4 开关电源电路故障维修方法

由于开关电源通常工作在大电流、高电压、高温等环境中，因此其出现故障的概率很高。在各种工控设备出现故障后，通常先检查供电是否正常，不正常就需要重点检查开关电源电路的各个元器件。

5.4.1　开关电源电路无输出故障检修方法

1　先在断电情况下检测

检查方法如图5-30所示。

先检查在断电状态下有无明显的短路、元器件损坏故障。打开电源的外壳，检查熔断丝是否熔断，再观察电源的内部情况，如果发现电源的印制电路板上元器件破裂，则应重点检查此元器件，一般来讲这是出现故障的主要原因；闻一下电源内部是否有糊味，检查是否有烧焦的元器件；问一下电源损坏的经过，是否对电源进行过违规的操作，这一点对于维修任何设备都是必需的。

用万用表2M欧姆挡测量AC电源线两端的正、反向电阻，正常时其阻值应能达到100kΩ以上；如果电阻值过低，说明电源内部存在短路，应该重点检查310V电容器、开关管等。

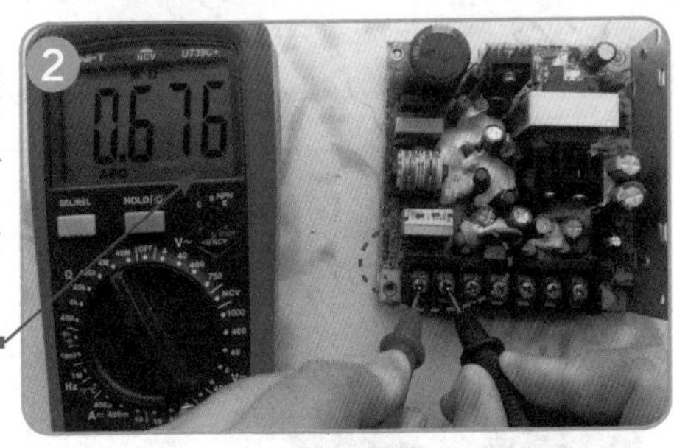

然后拆下直流输出部分负载进行检查，分别测量各组输出端的对地电阻（用数字万用表的二极管挡，红表笔接地，黑表笔接供电引脚测量），如果阻值为0或很低，则开关电源电路中有短路的元器件，如整流二极管反向击穿等。

图5-30　断电检测开关电源电路

2 在加电情况下检测

加电检测方法如图 5-31 所示。

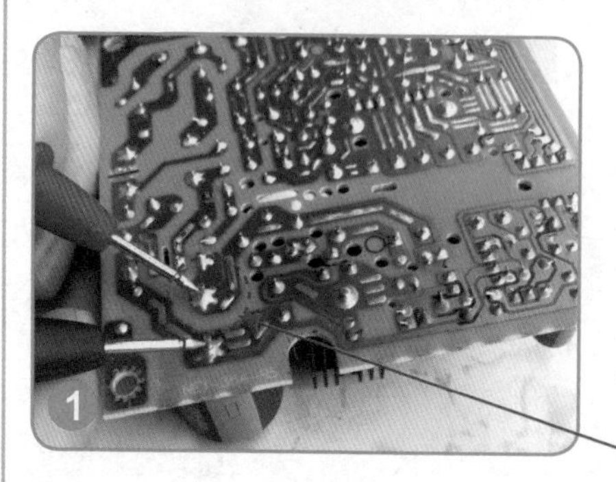

通电后观察电源是否有烧熔断丝及个别元件冒烟等现象，若有要及时切断供电进行检修。测量高压滤波电容两端有无310V 直流电压输出，若无应重点查整流滤波电路中的整流二极管、滤波电容器等。

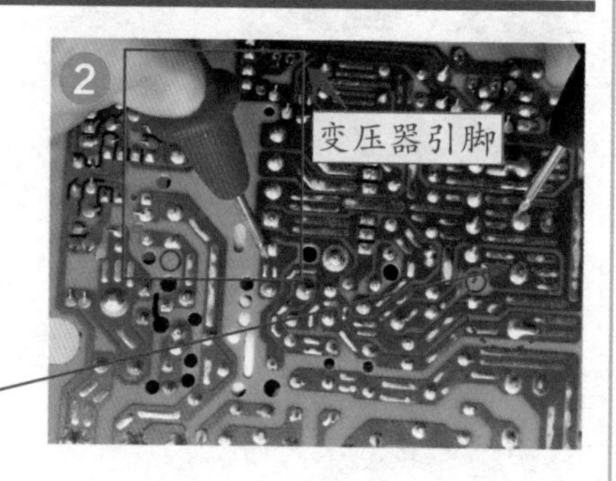

测量高频变压器次级线圈有无输出电压，若无，应重点查开关管是否损坏，是否起振，保护电路是否动作等；若有则应重点检查各输出侧的整流二极管、滤波电容器、快恢复二极管等。

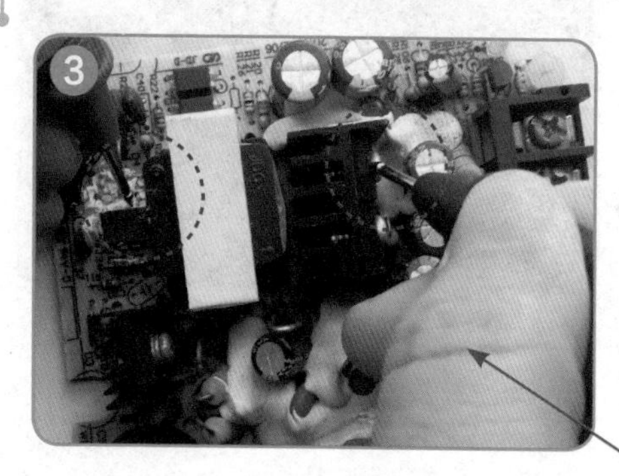

如果电源启动一下就停止，则该电源处于保护状态下，可直接测量 PWM 芯片保护输入脚的电压。如果电压超出规定值，则说明电源处于保护状态下，应重点检查产生保护的原因。重点检查光电耦合器、TL431 及电阻器等元器件。

图 5-31　加电检测开关电源电路

5.4.2　开关电源熔断丝熔断故障维修方法

一般情况下，熔断丝熔断说明开关电源的内部电路存在短路或过电流的故障。由于开关电源工作在高电压、大电流的状态下，直流滤波和变换振荡电路在高压状态工作时间太长，电压变化相对大。电网电压的波动、浪涌都会引起电源内电流瞬间增大而使熔断丝熔断。应重点检查电源输入端的整流二极管、高压滤波电解电容器、开关功率管、PWM 控制器芯片本身及外围元器件等。检查这些元器件有无击穿、开路、损坏、烧焦、炸裂等现象。

维修方法如图 5-32 所示。

先仔细查看电路板上面的各个元器件，看这些元器件的外表有没有被烧糊，有没有电解液溢出，闻一闻有没有异味。经看、闻之后，再用万用表进行检查。

测量一下电源输入端的电阻值，若阻值很小，只有几百欧或几千欧（正常 100kΩ 以上），则说明后端有局部短路现象，然后分别测量四只整流二极管正、反向电阻和两个限流电阻的阻值，看其有无短路或烧坏。

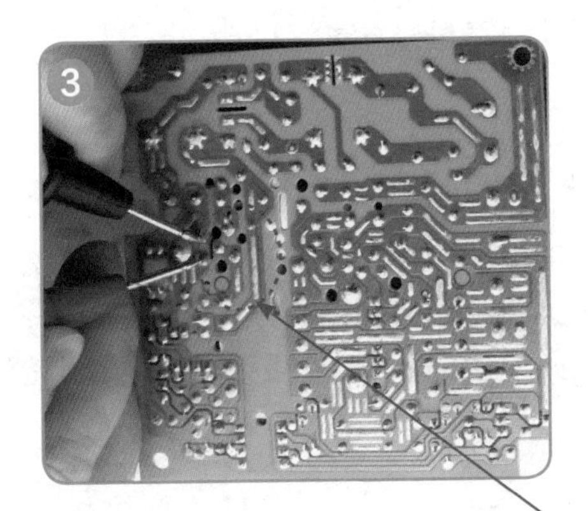

然后测量电源滤波电容器是否能进行正常充、放电，再测量一下开关功率管是否击穿损坏，以及 PWM 芯片本身及周围元件是否击穿、烧坏等。需要说明的一点是：因为是在路测量，有可能会使测量结果有误，造成误判。因此必要时可把可疑元器件焊下来再进行测量。如果仍然没有上述情况，则测量输入电源线及输出电源线是否内部短路。一般情况下，熔断器熔断故障，整流二极管、电源滤波电容器、开关管、PWM 控制芯片是易损元件，损坏的概率可达到 95% 以上，一般着重检查这些元器件，就很容易排除此类故障。

图 5-32　开关电源熔断丝熔断故障维修方法

5.4.3 电源负载能力差故障维修方法

电源负载能力差是常见的故障，一般都出现在老式或是工作时间长的开关电源电路中，主要原因是各元器件老化、开关管的工作不稳定、没有及时进行散热等。此外还有稳压二极管发热漏电、整流二极管损坏等。

维修方法如图 5-33 所示。

先仔细检查电路板上的所有焊点是否开焊、虚接等。如果有，把开焊的焊点重新焊牢。

再用万用表着重检查稳压二极管、高压滤波电容器、限流电阻器有无变质等，并更换变质的元器件，故障即可排除。

图 5-33 电源负载能力差故障维修方法

5.4.4 有直流电压输出但输出电压过高故障维修方法

该故障现象往往由稳压取样和稳压控制电路出现故障所致。在开关电源中，直流输出、取样电阻器、误差取样放大器（如 LM324、LM358 等）、光耦合器、电源控制芯片等共同构成一个闭合的控制环，任何一环出现问题都会导致输出电压升高。

故障维修方法如图 5-34 所示。

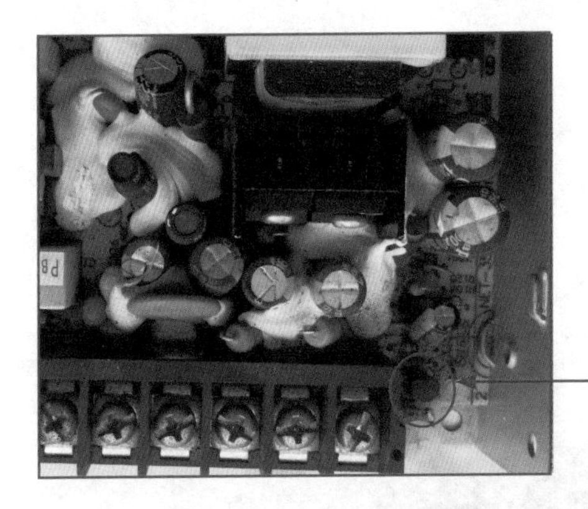

由于开关电源中有过电压保护电路，输出电压过高会使过电压保护电路动作。因此对于这种故障的维修，我们应重点检查过电压保护电路中的取样电阻器是否变质或损坏，精密稳压放大器（TL431）或光电耦合器是否性能不良、变质或损坏。

图 5-34　输出电压过高故障维修

5.4.5　有直流电压输出但输出电压过低故障维修方法

对于这种故障现象，根据维修经验可知，除稳压控制电路会引起输出电压过低外，还可能是电路中的电容器、电阻器等元器件性能不良引起的。此故障的维修方法如图 5-35 所示。

1
确定电网电压是否过低。虽然开关电源在低压下仍然可以输出额定的电压值，但当电网电压低于开关电源的最低电压限定值时，也会使输出电压过低。

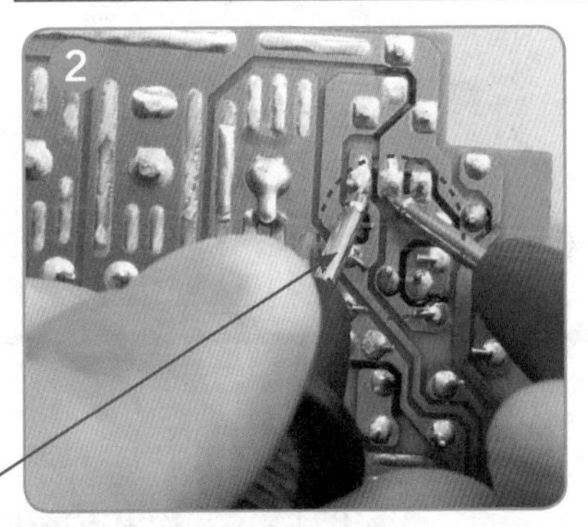

2

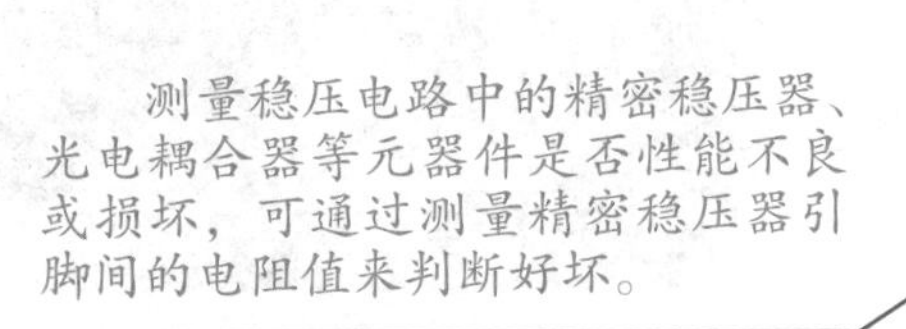

测量稳压电路中的精密稳压器、光电耦合器等元器件是否性能不良或损坏，可通过测量精密稳压器引脚间的电阻值来判断好坏。

图 5-35　输出直流电压过低故障维修

开关电源负载有短路故障。此时应断开开关电源电路的所有负载测量输出电压，若断开负载电路电压输出正常，说明是负载过重；若仍不正常，说明开关电源电路有故障。

开关管性能下降会使开关管导通、截止不正常，使开关电源内阻增加，带负载能力下降，导致输出电压过低。可以用代换法检测开关管性能。

输出电压端整流二极管、滤波电容器损坏或性能下降等会导致输出电压低，可以通过代换法进行判断。

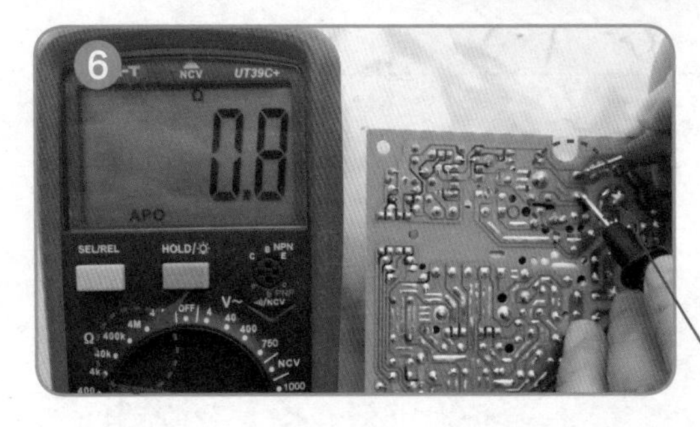

开关管的源极S极，通常接一个阻值很小但功率很大的电阻器，作为过电流保护检测电阻器，此电阻器的阻值为0.2~0.8Ω。此电阻器如变质、开焊或接触不良也会造成输出电压过低。测量时用万用表欧姆200k挡测量。

若高频变压器不良，不但造成输出电压下降，还会造成开关功率管激励不足，从而屡损开关管。可以通过测量变压器绝缘性检测来判断。测量时将数字万用表调到欧姆200k挡，两支表笔接变压器两极的引脚测量。

图 5-35　输出直流电压过低故障维修（续）

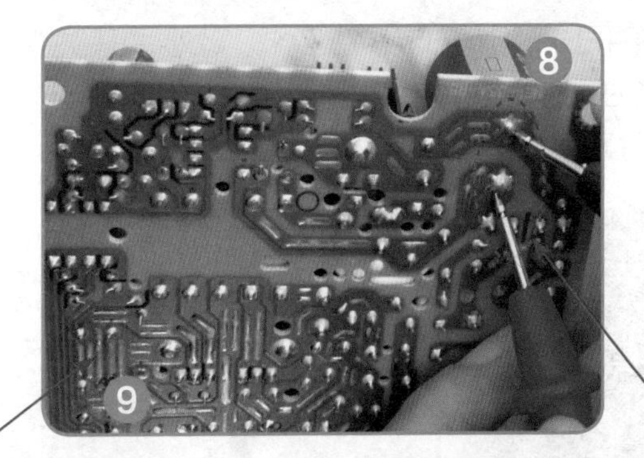

电源输出线接触不良，有一定的接触电阻，会造成输出电压过低，注意检查一下输出线。

310V 直流滤波电容器不良，会造成电源带负载能力差，一接负载输出电压就下降。可以通过测量滤波电容器引脚的电压值来判断其好坏。

图 5-35　输出直流电压过低故障维修（续）

5.4.6　变频器通电无反应，显示面板无显示故障维修方法

当变频器出现通电后无反应，显示面板无显示，且 24V 和 10V 控制端子的电压为 0V 故障时，可以按照下面的方法进行检测。

（1）由于 24V 和 10V 控制端子的电压为 0，所以应先检查开关电源电路。首先检查主电路中的整流电路和逆变电路有没有损坏，然后通电检查变频器开关电源电路中的输入电压是否正常，如图 5-36 所示。

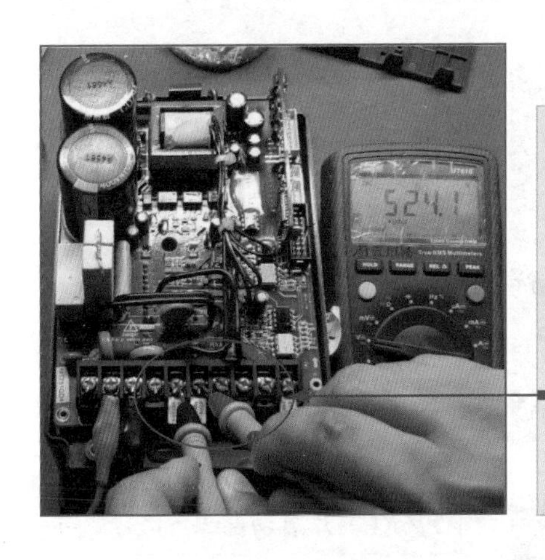

将万用表挡位调到 750V 直流电压挡，然后红表笔接 P（+）端子，黑表笔接 N（−）端子，测量整流电路整流后的直流电压。如果输入电压为三相 380V，测量的电压正常应为 530V 左右；如果输入电压为两相 220V，测量的电压正常应该为 310V 左右。注意，测完母线电压后，在检测开关电源电路中的元器件前，要对电容器进行放电处理。

图 5-36　测量直流母线电压

（2）检测开关电源电路。先用万用表的欧姆挡测量开关管有无击穿短路现象，如图 5-37 所示。如果开关管被击穿损坏，除了更换开关管外，还要检测开关管 S 极连接的电流取样电阻器有无开路，因为开关管损坏后，电流

取样电阻器会因受冲击而阻值变大或断路。另外，开关管的 G 极串联的电阻器和 PWM 芯片往往受强电冲击容易损坏，必须同时进行检测；除此之外，还要检查负载回路有无短路现象。

开关管发生故障，一般都是被击穿。因此可以通过测量引脚间阻值来判断好坏。将数字万用表调到蜂鸣挡，然后两只表笔分别测量三只引脚中的任意两只，如果测量的电阻值为 0，蜂鸣挡发出报警声，则说明开关管有问题。

图 5-37　检测开关管好坏

（3）如果开关管没有损坏，同时其 G 极串联的电阻器和 S 极连接的电流取样电阻器均正常，则进一步检查开关电源电路中的振荡电路。首先通电检测 PWM 芯片（以 3844 为例）第 7 引脚的启动电压是否正常，方法如图 5-38 所示。

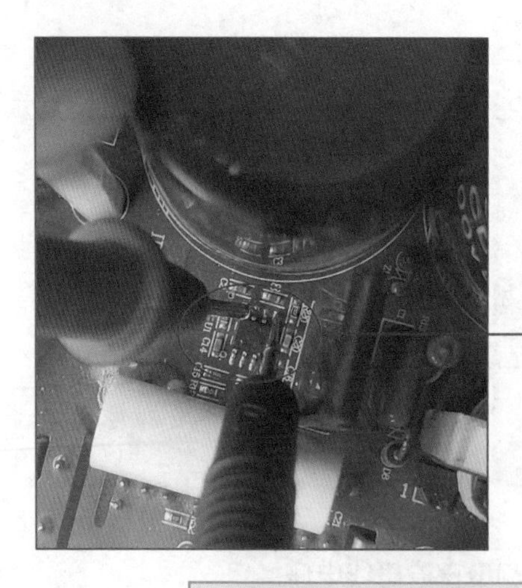

① 测量时将万用表调到直流电压 20V 挡，红表笔接 PWM 芯片的第 7 引脚，黑表笔接第 5 引脚（接地脚）进行测量（正常应该为 16V）。
② 如果启动电压不正常，接着检查启动电阻器有无断路，启动电阻器连接的滤波电容器是否损坏（击穿或电容量下降）。一般滤波电容器容量下降会导致 PWM 芯片启动电压下降。

图 5-38　测量 PWM 芯片启动电压

（4）如果 PWM 芯片第 7 引脚启动电压正常，接着测量 PWM 芯片（3844 为例）第 8 引脚的基准电压，如图 5-39 所示。

① 测量时将万用表调到直流电压20V挡，红表笔接PWM芯片的第8引脚，黑表笔接第5引脚（接地脚）进行测量（正常应该为5V）。
② 如果第8引脚电压正常，则说明PWM芯片开始工作了。
③ 如果第8引脚电压为0，而第7引脚电压正常，说明PWM芯片没有工作，可能损坏了。

图5-39　测量第8引脚的基准电压

（5）如果第8引脚的基准电压正常，接着测量第6引脚输出电压，正常应该有几伏电压输出。如图5-40所示。

① 如果第6引脚输出电压正常，说明振荡电路基本正常，故障可能在稳压电路。
② 如果第6引脚输出电压为0V，则先检查第8引脚、第4引脚外接的电阻器和电容器等定时元件，以及第6引脚外围电路中的元器件。

图5-40　测量PWM芯片输出电压

（6）如果第8引脚、第6引脚输出电压都为0V，但第7引脚电压正常，PWM芯片外围定时元器件也正常，则PWM芯片（3844为例）损坏，直接更换一个PWM芯片即可。

（7）检查稳压电路时，首先对PWM芯片（3844为例）单独上电（将16V可调电源的红黑接线柱接到第7引脚和第5引脚），然后短接稳压电路中光耦合器的输入侧（如PC817的输入侧为第1和第2引脚），如图5-41所示。

① 如果振荡电路起振，说明故障在光耦合器输入侧外围电路，重点检查外围电路中的精密稳压器、取样电阻器等元器件。
② 如果振荡电路仍不起振，则故障可能在稳压电路中的光耦合器的输出侧电路，重点检查光耦合器输出侧连接的电阻器等元器件。

图 5-41　短接光耦合器输入侧引脚

5.4.7　变频器开机听到打嗝声或“吱吱”声故障维修方法

如果变频器的负载电路出现异常，导致电源过载时（即过电流故障），会引发过电流保护电路动作，从而会引起变频器的开关电源出现间歇振荡，发出打嗝声或“吱吱”声，或显示面板时亮时熄（闪烁）的故障。

当变频器的输出电流异常上升时，会引起电源变压器的一次绕组激磁电流的大幅度上升，同时在开关管的 S 极连接的电流采样电阻器上形成 1V 以上的电压信号，促使PWM 芯片（3844 为例）内部电流检测保护电路开始工作，第 6 引脚停止输出电压信号，振荡电路停止振荡，达到保护电路的目的；当开关管的 S 极电流采样电阻器过电流信号消失后，PWM 芯片又开始输出电压信号，振荡电路又重新开始工作，如此循环往复，开关电源就会出现间歇振荡现象。

变频器有打嗝声或“吱吱”声故障维修方法如下：

（1）首先观察开关电源电路的输出电路中的大滤波电容器的外观有无鼓包、漏液等明显损坏现象，如图 5-42 所示。

（2）用数字万用表的蜂鸣挡测量开关电源输出电路中的滤波电容器两端电阻值，如图 5-43 所示。

（3）用数字万用表的二极管挡测量输出电路中的整流二极管的管电压，来判断整流二极管的好坏，如图 5-44 所示。

（4）如果开关电源电路的输出电路无异常，则可能为负载电路中有短路故障元件。可以逐一排查各路负载供电元件。如拔下风扇供电端子，变频器工作如变正常，则 24V 散热风扇出现故障。

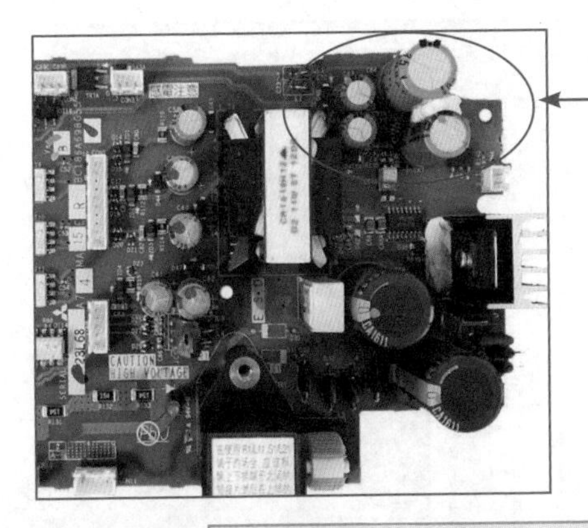

如果滤波电容器外观上有损坏，直接更换同型号的电容器。

图5-42　检查明显损坏的元器件

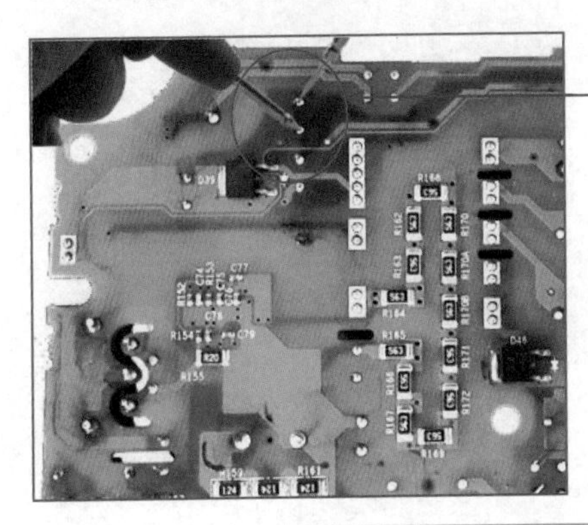

①如果电阻值为0或很小，说明电容器有短路直通现象，则可能输出电路中的整流二极管有短路。
②电容器容易老化（特别是那些使用时间较长的变频器），最好拆下这些电容器，测量一下它们的电容量是否减少。

图5-43　测量滤波电容器

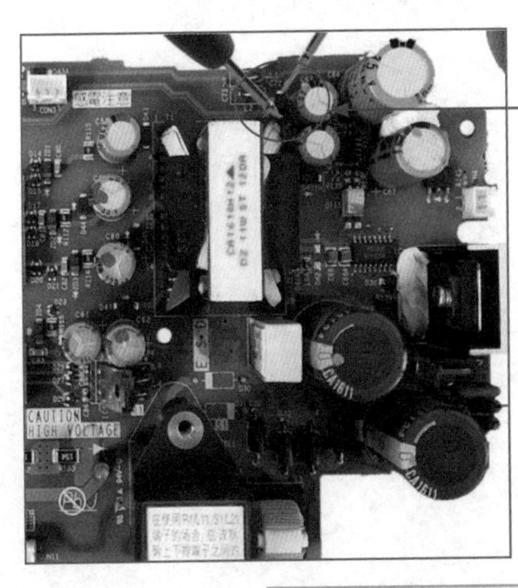

正常整流二极管的管电压为0.6V左右，如果管电压为0或较低，或为无穷大，则整流二极管损坏，更换同型号的整流二极管即可。

图5-44　检测整流二极管

第6章 微处理器（单片机）电路维修方法

在工业控制电路中，微处理器（单片机）是整个电路的大脑，它负责控制整个电路的工作及监控电路的工作状态。它的工作是否正常会直接影响整个电路的正常与否，本章将重点讲解微处理器（单片机）工作原理及检测维修方法。

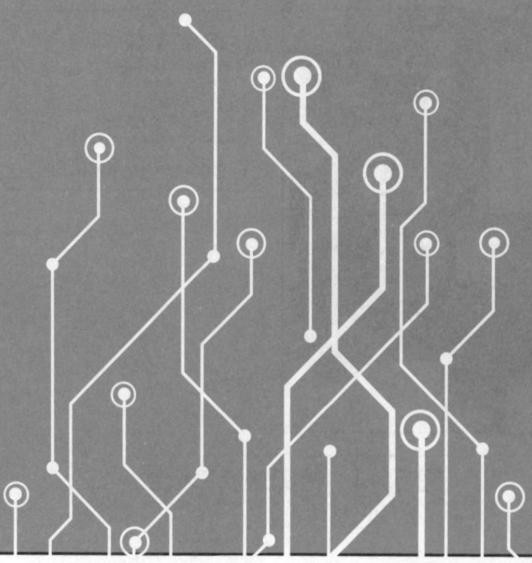

6.1 看图识工控电路中的微处理器（单片机）

微处理器（单片机）是由一片或几片大规模集成电路组成的中央处理器。微处理器（单片机）能完成取指令、执行指令，以及与外界存储器和逻辑部件交换信息等操作，是微型计算机的运算控制部分。图 6-1 所示为工控电路中的微处理器（单片机）。

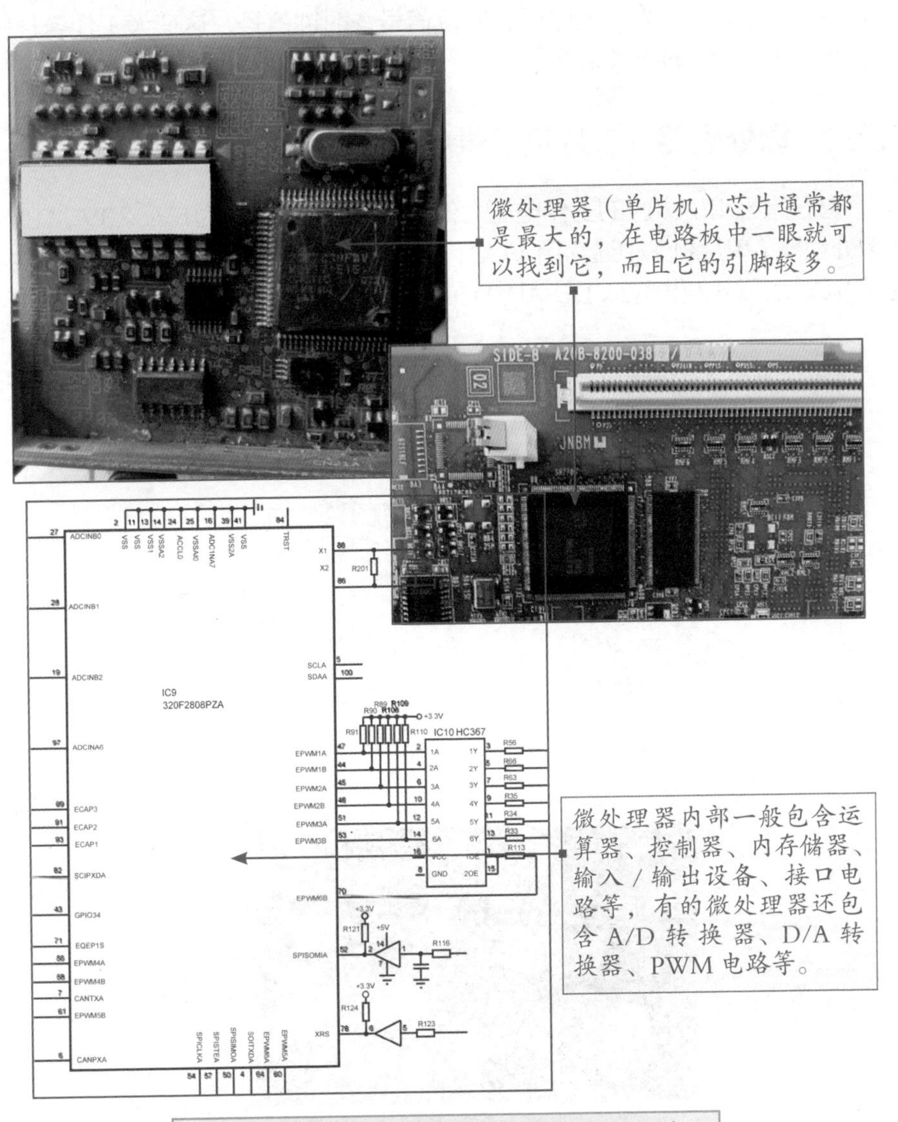

微处理器（单片机）芯片通常都是最大的，在电路板中一眼就可以找到它，而且它的引脚较多。
微处理器内部一般包含运算器、控制器、内存储器、输入 / 输出设备、接口电路等，有的微处理器还包含 A/D 转换器、D/A 转换器、PWM 电路等。
SIDE-B
JNBM
IC9
320F2808PZA
IC10 HC367

图 6-1　工控电路中的微处理器（单片机）

6.2 微处理器（单片机）的三大工作条件

微处理器（单片机）要正常工作必须有工作电源，这样才能开始运行；电路上电时，要从程序首端开始执行，需要一个复位控制动作；工控电路是一个复杂的系统，各个系统要步调一致地同步工作，这样才能正常运转，这就需要按一定的时钟节拍同步工作才能保证各系统协调工作。因而微处理器要想正常工作，必须具备正常的供电电压、复位信号、时钟信号，这三大工作条件就是微处理器正常工作的必备条件。

6.2.1 微处理器（单片机）供电电路

微处理器（单片机）的工作电压为低压直流电压，通常为5V、3.3V、1.8V等。在微处理器（单片机）中通常用VCC、VDD、VDDIO等引脚名称来表示供电，通常VCC表示5V供电，VDD和VDDIO表示1.8V和3.3V供电，如图6-2所示。

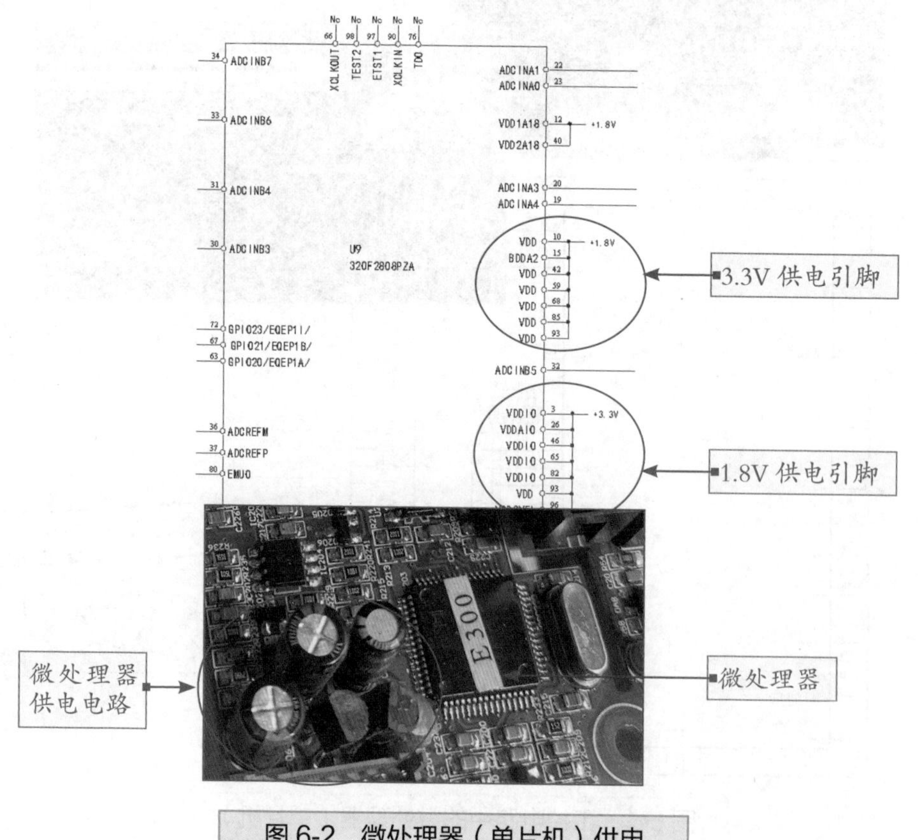

图6-2 微处理器（单片机）供电

微处理器（单片机）的供电电压如何获得呢？主要通过以下两种方式获得。

（1）将开关电源电路输出的5V直流电压经过稳压器及滤波电容器后直接提供给微处理器，如图6-3所示。

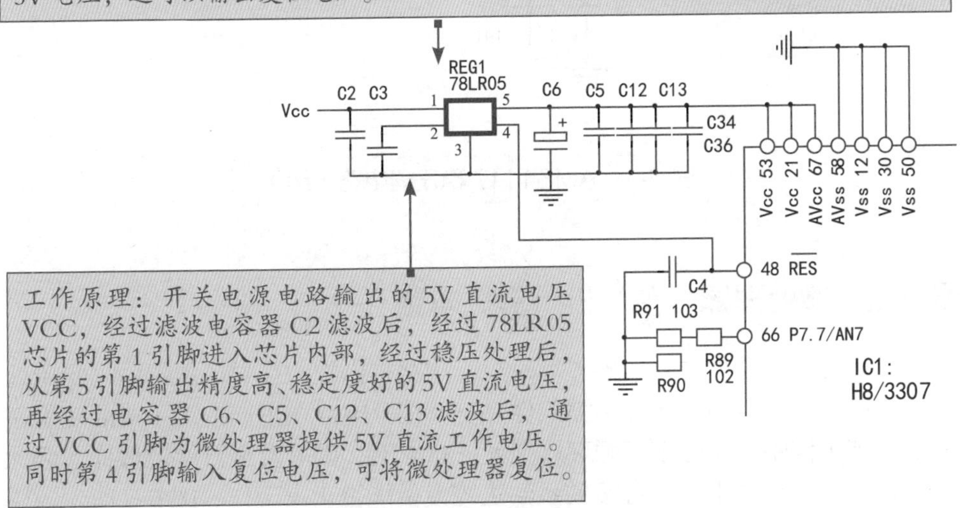
此供电电路主要由稳压器芯片78LR05、滤波电容器组成。78LR05不但可以输出5V电压，还可以输出复位电压。
REG1
78LR05
Vcc
C2 C3
C6 C5 C12 C13
C34
C36
Vcc 53
Vcc 21
AVcc 67
AVss 58
Vss 12
Vss 30
Vss 50
48 RES
C4
R91 103
66 P7.7/AN7
R89 102
R90
IC1:
H8/3307
工作原理：开关电源电路输出的5V直流电压VCC，经过滤波电容器C2滤波后，经过78LR05芯片的第1引脚进入芯片内部，经过稳压处理后，从第5引脚输出精度高、稳定度好的5V直流电压，再经过电容器C6、C5、C12、C13滤波后，通过VCC引脚为微处理器提供5V直流工作电压。同时第4引脚输入复位电压，可将微处理器复位。

图6-3　5V供电电路

（2）将开关电源电路输出的5V直流电压经过稳压器调压稳压后，输出3.3V或1.8V直流电压，给微处理器（单片机）供电，如图6-4所示。

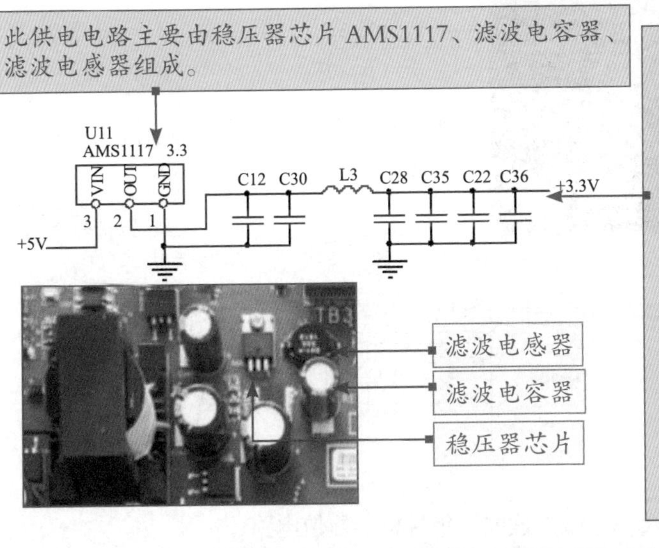
此供电电路主要由稳压器芯片AMS1117、滤波电容器、滤波电感器组成。
U11
AMS1117 3.3
VIN OUT GND
+5V
C12 C30 L3 C28 C35 C22 C36
+3.3V
滤波电感器
滤波电容器
稳压器芯片
工作原理：开关电源电路输出的5V直流电压（一般会连接一个滤波电容器对输入电压进行滤波）经过滤波后，从AMS1117芯片的第3引脚VIN进入芯片内部，经过AMS1117稳压，再经过电容器C12、C30、C28、C35、C22、C36及电感器L3滤波后，从第2引脚输出稳定的3.3V直流电压。L3的作用是使输出的电流变得平滑，电压波形平稳。

图6-4　AMS1117稳压器电路

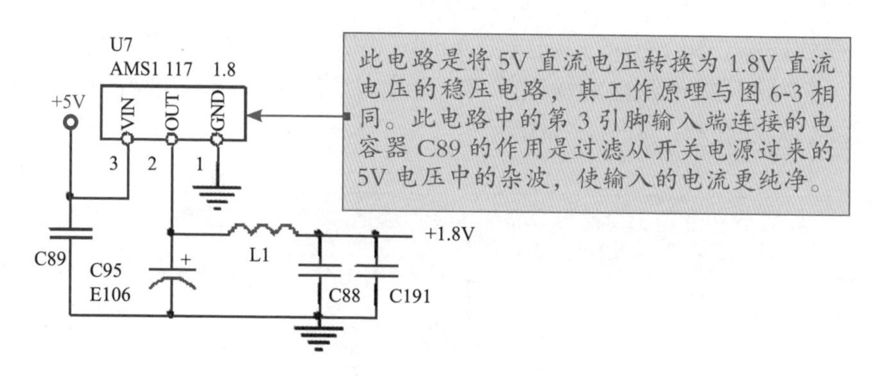

图6-4 AMS1117稳压器电路（续）

6.2.2 微处理器（单片机）复位电路

复位电路主要为微处理器（单片机）电路提供复位信号。复位信号是微处理器（单片机）电路工作的必需条件之一，在上电或在工作中因干扰而使程序失控，或工作中程序处于死循环“卡死”状态时，都需要进行复位操作，因此复位电路能否正常工作，直接关系到工控设备能否正常工作。图6-5所示为微处理器（单片机）复位电路。

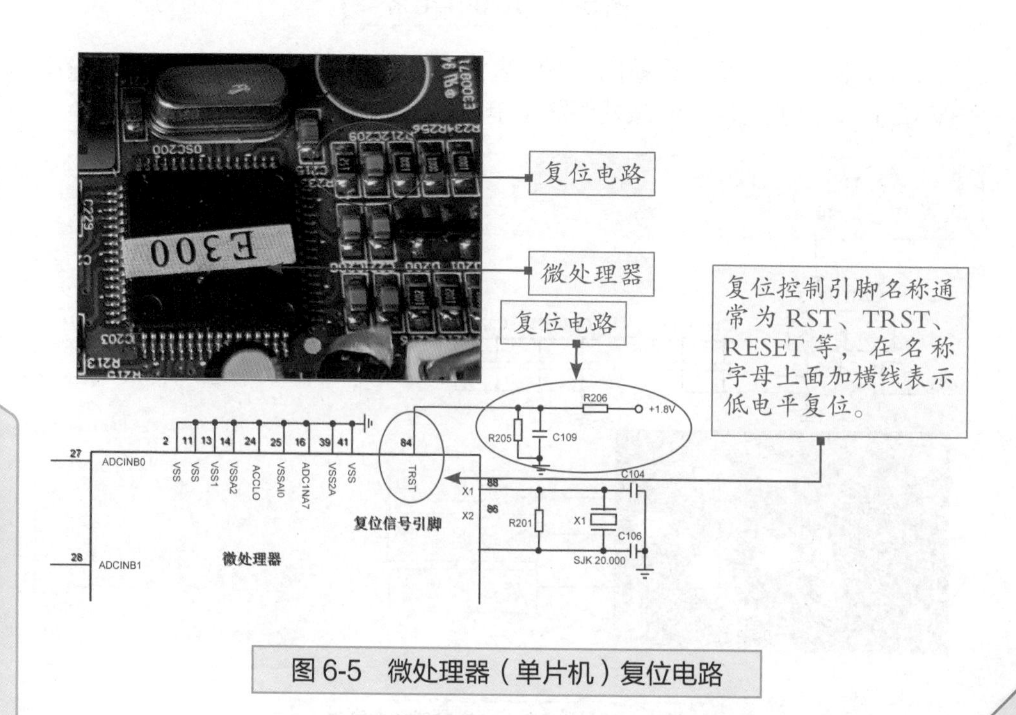

图6-5 微处理器（单片机）复位电路

1. 低电平复位电路工作原理

如图 6-6 所示为低电平复位电路图。图中的复位电路主要由电阻器 R_1、电容器 C_1 和二级管 D_1 组成。

在上电瞬间，因电容器 C_1 两端的电位不能突变，RST 引脚为（瞬态）低电平，微处理器开始复位动作；随后 R_1 提供 C_1 的充电电流，逐渐在 C_1 上建立起充电电压，当 C_1 电压上升 5V（常态）高电平后，复位过程结束，程序执行开始。二极管 VD_1 并联在 R_1 两端，提供电容器 C_1 的放电通路。当系统瞬时掉电时，VD_1 可对 C_1 储存电荷快速泄放，避免电源正常时，C_1 两端仍保持高电平所造成的复位失效。

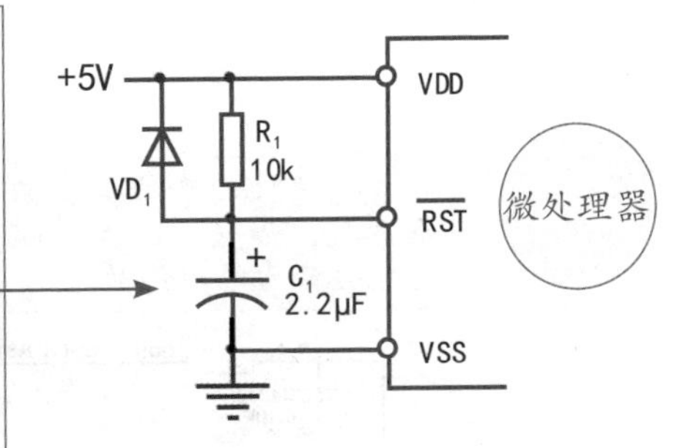
+5V
VDD
R_1
10k
VD_1
RST
微处理器
+
C_1
2.2μF
VSS

图 6-6　低电平复位电路图

2. 高电平复位电路工作原理

如图 6-7 所示为高电平复位电路图。图中复位电路由电容器 C_1、电阻器 R_1、二极管 VD_1 等组成，通过电容器的放电来产生复位信号。

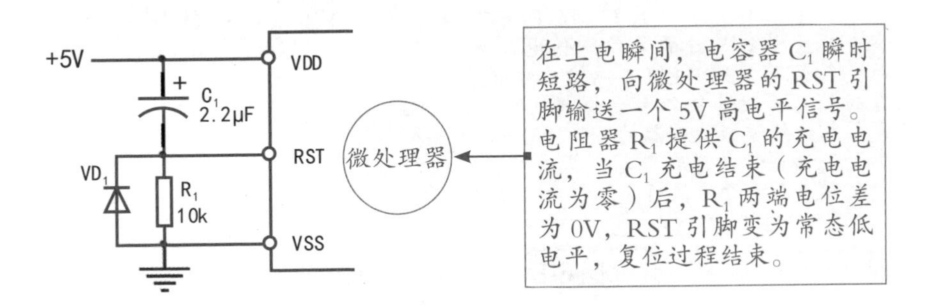
+5V
VDD
+
C_1
2.2μF
RST
VD_1
R_1
10k
VSS
微处理器
在上电瞬间，电容器 C_1 瞬时短路，向微处理器的 RST 引脚输送一个 5V 高电平信号。电阻器 R_1 提供 C_1 的充电电流，当 C_1 充电结束（充电电流为零）后，R_1 两端电位差为 0V，RST 引脚变为常态低电平，复位过程结束。

图 6-7　高电平复位电路图

3. 复位芯片组成的复位电路

由复位芯片组成的复位电路主要由复位芯片、电阻器、电容器和微处理器等组成。图 6-8 所示为复位电路原理图。

图中，U4202（AP1702）为一个高电平有效的复位芯片，它是一种最简单的电源监测芯片，封装只有三只引脚。AP1702 在系统上电和掉电时都会产生复位脉冲，在电源有较大的波动时会产生复位脉冲，而且也可以屏蔽一些电源干扰。

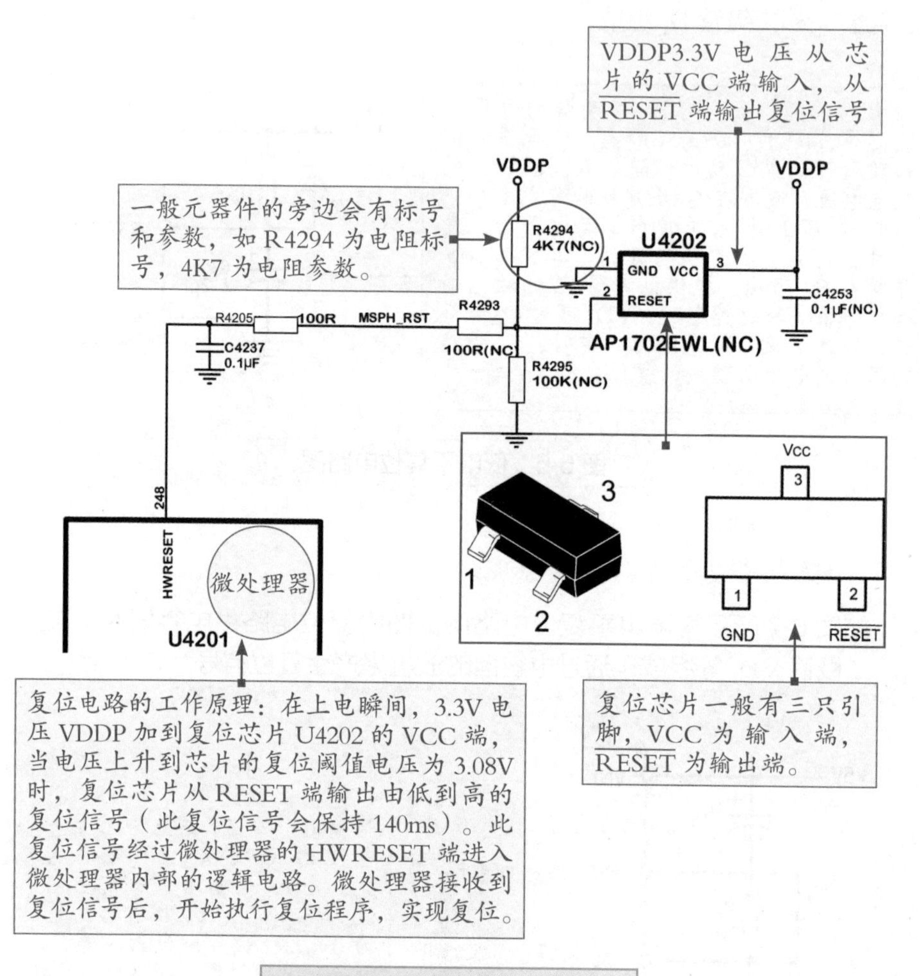
VDDP3.3V 电压从芯片的 VCC 端输入，从 RESET 端输出复位信号
一般元器件的旁边会有标号和参数，如 R4294 为电阻标号，4K7 为电阻参数。
VDDP
R4294
4K7(NC)
U4202
GND VCC
RESET
C4253
0.1μF(NC)
R4205
100R
MSPH_RST
R4293
100R(NC)
C4237
0.1μF
AP1702EWL(NC)
R4295
100K(NC)
248
HWRESET
微处理器
U4201
Vcc
GND
RESET
复位电路的工作原理：在上电瞬间，3.3V 电压 VDDP 加到复位芯片 U4202 的 VCC 端，当电压上升到芯片的复位阈值电压为 3.08V 时，复位芯片从 RESET 端输出由低到高的复位信号（此复位信号会保持 140ms）。此复位信号经过微处理器的 HWRESET 端进入微处理器内部的逻辑电路。微处理器接收到复位信号后，开始执行复位程序，实现复位。
复位芯片一般有三只引脚，VCC 为输入端，RESET 为输出端。

图 6-8　复位电路原理图

小知识：

通常意义上来讲，复位芯片是代替阻容复位的，通常用在复位波形要求比较高的场合，比如 RC 复位，它的波形比较迟缓，而且一致性差，如果是用专用的复位芯片，输出的复位波形就非常好。

6.2.3　微处理器（单片机）时钟电路

时钟电路负责产生电路部分工作所需的时钟信号，有了时钟信号、复位信号和供电，微处理器中的各个模块电路才能开始工作，时钟信号是微处理器工作的基本条件。电路中常用的时钟频率主要有 4MHz、6MHz、12MHz、16.000MHz、20.000MHz 等几种。

时钟电路主要由晶振、谐振电容器、微处理器中的振荡器等组成。图 6-9 所示为微处理器的时钟电路。

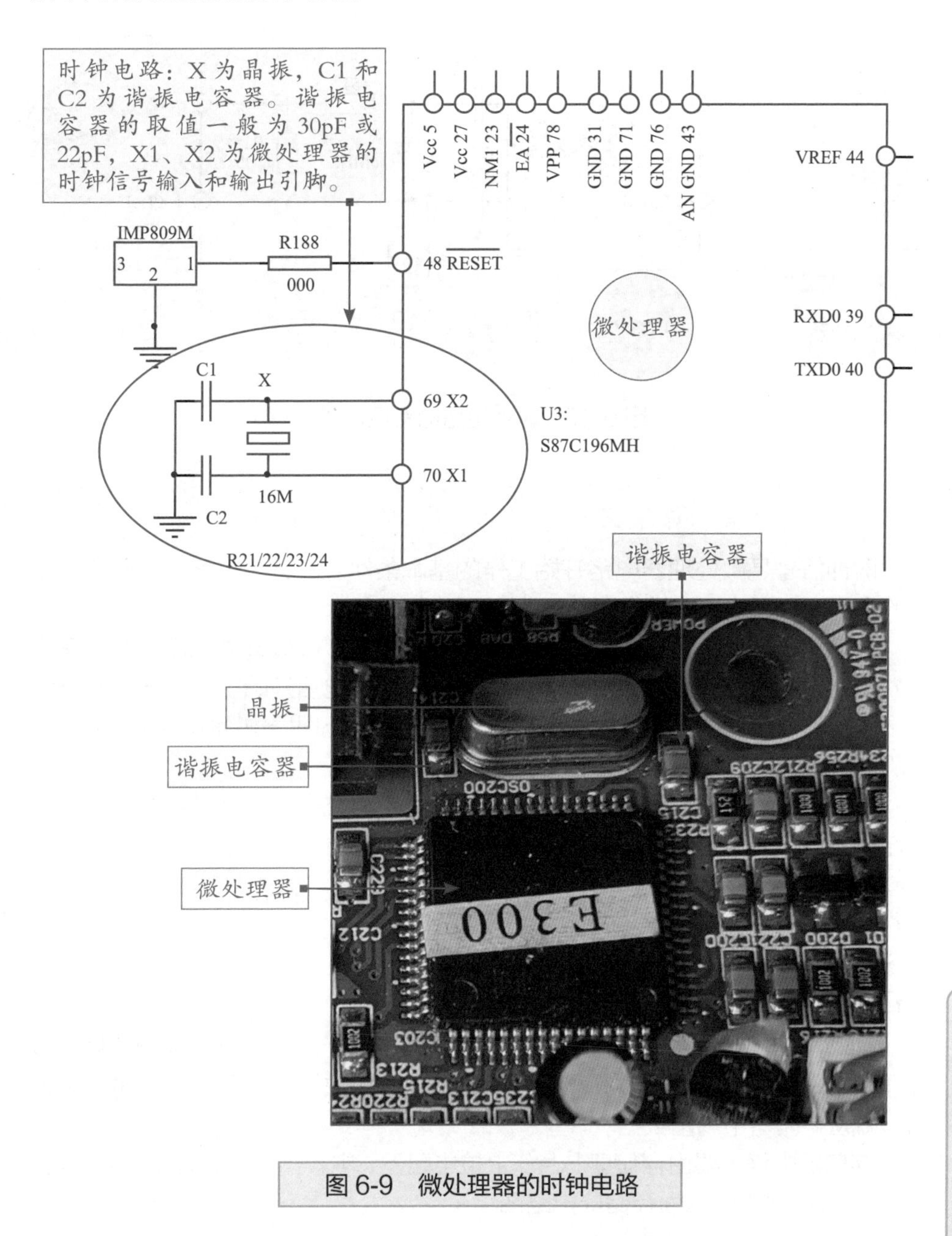

图 6-9 微处理器的时钟电路

1. 时钟电路的常见形式

因 CPU 型号的不同和振荡元件的差异，CPU 外接晶振电路也有所不同，如图 6-10 所示。

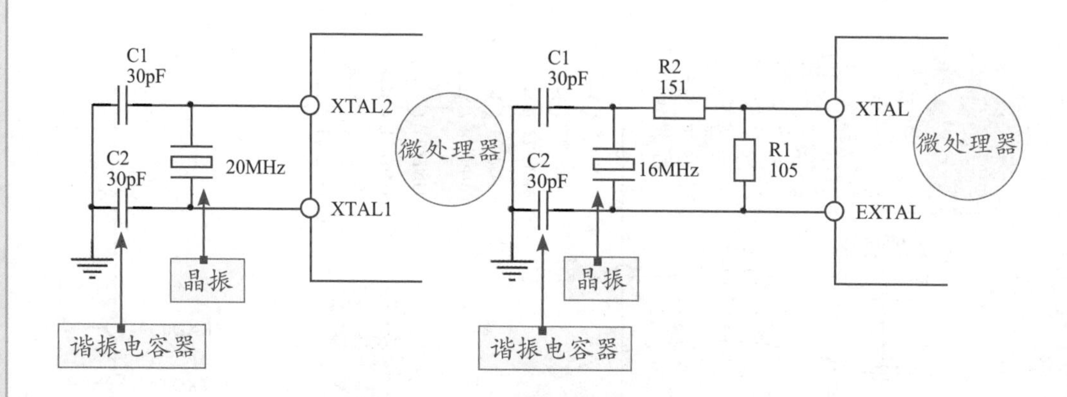

图 6-10　时钟电路的常见形式

2. 时钟电路工作原理

时钟信号是微处理器电路开始工作的基本条件之一，在电路中有着非常重要的作用。下面分析时钟电路的工作原理。

当电路板接通电源后，开关电源电路就产生 5V 待机直流电压，此电压直接为微处理器内部的振荡器供电，时钟电路获得供电后开始工作，微控制器内部振荡器和外接晶振产生一个时钟振荡信号，为微处理器电路中的开机模块提供所需的时钟频率。

同时，在电路开机后，时钟电路通过分频电路还会向其他芯片及电路提供工作所需的时钟频率信号。

6.3 存储器电路

存储器的作用是用来存储数据。当用户利用功能按键进行功能调节后，微处理器电路就使用 I^2C 总线将调整后的数据存储在数据存储器中。当再次开机时，就从存储器中调出数据。

存储器电路主要由存储器芯片、上拉电阻器、电容器和微处理器（单片机）等组成。图 6-11 所示为存储器电路图。

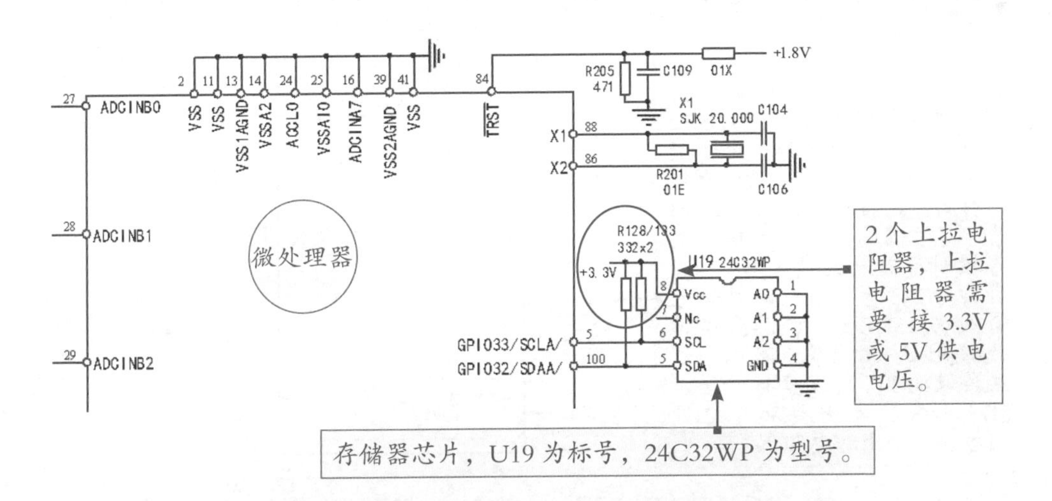

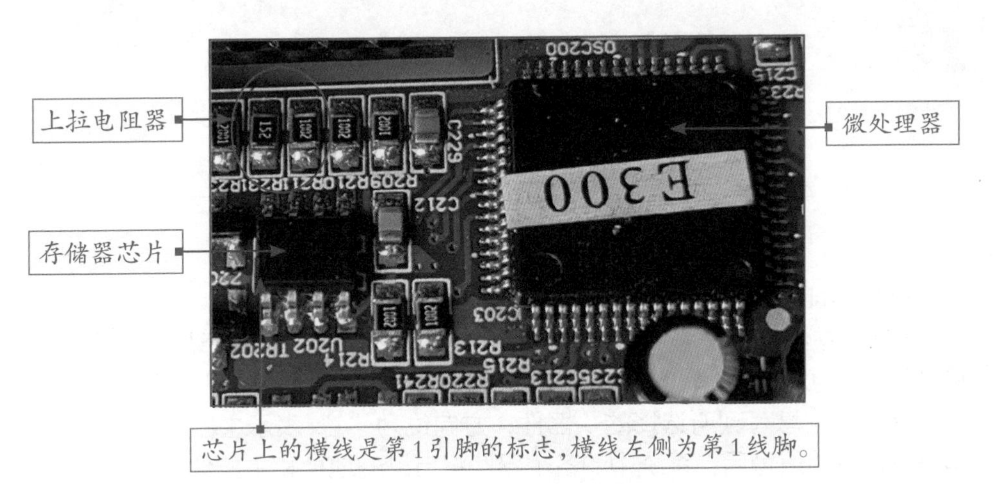

图 6-11 存储器电路图

图 6-11 中，R128、R133 为上拉电阻器，24C32WP 为存储器，存储用户调整后的数据。SCL 和 SDA 分别连接到微处理器（单片机）U19 的第 5、100 引脚，负责时钟信号和数据信号。在工业控制中常用的存储器主要有程序存储器、用户数据存储器等。图 6-12 所示为数据存储器。

（1）图中，A0、A1、A2 为地址引脚，通常接低电平，用于确定芯片的硬件地址。WP 为控制引脚，连接微处理器电路的读 / 写控制端，由微处理器电路控制存储器的读 / 写。SCL 引脚为 I^{2}C 总线串行时钟信号输入端，SDL 为 I^{2}C 总线串行数据输入、输出端，数据通过这条双向 I^{2}C 总线串行传送，SDA 和 SCL 都需要和正电源间各接一个上拉电阻器。

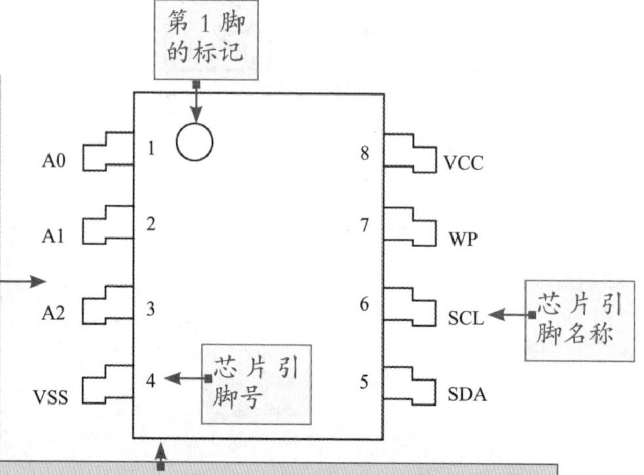

（2）存储器与微处理器之间的通信采用 I^{2}C 总线。I^{2}C 总线是一种串行数据总线，只有两根信号线，一根是数据线 SDA 信号，另一根是时钟线 SCL 信号。在 I^{2}C 总线上传送的一个数据字节由 8 位组成。总线对每次传送数据的字节数没有限制，但是每个字节后必须跟一位应答位。数据传送首先传送最高位（MSB）。

图 6-12　数据存储器

小知识：

I^{2}C 总线的数据传送格式如下：

在 I^{2}C 总线开始信号后，送出的第一个字节数据是用来选择从器件地址的，其中前 7 位为地址码，第 8 位为方向位(R/W) 读写控制。方向位为“0”表示发送，即主器件把信息写到所选择的从器件；方向位为“1”表示主器件将从从器件读信息。开始信号后，系统中的各个器件将自己的地址和主器件送到总线上的地址进行比较，如果与主器件发送到总线上的地址一致，则该器件即为被主器件寻址的器件，其接收信息还是发送信息则由第 8 位 (R/W) 确定。

在 I^{2}C 总线上每次传送的数据字节数不限，但每一个字节必须为 8 位，而且每个传送的字节后面必须跟一个应答位（ACK），ACK 信号在第 9 个时钟周期时出现。数据传送时，每次都是先传最高位，通常从器件在接收到每个字节后都会做出响应，即释放 SCL 线返回高电平，准备接收下一个数据字节，主器件可继续传送。如果从器件正在处理一个实时事件而不能接收数据时，（如正在处理一个内部中断，在这个中断处理完之前就不能接收 I^{2}C 总线上的数据字节）可以使时钟 SCL 线保持低电平，从器件必须使 SDA 保持高电平，此时主器件产生一个结束信号，使传送异常结束，迫使主器件处于等待状态。当从器件处理完毕时将释放 SCL 线，主器件继续传送。当主器件发送完一个字节的数据后，接着发出对应于 SCL 线上的一个时钟认可位（ACK），在此时钟内主器件释放 SDA 线，一个字节传送结束，而从器件的响应信号将 SDA 线拉成低电平，使 SDA 在该时钟的高电平期间为稳定的低电平。从器件的响应信号结束后，SDA 线返回高电平，进入下一个传送周期。

与微处理器（单片机）连接的存储器都具有 I^2C 总线接口功能，由于 I^2C 总线可挂接多个串行接口器件，在 I^2C 总线中每个器件应有唯一的器件地址，按 I^2C 总线规则，器件地址为 7 位或 10 位数据，即一个 I^2C 总线系统中理论上可挂接 128 个不同地址的器件。

存储器与微处理器（单片机）电路间数据的传送原理如下：

当时钟线 SCL 为高电平时，数据线 SDA 由高电平跳变为低电平定义为“开始”信号，起始状态应处于任何其他命令之前；当 SCL 线处于高电平时，SDA 线发生低电平到高电平的跳变为“结束”信号。开始和结束信号都是由微处理器（单片机）产生。在开始信号以后，总线即被认为处于忙碌状态；在结束信号以后的一段时间内，总线被认为是空闲的。

6.4 微处理器（单片机）电路维修方法

6.4.1 微处理器（单片机）电路故障分析

微处理器（单片机）是工控设备的核心，出现故障后，通常会出现如下现象：

（1）开机上电后在供电电源正常的情况下，操作面板无显示，设备不工作。

（2）显示某一固定字符，设备无初始化动作过程，操作显示面板所有操作失灵。

（3）显示乱码，无法正常启动工作。

（4）参数修改不能保存。

造成这些故障原因分析如图 6-13 所示。

（1）微处理器（单片机）供电电压不正常，会引起开机上电无反应，无法启动工作；或微处理器程序运行紊乱，进入“死机”状态。

（4）微处理器（单片机）在自检过程中检测到危险故障信号存在，锁定设备。根据故障代码排除危险故障。

图 6-13 微处理器（单片机）电路故障分析

（3）存储芯片供电不正常，存储芯片接触不良或损坏，会引起修改参数无法保存的故障。重点检查供电电压、虚焊问题及上拉电阻器等。

（2）时钟信号不正常，或复位信号不正常，或微处理器（单片机）接触不良、损坏，会导致开机上电无反应，无法启动工作。重点检查晶振、谐振电容器、复位电阻器、复位电容器或复位芯片等元器件。

图 6-13　微处理器（单片机）电路故障分析（续）

6.4.2　微处理器（单片机）供电电压检测维修方法

工控设备开机上电后，在供电电源正常的情况下，操作面板无显示，设备不工作，或微处理器程序运行紊乱，进入“死机”状态等故障时，重点检查微处理器（单片机）电路故障。

检测维修方法如图 6-14 所示。

首先在工控设备上电时，仔细听充电继电器或接触器有无“啪嗒”的吸合声。如果有，说明微处理器（单片机）电路已经工作。可以观察操作显示面板，一般有一个“开机字符”，呈闪烁状态，最后稳定为某一字符，有此过程，说明微处理器（单片机）也已进入工作状态，故障不是微处理器（单片机）电路故障引起的。

图 6-14　微处理器（单片机）供电电路检测维修方法

如果充电继电器没有吸合声，接着检查微处理器（单片机）的供电电压是否正常。将数字万用表调到直流电压20V挡，红表笔接微处理器（单片机）VCC（或VDD、VDDIO）引脚，黑表笔接地测量供电电压。正常应为5V（有的为3.3V或1.8V）。

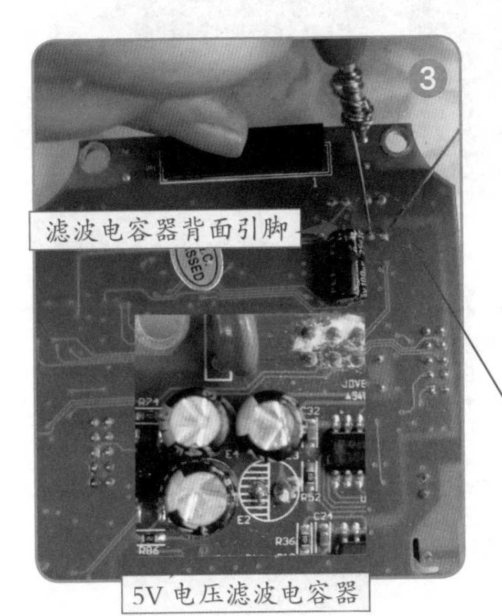

如果供电电压不正常，且供电电压是5V，重点测量供电电路中的滤波电容器是否击穿或老化（通常会有一个100μF以上的电解滤波电容器）；如果供电电压是3.3V或1.8V，则先检测集成稳压器芯片的输入端电压和输出端电压。如果输入端电压正常，输出端电压不正常，则是稳压器芯片损坏。另外还要检测稳压器供电电路中的滤波电容器、滤波电感器等元器件是否损坏。

图6-14　微处理器（单片机）供电电路检测维修方法（续）

6.4.3　复位信号故障检测维修方法

当微处理器（单片机）供电电压正常时，接下来测量微处理器（单片机）的复位信号是否正常。如果微处理器（单片机）是低电平复位，则复位引脚的静态电压应为高电平；如果是高电平复位，则复位引脚的静态电压应为低电平。

检测维修方法如图 6-15 所示。

首先测量微处理器（单片机）复位信号是否正常。将数字万用表调到直流电压 20V 挡，红表笔接微处理器（单片机）RST 引脚，黑表笔接地，观察测量的电压值。然后重新开机上电，观察电压是否变化。

如果电压一直不变，则是复位电路问题，测量复位电路中的复位电容器、复位电阻器是否损坏。对于采用复位芯片的复位电路，要先测量复位芯片的供电电压是否正常，正常情况下，再测量复位输出端在上电时是否有变化的电压。如果没有，则是复位芯片损坏。

图 6-15　复位信号故障检测维修方法

6.4.4　时钟信号故障检测维修方法

当时钟电路出现故障后，会造成微处理器（单片机）不工作，工控设备无法开机无显示，或开始显示“-----”“88888”的异常故障。对于时钟电路的检测主要是检测晶振及谐振电容器是否正常。在实际的电路维修过程中，发现时钟电路中的晶振和谐振电容器容易出现虚焊或损坏，特别是晶振，在受到较大的振动后，很容易损坏。

检测维修方法如图 6-16 所示。

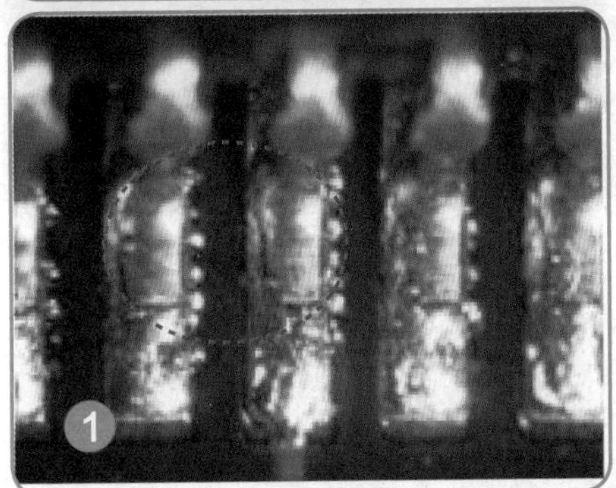

当怀疑时钟信号不正常时，首先检查晶振和谐振电容器是否有虚焊的问题。

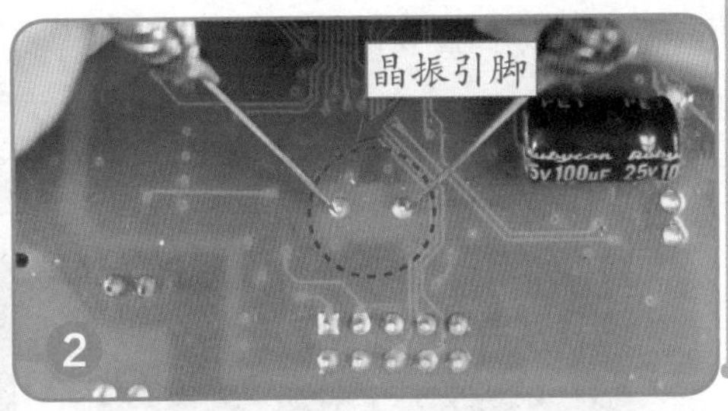

将万用表调到直流电压 2V 挡，在上电的情况下，两支表笔分别接晶振的两只引脚，测量引脚间电压。正常应有 0.3~0.7V 的电压，否则可能是晶振损坏，需进一步测量。

将万用表调到 20k 挡，断电的情况下，两支表笔接晶振两只引脚，测量阻值，正常应为无穷大。如果阻值很小，说明晶振损坏。

上电的情况下，用示波器测量微处理器（单片机）X1 和 X2 时钟信号引脚的波形（振荡脉冲为矩形方波），如果没有波形，则可能是谐振电容器损坏，或微处理器（单片机）内部的振荡模块损坏，需更换损坏的元器件。注意，微处理器（单片机）虚焊也会导致这样的问题，可以加焊微处理器（单片机）引脚。

图 6-16　时钟信号故障检测维修方法

6.4.5 存储器电路故障检测维修方法

当微处理器（单片机）外部存储器出现故障时，通常会出现参数被修改和停电后参数不能被存储的故障。

存储器电路检测维修方法如图 6-17 所示。

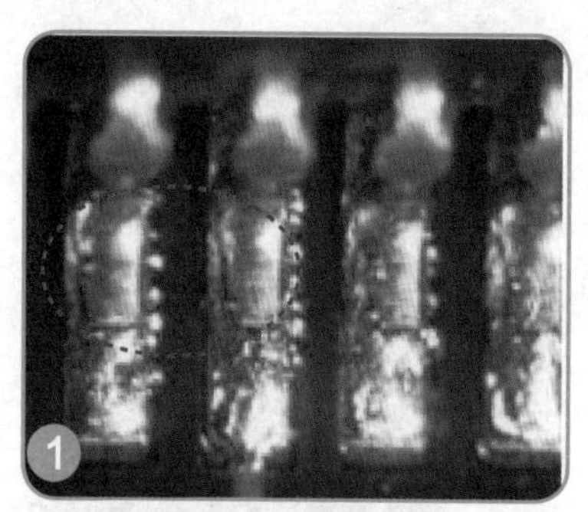

首先检查存储器芯片有无虚焊等故障。

在上电的情况下，将万用表调到直流电压 20V 挡，红表笔接存储器芯片 VCC 引脚，黑表笔接地，测量供电电压是否正常。如果不正常，检查供电电路中的滤波电容器等元器件。

如果供电电压正常，接着在断电的情况下，测量存储器电路中的上拉电阻器是否开路。

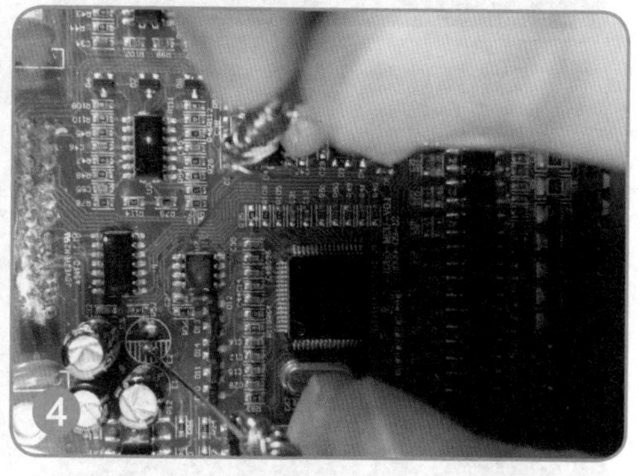

最后在上电的情况下，修改参数时，测量存储器芯片的 SCL 和 SDA 引脚的电压。正常应有 3.3V 以上的电压，如果没有，则是存储器芯片损坏。

图 6-17 存储器电路故障检测维修方法

6.4.6 通过观察控制电路板芯片温度变化查找芯片故障方法

在维修工控控制电路板时，如果电路板的供电电压及时钟信号均正常，可以通过观察控制电路板中芯片的温度变化来查找判断故障芯片，下面通过一个案例来讲解。

一台故障变频器上电后显示面板显示“88888”报警信号，无法启动工作，其故障维修方法如图 6-18 所示。

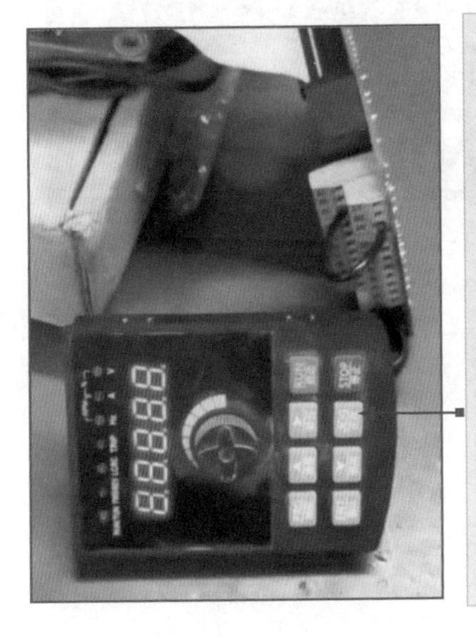

第一步：拆开变频器外壳，先检测一下 IGBT 模块，然后再通电测试。将数字万用表调到二极管挡，将红表笔接直流母线的负极，即 N（－）端子，黑表笔分别接 R、S、T 三个端子，测量三次，测量的值都为 0.49V。接着将黑表笔接直流母线的正极，即 P（＋）端子，红表笔分别接 R、S、T 三个端子，测量三次，测量的值也都是 0.49V，说明整流电路中的整流二极管都正常。然后将红表笔接直流母线的负极，黑表笔分别接 U、V、W 三个端子，测量三次，测量的值都为 0.46V，说明逆变电路中下臂的三个变频元器件都正常。然后将黑表笔接直流母线的正极，红表笔分别接 U、V、W 三个端子，测量三次，测量的值也都是 0.46V，说明逆变电路上臂变频元器件都正常。

第二步：给变频器接上供电，发现上电后显示面板报“88888”报警信号。

第三步：由于主控制板上的时钟电路出现问题后会出现此故障。先用万用表蜂鸣挡测量主板时钟电路中的谐振电容器，未发现短路问题。再给主板单独供电，用万用表直流电压 20V 挡测量主板上的晶振两脚的电压。经检测，晶振两脚有 0.3V 的压差，晶振正常。

第四步：准备用观察芯片温度的方法来排查故障。先在主板的每个芯片上刷一层故障检测剂（也可以涂一层助焊膏或松香）。也可以直接用手触摸主板上的芯片的表面，一般损坏的芯片会发热。

图 6-18　通过观察电路板中芯片温度变化查找芯片故障

第五步：给主板单独供电。注意，如果不知道主板需要多大电压，可以观察滤波电容器的耐压值，通常滤波电容器的耐压值为实际工作电压的两倍。可以直接将可调电源的两只表笔接电源电路中滤波电容器的正负极来供电。

第六步：通过通电检测，发现有三个芯片发热，表示有问题。则用好的芯片替换掉问题芯片，再准备通电试机。

第七步：将变频器电路板连接好，进行通电测试，“88888”报警故障消失，问题解决。最后将变频器安装好，接上供电电压和负载电动机，上电启动。显示面板显示正常，电动机运转正常，调整输出频率，电动机运转均正常，故障排除。

图 6-18　通过观察电路板中芯片温度变化查找芯片故障（续）

第7章 控制端子电路维修方法

在工业控制电路中，有各种控制端子，它们有的负责接收外部输入信号，有的输出信号控制外部设备。这些控制端子工作是否正常，会直接影响整个工控设备是否能正常运转，本章将重点讲解控制端子电路的工作原理及检测维修方法。

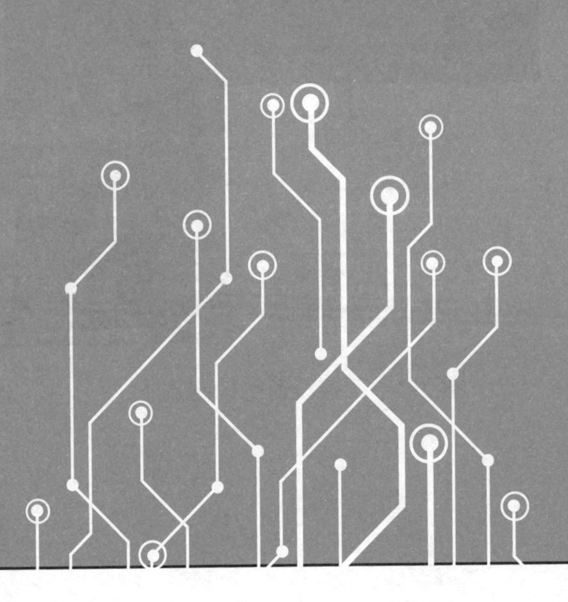

7.1 看图识工控中的控制端子电路

工控设备有很多控制端子，比如变频器、驱动器中有大量的输入 / 输出端子，这些端子除了连接主电路外，还有很多数字量和模拟量输入 / 输出端子。如图 7-1 和图 7-2 所示为工控设备的控制端子和电路图中的控制端子。

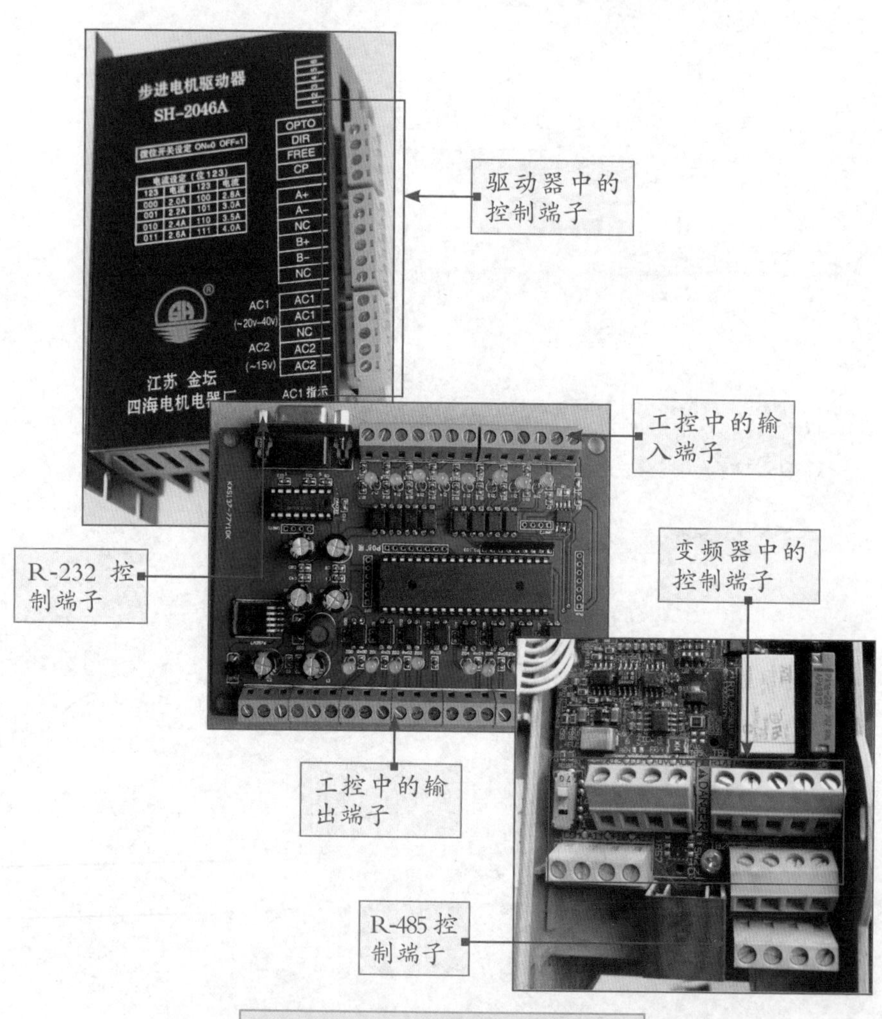

图 7-1　工控设备的控制端子

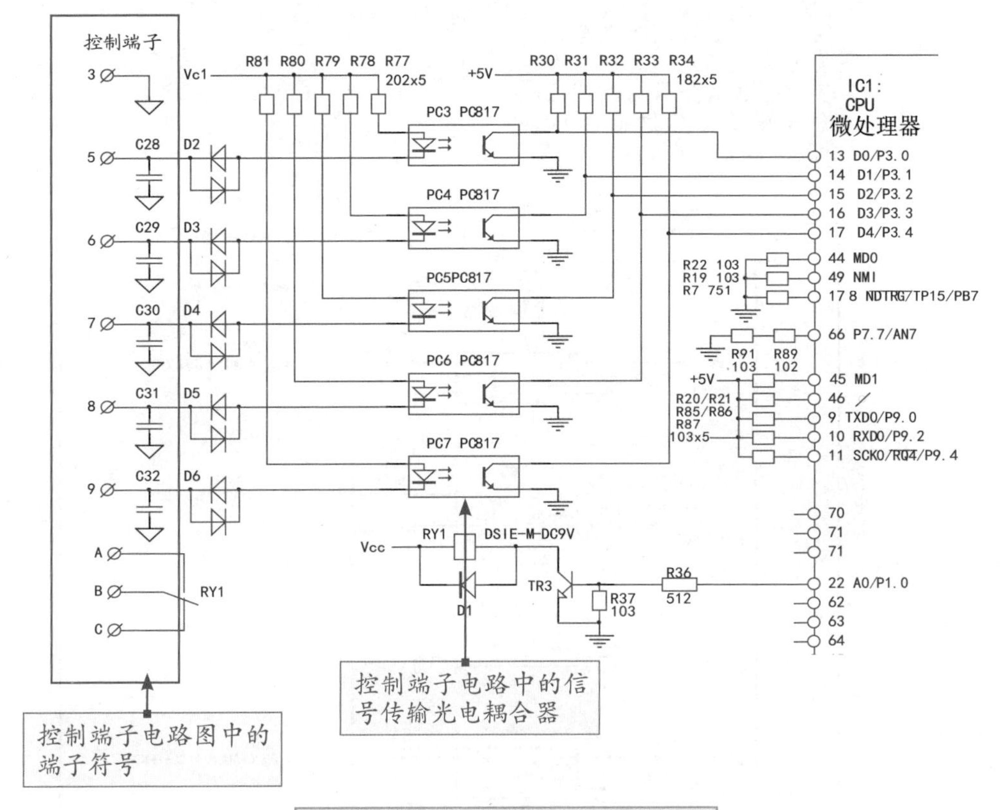

图 7-2 电路图中的控制端子

7.2 控制端子电路工作原理

工控中的控制端子分为输入端子和输出端子，它们处理的信号包括数字信号和模拟信号两大类，因此也可以分为数字控制端子和模拟控制端子两类。

7.2.1 数字控制端子电路

数字控制端子电路分为数字信号输入端子和数字信号输出端子两种。

1. 数字信号输入端子电路

数字信号输入端子可对工控设备进行启动、停止、复位、多段速运行等控制，各端子作用有固定（出厂时默认）的控制功能。

数字信号输入端子电路如图 7-3 所示（以变频器为例讲解）。

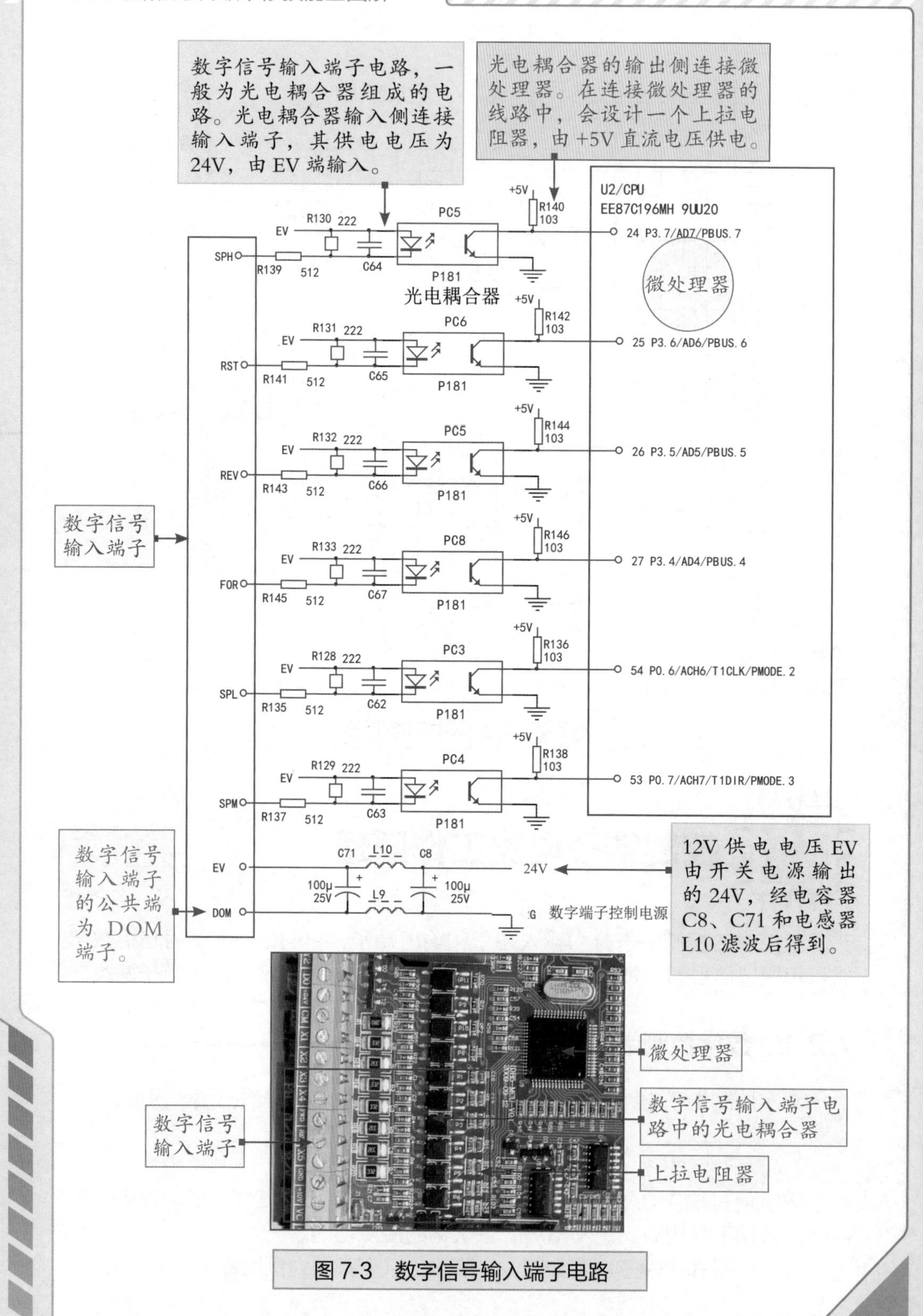

图7-3 数字信号输入端子电路

数字信号输入端子电路工作原理如下：

当 SPH、DOM 端子之间的外部开关闭合时，有电流从 SPH 端子流出，电流途径为：+24V →光电耦合器 PC5 的发光管→ R139 → SPH 端子→外部开关→ DOM 端子→地，有电流流过光电耦合器 PC5，PC5 导通，给微处理器的第 24 引脚输入一个低电平，微处理器根据该脚预先定义执行相应的程序，再发出相应的驱动或控制信号，比如，SPH 端子定义为反转控制，微处理器的第 24 引脚接到低电平后知道 SPH 端子输入为 ON，马上送出与正转不同的反转驱动脉冲去逆变电路，让逆变电路输出与正转不同的三相反转电源，驱动电动机反向运转。

2. 数字信号输出端子电路

数字信号输出端子有两种类型：一种为开关量信号输出端子，输出继电器触点信号，可用于外接指示灯、继电器等；另一种为开路集电极输出电路，用户可以外接继电器转换为触点信号输出，外接控制电压在 24V 以内，负载回路电流在 100mA 以下。由于通过参数设置，可以实现脉冲信号输出，因此可挂接数字计数器，显示运转频率。

数字信号输出端子电路如图 7-4 所示（以变频器为例讲解）。

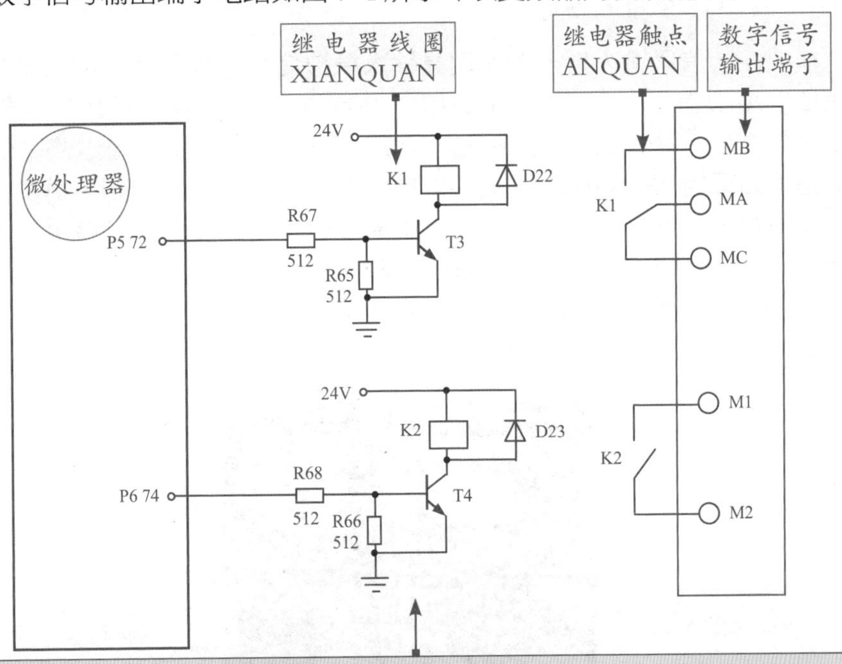

图 7-4　数字信号输出端子电路

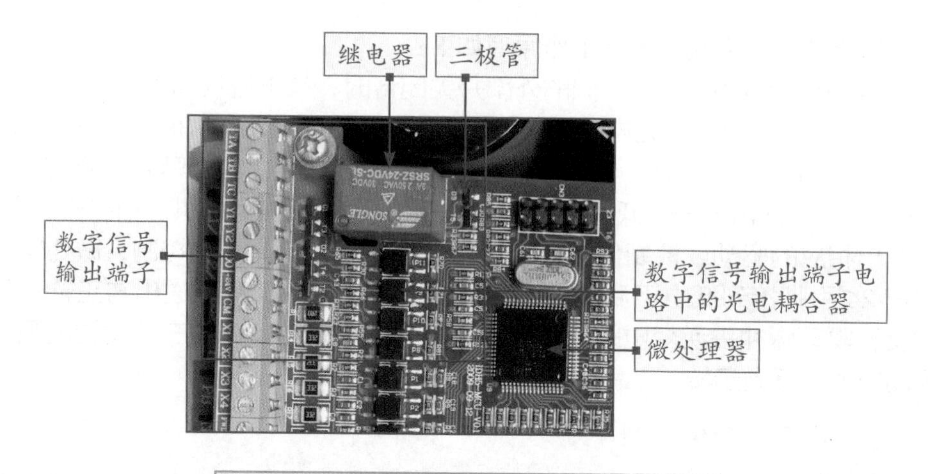

图 7-4　数字信号输出端子电路（续）

7.2.2　模拟控制端子电路

模拟控制端子电路分为模拟信号输入端子和模拟信号输出端子两种。

1. 模拟信号输入端子

模拟控制信号输入端子的作用是输入模拟信号指令，用于控制设备的输出频率。模拟信号一般有 0~10V 和 0~20mA 两种类型，0~10V 模拟信号需要设备提供一个 10V 供电电压。10V 供电电压一般由工控电路中的稳压器电路（如采用 7810 集成稳压器将 15V 直流电压降压后得到）提供，或用比较器电路（如通过 LM317、LM324 调压后得到）提供，然后由 +10V 端子输出，供外接调速电位器；0~20mA 模拟信号往往接收来自外部控制仪表的电流信号用于调速，或运行于 PID 闭环控制。

如图 7-5 所示为模拟输入端子电路。

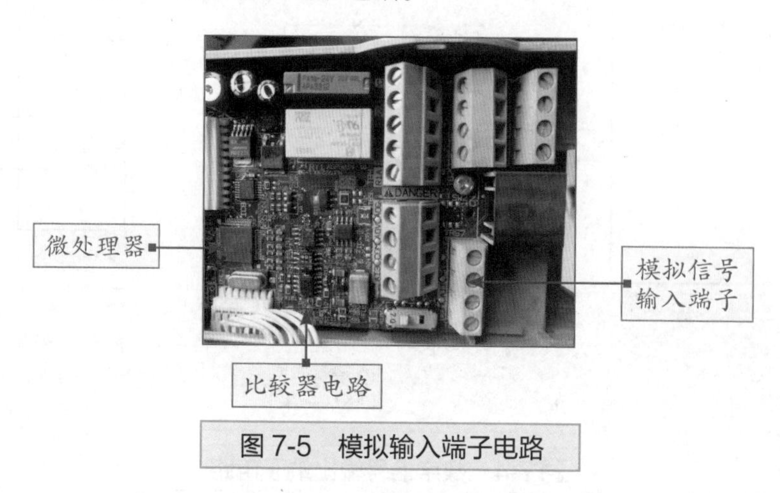

图 7-5　模拟输入端子电路

（1）此模拟信号输入电路由 LM324 比较器组成一个电压跟随器电路。由 VI 端输入的 10V 电压，经过电阻器 R115、R114 分压后变为 5V 电压，然后输入 LM324 的第 12 引脚（同相输入端），第 14 引脚输出端经过二极管 D23 整流后输出 5V 电压。再经过电容器 C52、C54 滤波后输入微处理器的第 58 引脚，然后经过内部 A/D 转换器转换后，控制频率输出。

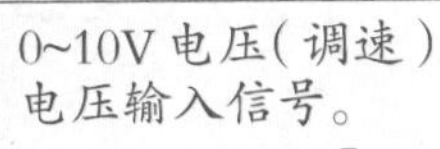

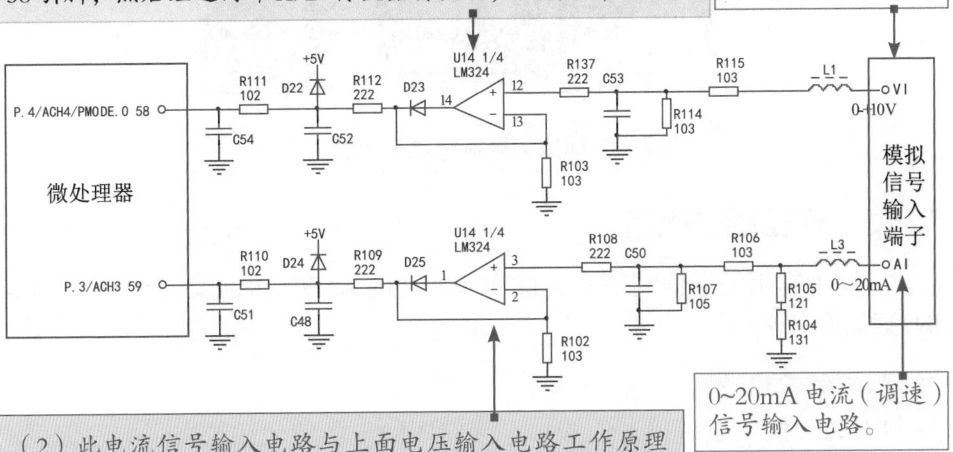

（2）此电流信号输入电路与上面电压输入电路工作原理类似。0~20mA 电流信号从 AI 输入，流经电阻器 R105、R104 后，先在电阻器 R105 的上端形成 5V 的输入电压信号。接着经过 LM324 比较器处理后，输出稳定的 5V 电压，再经过滤波处理后输入微处理器的第 59 引脚，然后经过内部 A/D 转换器转换后，控制频率输出。

图 7-5　模拟输入端子电路（续）

2. 模拟信号输出端子

模拟信号输出端子一般用于外接电压表、电流表、转速表等仪表，显示输出电压、输出电流、输出转速等监控信息。如图 7-6 所示为模拟信号输出端子电路。

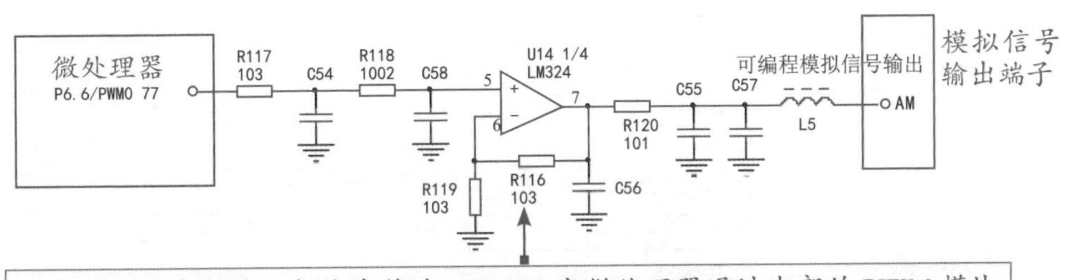

模拟信号输出电路一般输出值为 0~10V。当微处理器通过内部的 PWM 模块从第 77 引脚输出脉冲电压信号，此信号经过电阻器 R117、R118 和电容器 C54、C58 滤波后，进入比较器 LM324 第 5 引脚（同相输入端），然后从第 7 引脚输出稳定的电压，再经过滤波之后，从 AM 端子输出电压信号。

图 7-6　模拟信号输出端子电路

图 7-6　模拟信号输出端子电路（续）

7.2.3　通信端子电路

工控中常用的通信端子主要有 RS-232 通信接口、RS-422 通信接口、RS-485 通信接口等。

1. RS-232 通信接口

RS-232 接口是串行通信接口，接口任何一条信号线的电压均为负逻辑关系。即：逻辑“1”为 –3~ –15V；逻辑“0”为 +3~ +15V，噪声容限为 2V。即要求接收器能识别高于 +3V 的信号作为逻辑 0，低于 –3V 的信号作为逻辑 1。图 7-7 所示为 RS-232 接口电路。

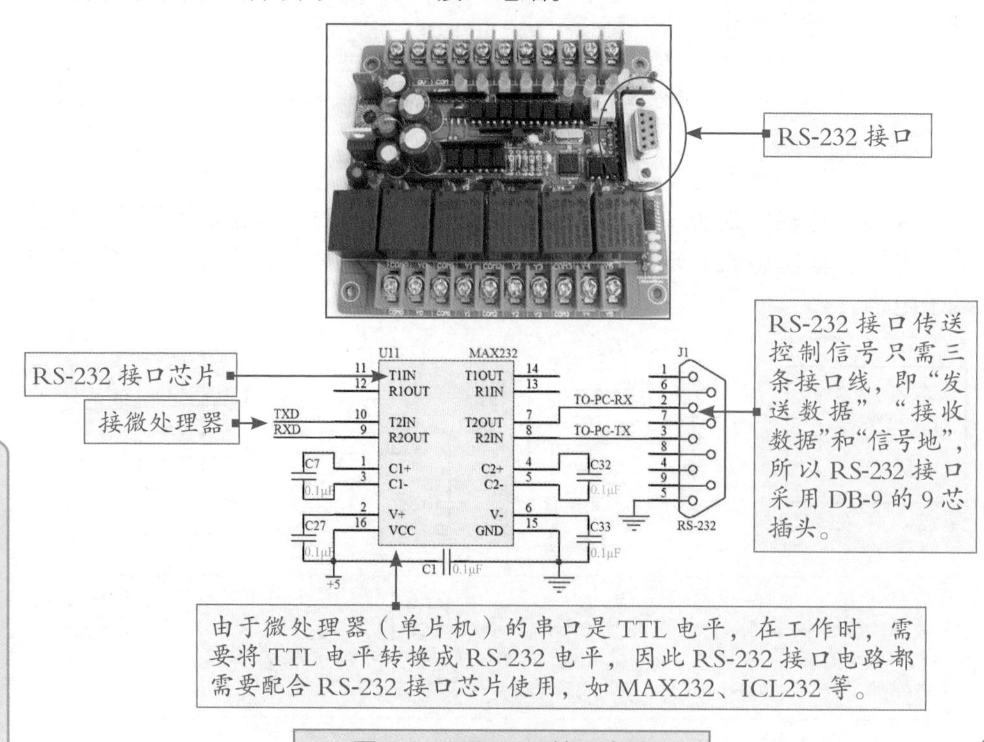

图 7-7　RS-232 接口电路

2. RS-422/RS-485 通信接口

由于 RS-232 接口存在传输速率低、传输距离短等缺点，因此现在工控设备多采用 RS-422/RS-485 通信接口。RS-422/RS-485 通信接口采用差分信号，传输速率快，可以达到 10Mb/s 以上，且传输距离可达到 1200m。其中 RS-422 接口采用两对屏蔽双绞线传输数据，可实现全双工通信；RS-485 接口采用一对屏蔽双绞线传输数据，可实现半双工通信。图 7-8 所示为 RS-485 通信接口电路。

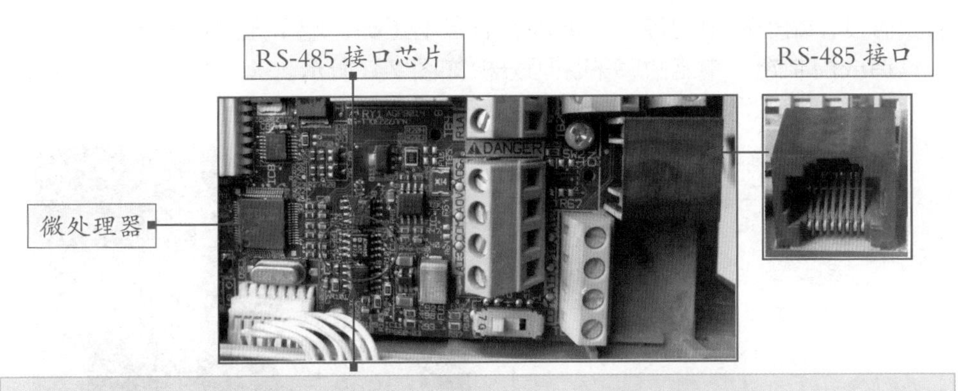

（1）与 RS-232 所使用的 MAX232 转换芯片类似，RS-485 接口电路中使用 MAX485 转换芯片（RS-422 接口采用 MAX488 转换芯片）与微处理器（单片机）的 UART 串口连接起来，并且使用完全相同的异步串行通信协议。但是由于 RS-485 是差分通信，因此接收数据和发送数据不能同时进行，也就是说它是一种半双工通信。

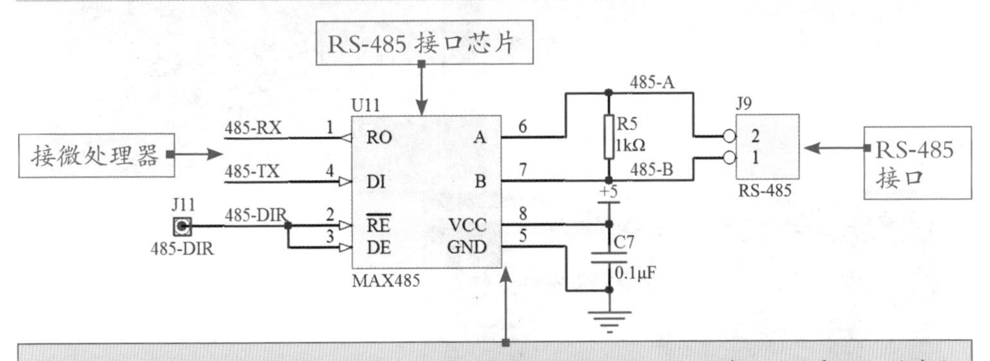

（2）第 6 引脚和第 7 引脚就是 RS-485 通信中的 A 和 B 两个引脚；1 引脚和 4 引脚分别接到微处理器（单片机）的 RXD 和 TXD 引脚上，直接使用单片机 UART 进行数据接收和发送；2 引脚和 3 引脚是方向引脚。其中 2 引脚是低电平使能接收器，3 引脚是高电平使能输出驱动器，把这两个引脚连到一起，平时不发送数据时，保持这两个引脚是低电平，让 MAX485 处于接收状态，当需要发送数据时，把这个引脚拉高，发送数据，发送完毕后再拉低这个引脚即可。为了提高 RS-485 的抗干扰能力，需要在靠近 MAX485 的 A 和 B 引脚之间并接一个电阻器，这个电阻器阻值从 100Ω 到 1kΩ 都可以。

图 7-8　RS-485 通信接口电路

控制端子电路维修方法

7.3.1 控制端子电路故障分析

控制端子故障通常会造成端子连接的设备无法正常工作，端子无法输入指令信号，端子输出的转速、电压等信息不正确，端子无法通信等。

造成控制端子电路故障的原因分析如图 7-9 所示。

（2）光电耦合器、上拉电阻器、继电器、三极管等损坏会导致数字信号端子电路不正常。重点检查这些元器件。

（1）光电耦合器第 1 引脚的供电电压不正常，导致数字信号端子电路不正常。重点检查供电电路中的滤波电容器、电感器等元器件。

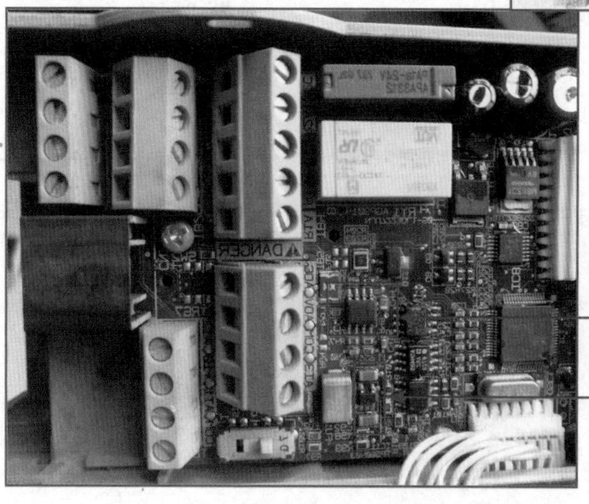

（3）比较器供电电压不正常，比较器、RS-485 接口芯片、电阻器、电容器等损坏后，会导致模拟信号端子不正常。重点检查这些元器件的供电电压及元器件本身是否正常。

图 7-9 控制端子电路故障的原因分析

7.3.2　控制端子电路故障维修方法

当发现控制端子连接的设备运行不正常，或无法通过控制端子输入控制信号，或无法与设备通信时，就可能是控制端子电路出现故障，则需要检查控制端子电路。我们来看几个实践案例。

1　某数字信号输入端子输入无效故障维修方法

当出现数字信号输入端子输入无效故障时，一般是由于此数字信号输入端子接口电路问题所致，如图7-10所示。

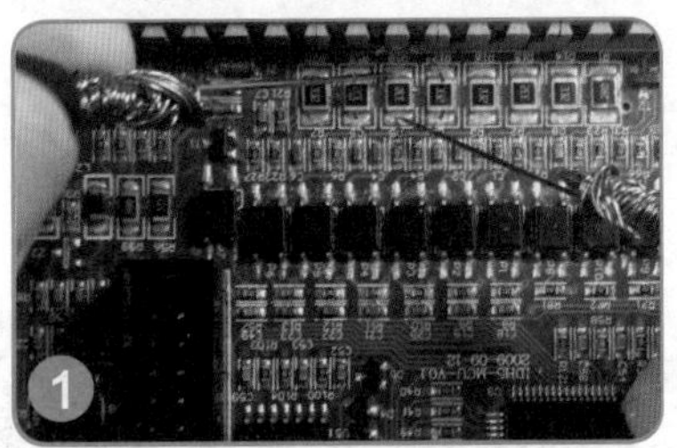

在断电的情况下，检测数字信号输入端子电路中电阻器的阻值是否正常，光电耦合器第1、2引脚的压降正常（正常为0.7V左右）。如果有参数不正常的元器件，更换损坏元器件即可。

检查此数字信号输入电路中光电耦合器第1引脚的电压是否正常（正常为24V或12V）。将万用表调到直流电压200V挡，红表笔接第1引脚，黑表笔接地测量。

检测电路中的光电耦合器是否损坏。首先短接输入端子和公共端（COM或DCM等），将万用表调到直流电压200V挡，测量光电耦合器第1、2引脚间电压。如果电压值为24V（或12V），说明光电耦合器输入侧短路损坏；如果电压值为0V，说明光电耦合器输入侧断路损坏，正常应为1~2V。

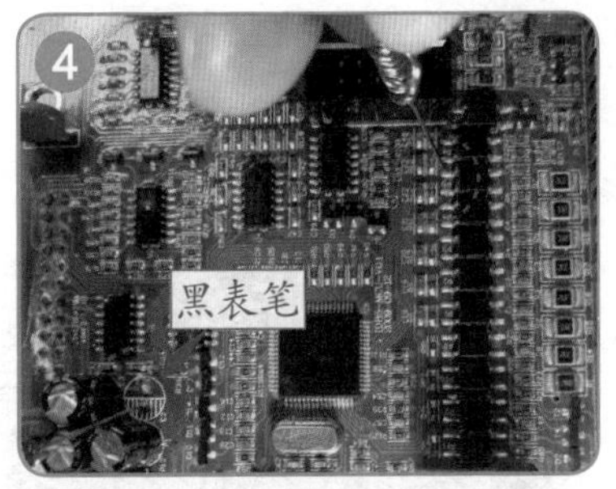

如果光电耦合器输入端电压为1~2V时，接着用万用表直流电压20V挡，测量第4引脚电压值（不短接输入端和公共端）。如果测量的电压值为5V，说明光电耦合器输出侧出现短路损坏，正常应为0V。

图7-10　输入端子输入无效故障维修

2 所有的数字信号输入端子均无效故障维修方法

如果所有的数字信号输入端子都无效，说明数字信号输入端子的公共电路有问题，即 24V（或 12V）供电电路有问题或 COM/DOM 公共端电路有损坏的元件。检测方法如图 7-11 所示。

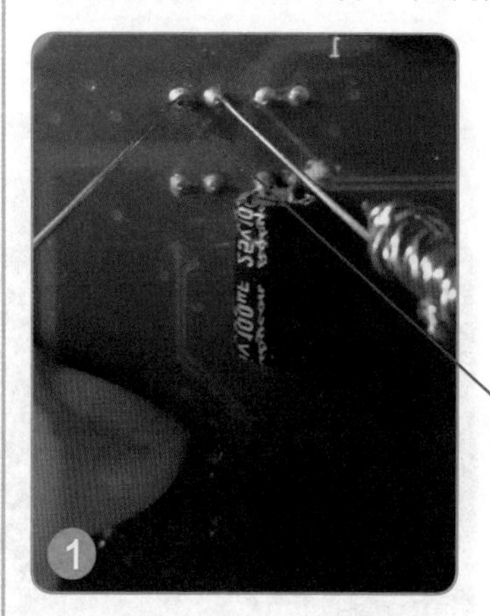

首先在通电的情况下，用万用表的 200V 挡测量 +24V（或 12V）端子的电压是否正常。如果不正常，检测供电电路中的滤波电容器是否短路损坏。

如果 24V 供电电压正常，接着检测 5V 供电电压是否正常。用万用表直流电压 20V 挡，红表笔接光电耦合器的第 3 引脚连接的上拉电阻引脚，黑表笔接地测量。如果 5V 电压不正常，检测供电电路中的滤波电容器是否短路。

如果 24V（或 12V）和 5V 电压正常，接下来用数字万用表蜂鸣挡测量 COM 端子和地线是否有断路情况。如果蜂鸣挡没有响，说明线路有断路情况。

图 7-11　输入端子均无效故障维修方法

3 某数字信号输出端子无法输出故障维修方法

数字信号输出端子无法输出故障一般是由电路中的三极管、二极管、电阻器等元器件损坏导致的。此故障维修方法如图 7-12 所示。

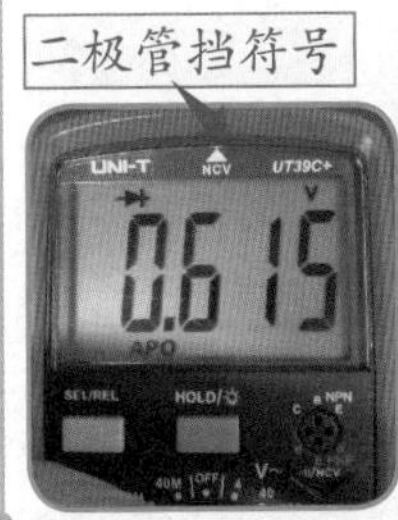

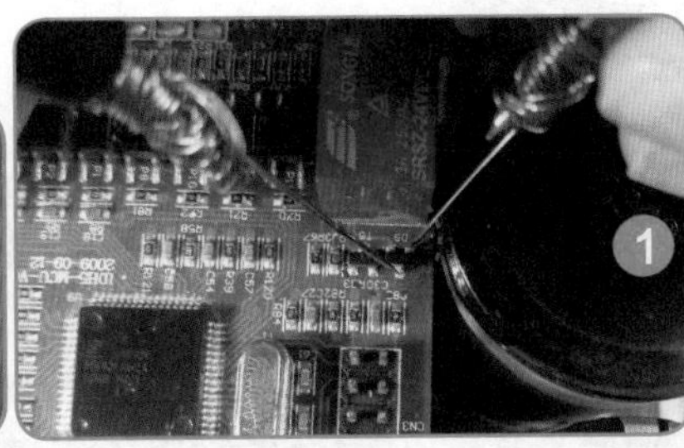

在断电的情况下，检测数字信号输出端子电路中电阻器的阻值是否正常，二极管压降是否正常，三极管有没有击穿短路，三极管发射极电压（若电压远远大于0.7V，则三极管损坏）是否正常，继电器线圈有无断路。

检查输出电路中 24V 供电电压是否正常。通电情况下，用万用表直流电压 200V 挡，红表笔接二极管负极一端（或继电器线圈的一端），黑表笔接地测量供电电压，正常电压应为 24V。如果电压不正常，检查 24V 供电电路中的滤波电容器是否击穿。

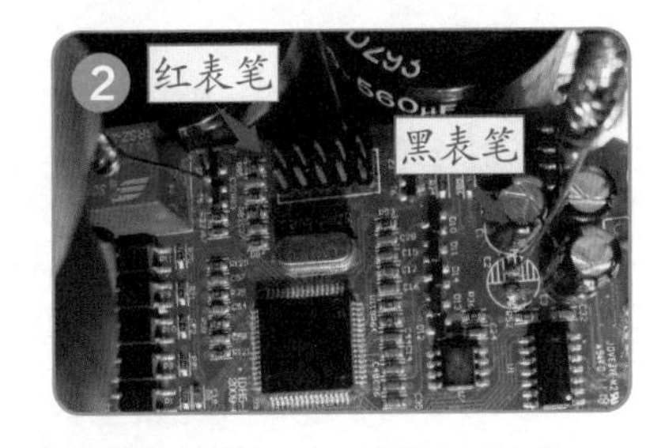

当启动变频器时，测量三极管 T3 的基极电压。用万用表直流电压 20V 挡，红表笔接三极管基极，黑表笔接地测量。正常应有 4.3V 左右的电压，如果电压为 0，则是微处理器虚焊或损坏。

图 7-12　输出端子无法输出故障维修方法

4 模拟信号端子电路无效故障维修方法

模拟信号输入或输出端子电路无效一般是由电路中的电阻器、电容器或比较器等元器件损坏导致的。

模拟信号端子电路无效故障维修方法如图 7-13 所示。

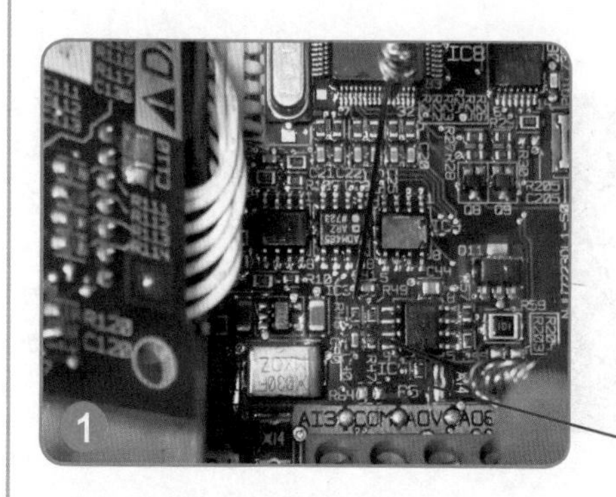

在断电的情况下，检测模拟信号输入和输出端子电路中电阻器的阻值是否正常，电容器是否短路击穿。

如果 24V 供电电压正常，接着检测 5V 供电电压是否正常。用万用表直流电压 20V 挡，红表笔接光耦合器的第 3 引脚连接的上拉电阻器引脚，黑表笔接地测量。如果 5V 电压不正常，检测供电电路中的滤波电容器是否短路。

如果 VCC 引脚电压正常，接着测量比较器输出端电压，如果电压为 0，则比较器损坏。如果不为 0，短接两只输入端，测量输出端电压是否为 0。如果不为 0，则比较器芯片损坏。

图 7-13　模拟信号端子电路无效故障维修方法

第8章 变频器电路维修方法

变频器的分类方法有很多，比如按照变换频率的方法分为交—交型变频器和交—直—交型变频器。交—交型变频器可将工频交流电直接转换成频率、电压均可以控制的交流电，故称直接式变频器。交—直—交型变频器则是先把工频交流电通过整流装置转变成直流电，然后再把直流电变换成频率、电压均可以调节的交流电，故又称为间接型变频器。目前最常用的为交—直—交型变频器。

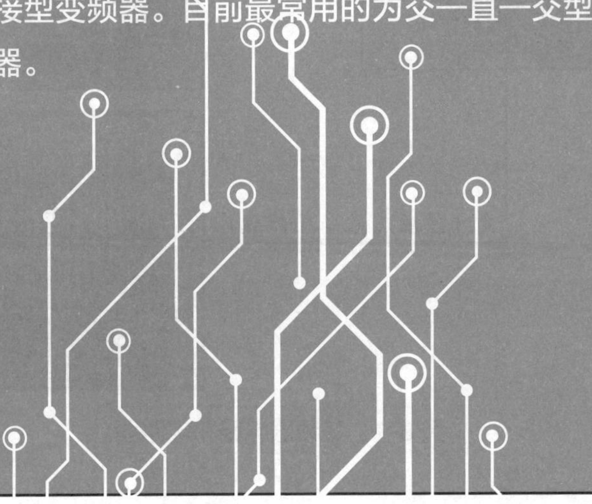

8.1 看图识变频器电路

变频就是改变供电频率，变频技术的核心是变频器，通过对供电频率的转换来实现电动机运转速度率的自动调节，从而起到降低功耗、减小损耗、延长设备使用寿命等作用。

8.1.1 变频器电路及电路图

如图 8-1 所示为变频器电路和电路图。

图 8-1　变频器电路和电路图

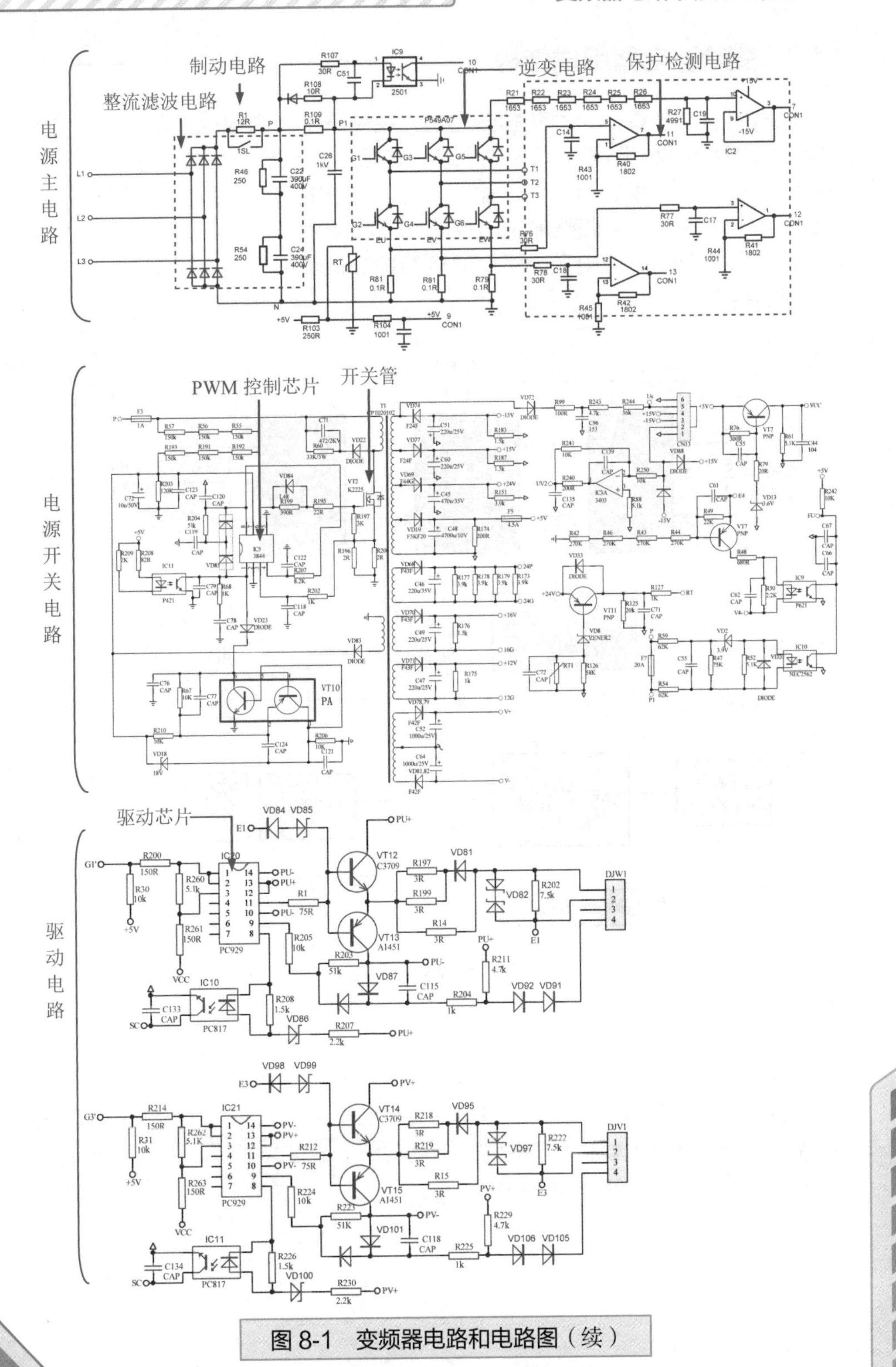

图 8-1　变频器电路和电路图（续）

8.1.2 变频器电路组成结构

以常用的交—直—交型变频器为例，变频器主要由电源电路（包括电源主电路和开关电源电路等）和控制电路（包括 CPU 控制电路、驱动电路、保护检测电路、按键和显示电路、输入 / 输出端子电路等）组成。变频器靠内部 IGBT 模块的开断来调整输出电源的电压和频率，根据电动机的实际需要来提供其所需要的电源电压，进而达到节能、调速的目的。如图 8-2 所示为变频器结构图。

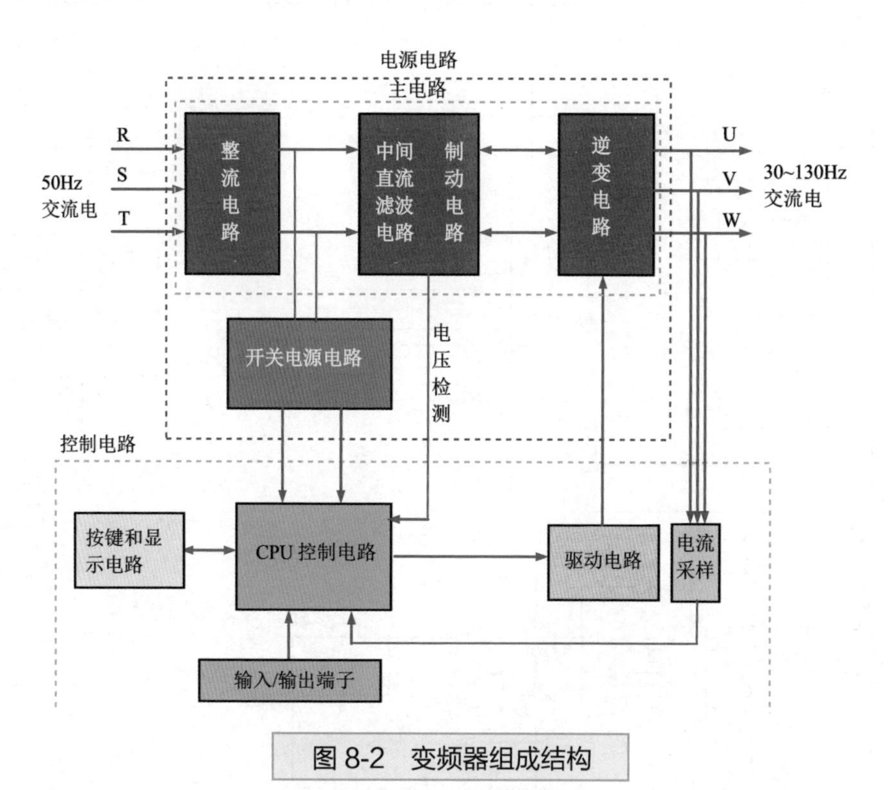

图 8-2 变频器组成结构

1. 电源电路

电源电路主要包括主电源电路和开关电源电路。其中，主电源电路主要包括整流电路、中间直流滤波电路、制动电路、逆变电路等。下面我们结合图 8-3 来了解一下这些电路的作用。

整流电路：在通用变频器中，三相变频器一般采用二极管三相桥式整流电路（单相变频器一般采用二极管单相桥式整流电路）把交流电压变为直流电压，为逆变电路提供所需的直流电源。

中间直流滤波电路：经过整流电路整流后的直流电，含有不需要的杂波，会影响直流电的质量。为了减小这种杂波，需要用滤波电路进行滤波处理。中间直流滤波电路通常采用大电容滤波，由于受到电解电容器的电容量和耐压能力的限制，滤波电路通常由多个电容器并联成一组电容器组，再由两组电容器组串联组成，并在两组电容器组的电容上各并联一个均压电阻，使两组电容器的电容电压相等。

开关电源电路：电源电路主要采用开关电源的结构，将380V/220V交流电转换为低压直流电，为控制电路、驱动电路等提供+22V、+24V（控制端子、电风扇、继电器用电）、+5V（CPU用电）、+15V（互感器、模拟芯片用电）、-15V（互感器、模拟芯片用电）等工作电压。

逆变电路：逆变电路的作用是在控制电路的作用下，将直流电路输出的直流电源转换成频率和电压都可以任意调节的交流电源。逆变电路的输出就是变频器的输出，所以逆变电路是变频器的核心电路之一，起着非常重要的作用。目前中小容量的通用变频器中的功率开关器件大部分采用IGBT。

制动电路：因惯性或某种原因，导致负载电动机的转速大于变频器的输出转速时，此时电动机由“电动”状态进入“动电”状态，使电动机暂时变成了发电机，向供电电源回馈能量。此再生能量由变频器的逆变电路所并联的二极管整流，馈入变频器的直流回路，使直流回路的电压由530V左右上升到六、七百伏，甚至更高。尤其在大惯性负载需减速停车的过程中，更是频繁发生。这种急剧上升的电压，有可能对变频器主电路的储能电容和逆变模块造成较大的电压和电流冲击。因而在变频器中加入了制动电路，将再生回馈电能转换为热能消耗掉。

图 8-3　电源电路

2. 控制电路

控制电路主要由 CPU 控制电路、驱动电路、保护检测电路、按键和显示电路、输入 / 输出端子电路等组成，下面我们结合图 8-4 来了解一下这些电路的作用。

CPU 控制电路：它是变频器的控制核心，对按键和显示电路、输入 / 输出电路、逆变电路上 IGBT 的通断进行控制。
按键和显示电路：主要用来输入变频器的控制指令，并把变频器工作频率、错误信息等显示出来。
输入 / 输出端子电路：用来输入变频器控制参数，或输出电压、电流、温度等控制信号。
保护检测电路：用来保护变频器电路。通过检测输出电流、过压、电动机速度等信息，并反馈给 CPU 进行处理，达到保护电路的作用。
驱动电路：驱动电路是将控制电路中 CPU 产生的六个 PWM 信号，经光电隔离和放大后，作为逆变电路的换流器件（逆变模块）提供驱动信号。驱动电路决定何时通何种电。常见的驱动器芯片有 TLP250、HCPL3120、J312、HCNW3120。

图 8-4　控制电路

8.2 变频器电源电路结构及工作原理

前面我们讲过，在变频器中，电源电路主要包括主电源电路和开关电源电路，并了解了这两个电路的作用。下面对这两个电路进行详细分析。

8.2.1　主电源电路的结构

变频器主电源电路的结构是由“交流—直流—交流”工作方式所决定的，它主要由整流、储能（滤波）、逆变三个环节构成，具体来说就是整流电路、中间电路、逆变电路三大电路，接下来本小节将详细讲解变频器主电源电路的结构和工作原理。

变频器的主电源电路是把频率为 50Hz 的交流电转变为频率为 30~130Hz 的交流电，为电动机等负载提供工作电压。变频器的主电源电路主要包括整流电路、中间直流滤波电路、制动电路、逆变电路等，前面我们了解了这些电路的作用。下面我们通过图 8-5 和图 8-6 了解变频器主电源电路的结构、原理和实物。

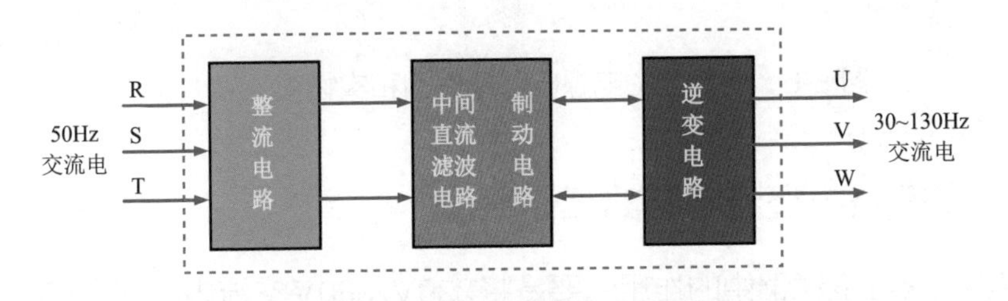

图 8-5　变频器主电源电路组成结构

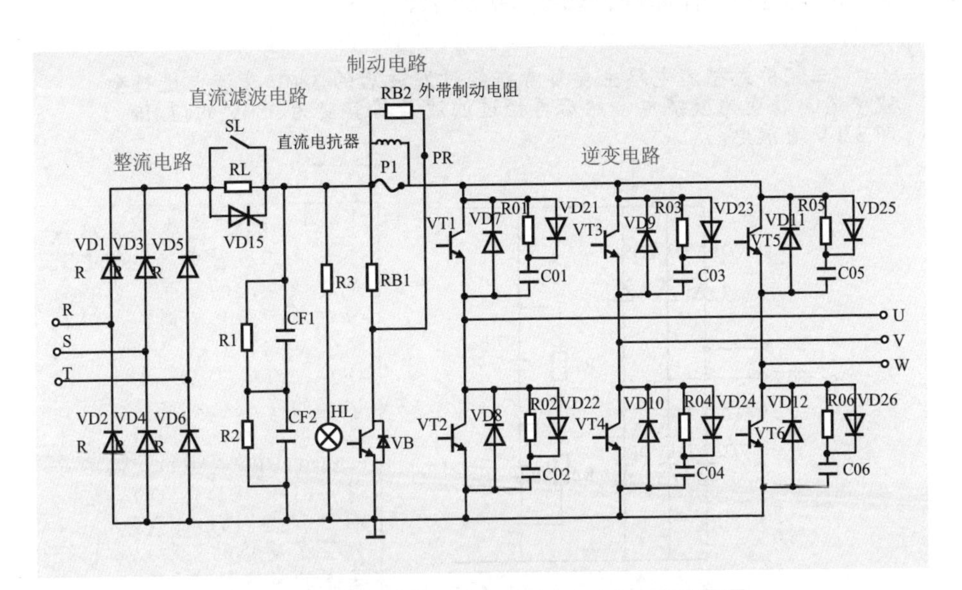

图 8-6　变频器主电源电路原理图和实物图

滤波电容器 CF1 和 CF2

逆变电路中的 IGBT 模块，内部集成整流二极管。

制动电路

图 8-6　变频器主电源电路原理图和实物图（续）

8.2.2　主电路中整流电路的工作原理

整流电路在变频器中的作用主要是将220V/380V 交流电转变为直流电，为逆变器和二次开关电源供电。下面以由二极管组成的三相桥式整流电路为例讲解整流电路的工作原理，如图 8-7 所示。

（1）三相桥式整流电路主要负责将经过滤波后的 380V 交流电进行全波整流，转变为直流电，然后再经过滤波后将其变为 380V 的$\sqrt{2}$ 倍，即 530V 直流电。

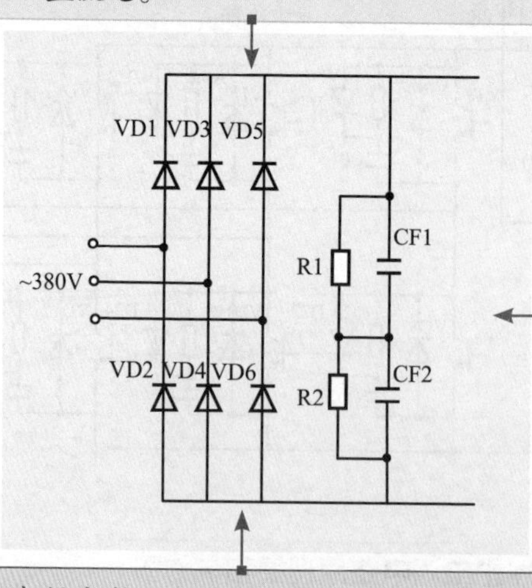

（3）三相桥式整流电路每个整流二极管中流过的电流是负载电流的一半，当在交流电源的正半周时，整流二极管 VD1、VD3、VD5 导通，VD2、VD4、VD6 截止，输出正的半波整流电压；当在交流电源的负半周时，整流二极管 VD2、VD4、VD6 导通，VD1、VD3、VD5 截止，由于 VD2、VD4、VD6 这三只管是反接的，所以输出还是正的半波整流电压。

（2）三相桥式整流电路由六只整流二极管两两对接连接成电桥形式（如图中 VD1~VD6），利用整流二极管的单向导通性进行整流。

图 8-7　三相桥式整流电路工作原理

8.2.3　主电路中中间电路的工作原理

中间电路主要指变压器主电路中整流电路与逆变电路之间的电路，它主要由直流滤波电路和制动电路组成。

1. 直流滤波电路工作原理

由于整流电路中的整流二极管存在结电容效应，所以整流后的直流电压与电流中有一部分交流的脉动电流，会给逆变及二次开关电源电路带来工作不稳定的问题。而直流滤波电路的作用就是用来过滤电路中无用的交流电，使直流电波形变得纯净、平滑，同时还会保护整流电路中的整流二极管。

直流滤波电路的工作原理如图 8-8 所示。

（1）三相交流电 R/S/T 经过整流电路整流后，送入充电电阻器 RL 中，RL 的作用是限流，用来保护电路中的整流二极管。由于电流流入电容器 CF1 和 CF2 的瞬间，电容器相当于短路，电路中的电流会忽然变得非常大，当非常大的电流流过整流电路中的整流二极管时，会击穿整流二极管。

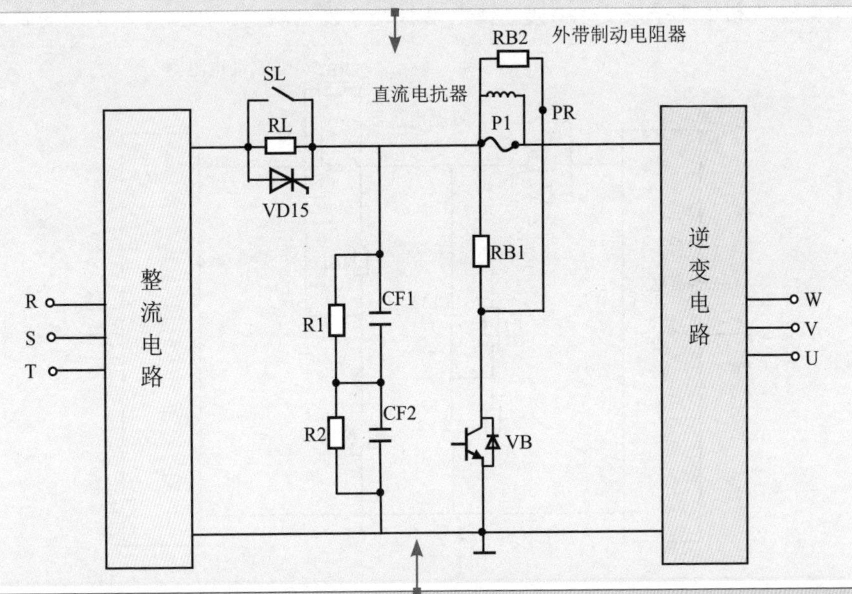

（2）经过充电限流电阻器 RL 限流后，会降低电路的输出功率，因此在经过一段时间电流趋于稳定后，晶闸管或继电器的触点会导通，开关 SL 接通，此时电流绕过充电电阻器 RL 直接从 SL 流过。

（3）经过整流后的直流电压加在了滤波电容器 CF1、CF2 上，会输出纯净的直流电（约 530V）。这两个电容器可以过滤电源中没用的交流杂波，将直流电波形变得纯净、平滑。由于一个电容器的耐压有限，所以把两个电容器串起来用，耐压就提高了一倍。又因为两个电容器的容量不一样的话，分压会不同，所以给两个电容器分别并联了一个均压电阻器 R1、R2，这样，CF1 和 CF2 上的电压就一样了。

图 8-8　直流滤波电路的工作原理

2. 制动电路工作原理

制动电路的作用是电动机减速与停止运行时，由于电动机的惯性使电动机线圈产生再生电流，这一再生电流会由变频器的逆变电路所并联的二极管整流，反馈进入变频器的直流回路，使直流回路的电压由 530V 左右上升到六七百伏，甚至更高。尤其在大惯性负载需减速停车的过程中，更是频繁发生。这种急剧上升的电压，有可能对变频器主电路的储能电容和逆变模块造成较大的电压器和电流冲击甚至导致其损坏。而制动电路则会将这一再生电流对地放掉，用以保护滤波电路。

在小功率变频器中，制动单元往往集成于功率模块内（即 IGBT 模块内），制动电阻也安装于机体内。但较大功率的变频器直接从直流回路引出 PB、N（–）端子，由用户根据负载运行情况选配制动单元和制动电阻。制动电路的工作原理如图 8-9 所示。

（1）在变频调速系统中，电动机的降速和停机，是通过逐渐减小频率来实现的。在频率刚减小的瞬间，电动机的同步转速随之下降，而由于转子惯性的原因，电动机的转速未变，当同步转速低于转子转速时，转子绕组切割磁力线的方向相反了，转子电流的相位几乎改变 180 度，使电动机处于发电状态，也称为再生制动状态。

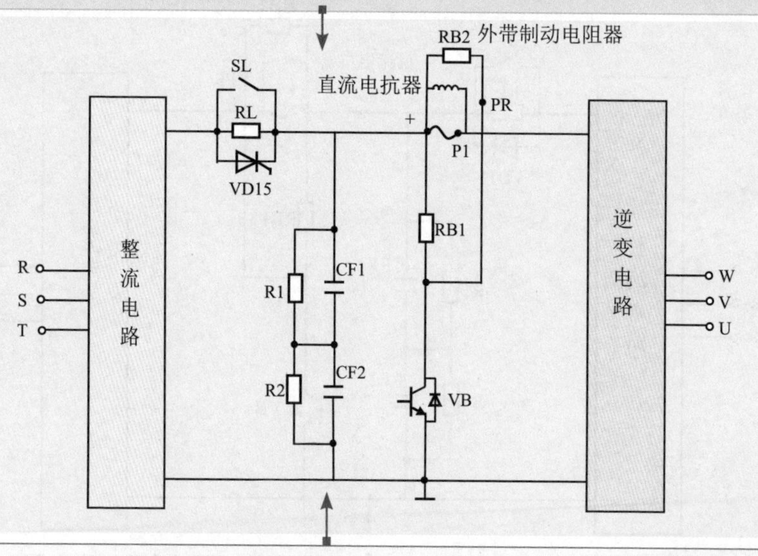

（2）电动机再生的电能经逆变电路中的续流二极管全波整流后反馈到直流电路中，使直流母线上的电压升高。这个电压高到一定程度会击穿逆变电路中的逆变管和整流电路中的整流二极管。因此，直流电压超过一定值时，就要提供一条放电回路。
（3）能耗电路由制动电阻 RB1 和制动开关管 VB 构成。当直流回路母线上的电压超过规定值时，CPU 会发送制动脉冲信号，经光耦合器隔离与功率放大后，驱动制动开关管 VB 导通，使直流电压通过 RB1 释放能量，降低直流电压。而当直流母线上的电压在正常范围内时，制动开关管 VB 截止，以避免不必要的能量损失。
（4）当电动机较大时，还可并联外接电阻。一般情况下“+”端和 P1 端是由一个短路片短接上的，如果断开，这里可以接外加的直流电抗器，直流电抗器的作用是改善电路的功率因数。

图 8-9　制动电路的工作原理

图 8-9　制动电路的工作原理（续）

图 8-9 中制动开关管 VB 的控制信号一般有两个来源。

（1）由 CPU 根据直流回路电压检测信号发送制动动作指令，经普通光耦合器或驱动光耦合器控制制动开关管的通断。制动指令可以是脉冲信号，也可以是直流电压信号。

（2）由直流回路电压检测电路处理成直流开关量信号，直接控制光耦合器，进而控制制动开关管的通断。

8.2.4　主电路中逆变电路的工作原理

逆变电路同整流电路相反，逆变电路是将直流电压变换为所要频率的交流电压，根据确定的时间控制相应功率开关器件的通断，从而可以在输出端 U、V、W 三相上得到相位相差 120 度的三相交流电压。

逆变电路主要由 VT1~VT6 六只大功率晶体管（也叫变频管），及晶体管周边的二极管、电容器、电阻器等组成，每个晶体管及周边二极管等元件组成的电路叫 IGBT。如果把六个 IGBT 集成在一起就叫 IGBT 模块。如图 8-10 所示。

变频器中的 IGBT 模块，内部集成逆变电路的主要元器件。

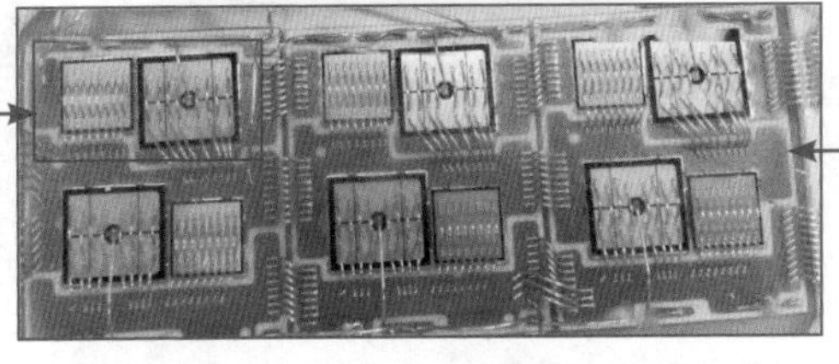

IGBT 模块中的晶体管和二极管等元器件。
IGBT 模块内部结构。

图 8-10　IGBT 模块

逆变电路是大功率电路，其在主电路的最尾端，它直接连接电动机等负载。如图 8-11 所示为逆变电路电路工作原理。

（1）逆变电路中的每一个晶体管上并联了一个续流二极管，还有一些阻容吸收回路（电容器、电阻器等），主要功能是保护晶体管。这些并联在晶体管上的元件为电动机绕组的无功电流提供返回通道，为再生电能反馈提供通道，为寄生电感在逆变过程中释放能量提供通道。
（2）逆变电路在正常工作时具有两个条件：第一，逆变管两端要有 530V 左右的直流电压；第二，要有六相驱动控制方波信号，在此驱动信号的作用下，六只变频管按顺序工作，将整流滤波电路输出的直流 530V 左右的电压，转变为具有一定频率的交流电压为电动机供电。

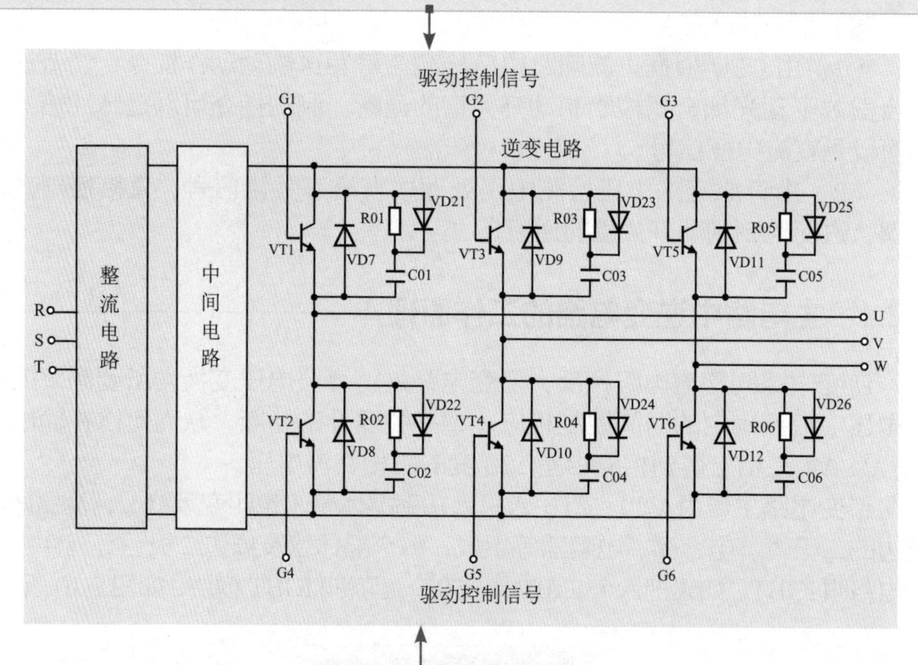

（3）逆变电路工作时，由 CPU 电路送来的六相方波脉冲信号，经驱动电路放大后（图中 G1~G6 信号），驱动控制逆变电路中的三组变频管按顺序导通截止，将 530V 左右的直流电压转变为一定频率的交流电压，使电动机运转。
（4）工作时，VT1 与 VT4 为第一相工作，VT3 与 VT6 为第二相工作，VT5 与 VT2 为第三相工作，三相交替工作，将直流电压转变为交流电压。例如：某一时刻，VT2 、VT4、VT6 受基极控制导通，电流经 W 相流入电动机绕组，经 VU 相流入负极。下一时刻同理，只要不断的切换，就把直流电变成了交流电，供电动机运转。
（5）在电动机停止及由高速转变为低速时，由于惯性使电动机产生再生电流，再生电流由逆变电路给滤波电容器充电，但是由于 CPU 此时得到信号，便发出制动信号，这一制动信号送制动控制管，使制动控制管 VB 工作（参考图 8-10），将逆变电路送来的再生电流经 VB，集电极与发射极之间分流，保护了滤波电路。

图 8-11　逆变电路电路工作原理

8.2.5 开关电源电路结构及工作原理

变频器开关电源电路为“直流—交流—直流”方式的逆变电路，它先将高压直流电压转换为脉冲电压，然后整流成变压器控制电路等需要的低压直流电。接下来本节将详细讲解变频器开关电源电路的结构和工作原理。

1. 开关电源电路的结构

变频器开关电源电路主要是由开关振荡电路、整流滤波电路、稳压控制电路、保护电路等组成。变频器开关电源电路组成如图 8-12 所示。

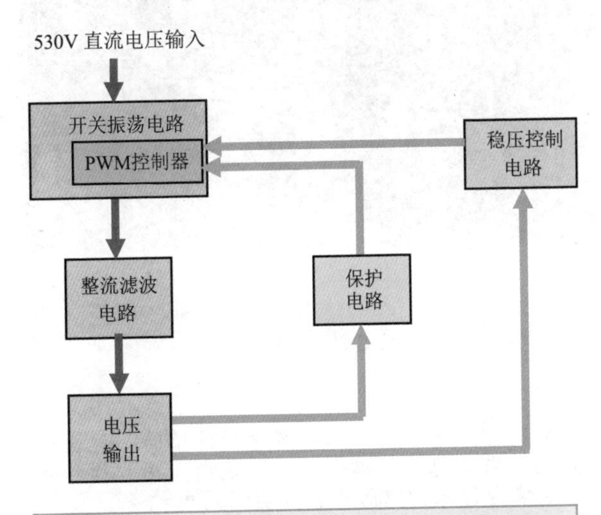

图 8-12　变频器开关电源电路的组成框图

图 8-13 所示为变频器开关电源电路各组成电路的功能详解。

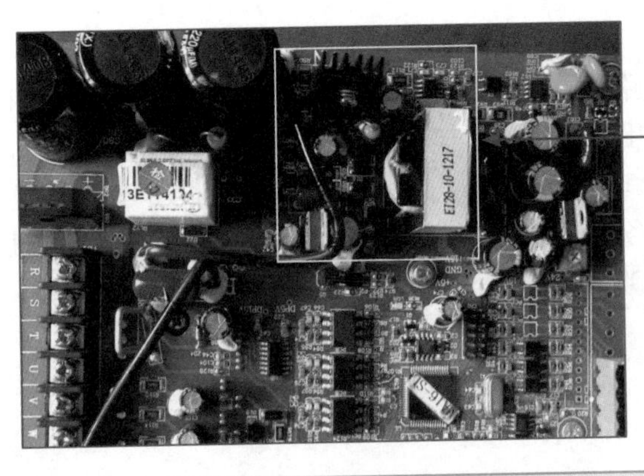

开关振荡电路是开关电源中的核心电路，其作用是通过 PWM 控制器输出的矩形脉冲信号，驱动开关管不断导通、截止，处于开关振荡状态。从而使开关变压器的初级线圈产生开关电流，开关变压器处于工作状态，在次级线圈中产生感应电流，再经过处理后输出电压。

图 8-13　变频器开关电源电路各组成电路的功能详解

整流滤波电路：整流滤波电路的作用是将开关变压器次级端输出的电压进行整流与滤波，得到稳定的直流电压并输出。因为开关变压器的漏感和输出二极管的反向恢复电流造成的尖峰，都形成了潜在的电磁干扰。因此要得到纯净的 5V、±15V、24V 等电压，开关变压器输出的电压必须经过整流滤波处理。

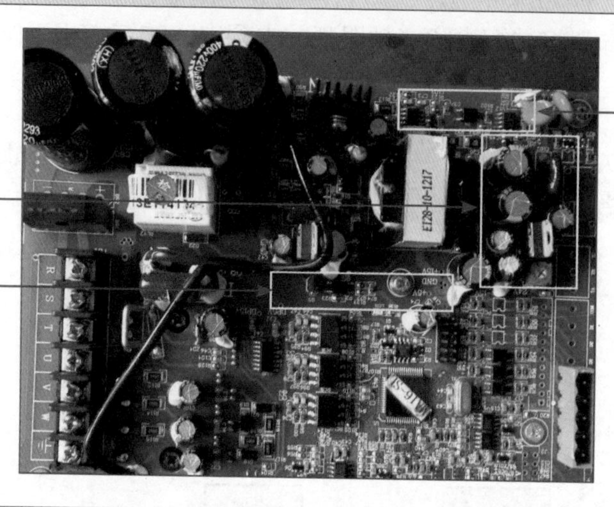

稳压控制电路：稳压控制电路的主要作用是在误差取样电路的作用下，通过控制开关管激励脉冲的宽度或周期，进而控制开关管导通时间的长短，使输出电压趋于稳定。

保护电路：保护电路的作用是当输出电压超过设计值时，把输出电压限定在安全值范围内。当开关电源内部稳压环路出现故障或由于用户操作不当引起输出过压现象时，过压保护电路进行保护以防止损坏后级用电设备。

图 8-13 变频器开关电源电路各组成电路的功能详解（续）

2. 开关电源电路工作原理

前面我们了解了开关电源电路的结构，并对其包含的关键电路进行了讲解，大家务必清晰了解开关电源电路中各组成电路的作用与工作机制。接下来，我们通过开关电源电路梳理一下其工作原理。

图 8-14 所示的开关电源电路由 PWM 控制器 DU12（2842 芯片）、开关管 DQ3、开关变压器 DT1 和 DT2 组成。

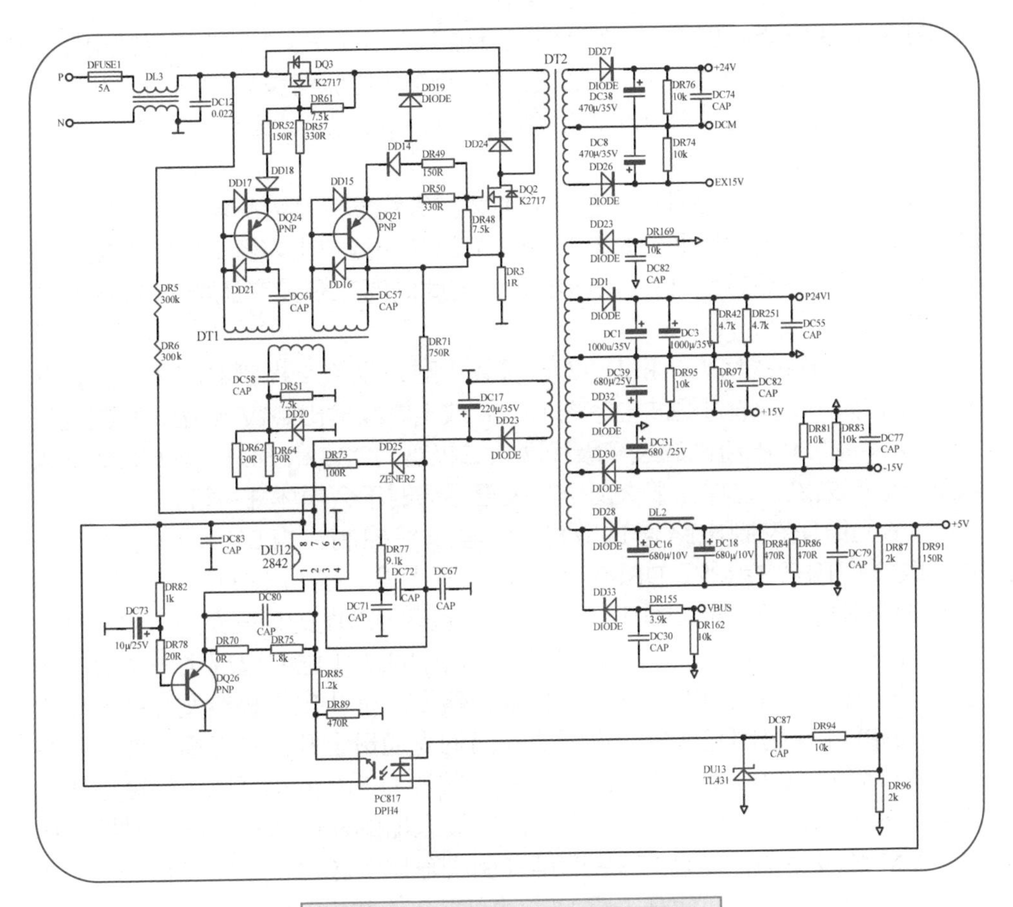

图 8-14　变频器开关电源电路图

变频器开关电源电路工作原理如下：

（1）PWM 控制器启动：当 530V 直流电压经启动电阻器 DR5、DR6 分压后，加到 PWM 控制器 DU12（2842）的第 7 引脚，为其提供启动电压。

（2）DU12 电源芯片启动后，其内部电路开始工作，其第 6 引脚内部连接的 PWM 波形成电路产生振荡脉冲，并由第 6 引脚输出，经电阻器 DR62、DR64，再由电阻器 DR51、稳压二极管 DD20 消噪和正向限幅后，加到激励变压器 DT1 的初级线圈产生感应电压。然后在激励变压器 DT1 的次级产生感应电压，经过整流滤波后输出同相位的两路脉冲，同步驱动开关管 DQ3 和 DQ2。

（3）当开关管 DQ3 和 DQ2 同时导通时，530V 输入电压全部加到开关变压器 DT2 初级线圈上产生的感应电压，使二极管 DD24 和 DD19 截止。

同时在开关变压器 DT2 的 1–2 反馈绕组也感应出 1 正、2 负的正反馈电压，该电压经整流二极管 DD19、滤波电容器 DC17 整流滤波后加到 DU12 芯片第 7 引脚的 VCC 端，为 PWM 控制器供电，取代启动电路维持电源正常振荡。

（4）与此同时，在开关变压器 DT2 次级线圈上感应的电压，使整流二极管 DD27 导通，然后通过整流二极管 DD27 和滤波电容器 DC38 组成的整流滤波电路处理后输出 24V 供电电压，与此同时在开关变压器 DT2 中建立起磁化电流。

（5）当开关管 DQ3 和 DQ2 同时截止时，整流二极管 DD27 截止，此阶段为储能阶段，通过滤波电容器 DC38 放电继续输出 24V 电压。开关变压器 DT2 中的磁化电流则通过初级线圈、二极管 DD24 和 DD19 向 530V 输入电源释放而去磁，这样在下次两个开关管导通时不会损坏开关管。

（6）稳压控制电路通过取样 5V 电压来控制，当 5V 输出电压上升时，取样电阻器 DR87、DR96 分压点电压上升，流过 DU13(精密稳压器 TL431)的阳极、阴极间的电流上升，因电阻器 DR91 的降压作用，精密稳压器 TL431 的阳极电压反而下降。精密稳压器 TL431 电路出现了一个负的电压放大倍数，回路电流的上升，使光耦合器 DPH4 中的二极管发光强度随之上升，DPH4 输出侧光敏晶体管因受光面的光通量上升，其导通等效内阻减小，由电阻器 DR85 输入到 PWM 控制器芯片 DU12 的第 2 脚（反馈电压引入脚）的电压升高，DU12 芯片内部误差放大器的输出增大，此信号控制内部 PWM 波发生器，DU12 芯片的第 6 引脚输出的脉冲占空比变化——低电平脉冲时间加长，从而使开关管 DQ3 和 DQ2 的截止时间变长，开关变压器 DU2 的储能减少，二次绕组输出电压回落。在因电网电压降低或负载电流上升，引起 5V 输出电压下降时，实施反过程稳压控制。

变频器驱动电路结构及工作原理

驱动电路的作用非常重要，它位于主电源电路和 CPU 控制电路之间，用来对 CPU 控制电路的信号进行放大（即放大 CPU 控制电路的信号使其能够驱动功率晶体管）。图 8-15 所示为某变频器的驱动电路。

图 8-15 某变频器的驱动电路

8.3.1 驱动电路的驱动 IC

变频器驱动电路的核心元器件是驱动 IC，驱动 IC 实质上是一种光耦器件，它可以实现对输入、输出侧不同供电回路的隔离，还可以输出功率驱动信号，驱动 IBGT 模块。变频器中常见的驱动 IC 型号如图 8-16 所示。

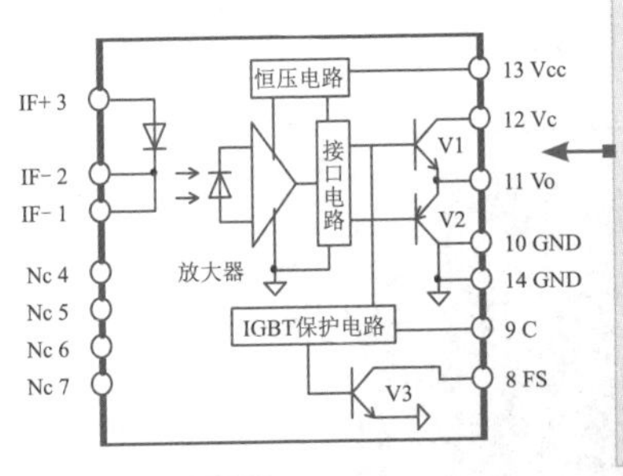

PC929 驱动芯片第 1、2 引脚为内部发光二极管阴极，第 3 引脚为发光管阳极，第 1、3 引脚构成了信号输入端，第 4、5、6、7 引脚为空端子。输入信号经内部光电耦合器、放大器隔离处理后经接口电路输入到推挽式输出电路。第 10、14 引脚为输出侧供电负端，第 13 引脚为输出侧供电正端，第 12 引脚为输出级供电端，一般应用中将第 13、12 引脚短接。第 11 引脚为驱动信号输出端，经栅极电阻接 IGBT 或后置功率放大电路。PC929 的第 9 引脚为 IGBT 管压降信号检测引脚，接收过流、过载等信号，将信号处理后，由第 8 引脚经过光耦合器将信号送入 CPU 中，从而发出报警信号，并停机保护。第 9、10 引脚经外电路并联于 IGBT 的 C、E 极上。IGBT 在额定电流下的正常管压降仅为 3V 左右。

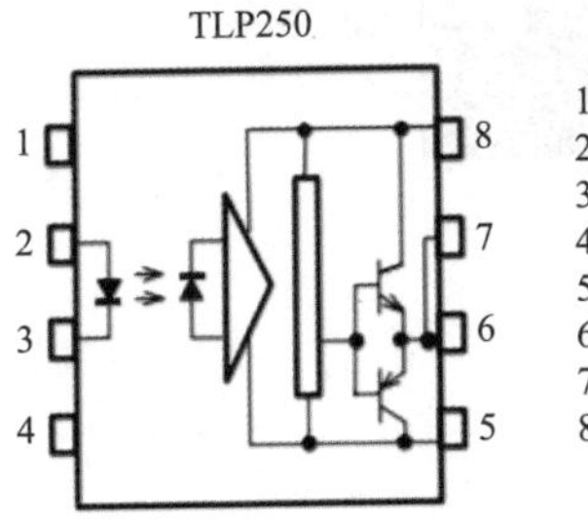

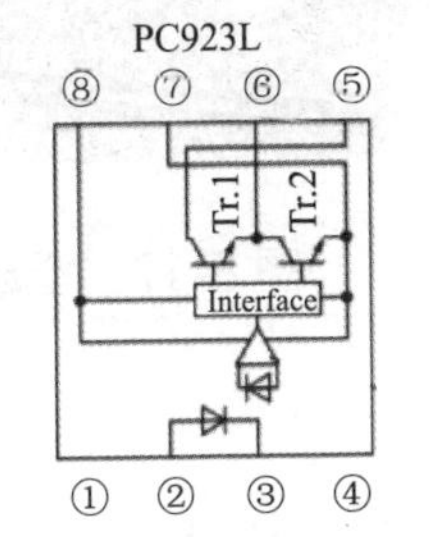

图 8-16 常见的驱动 IC 型号

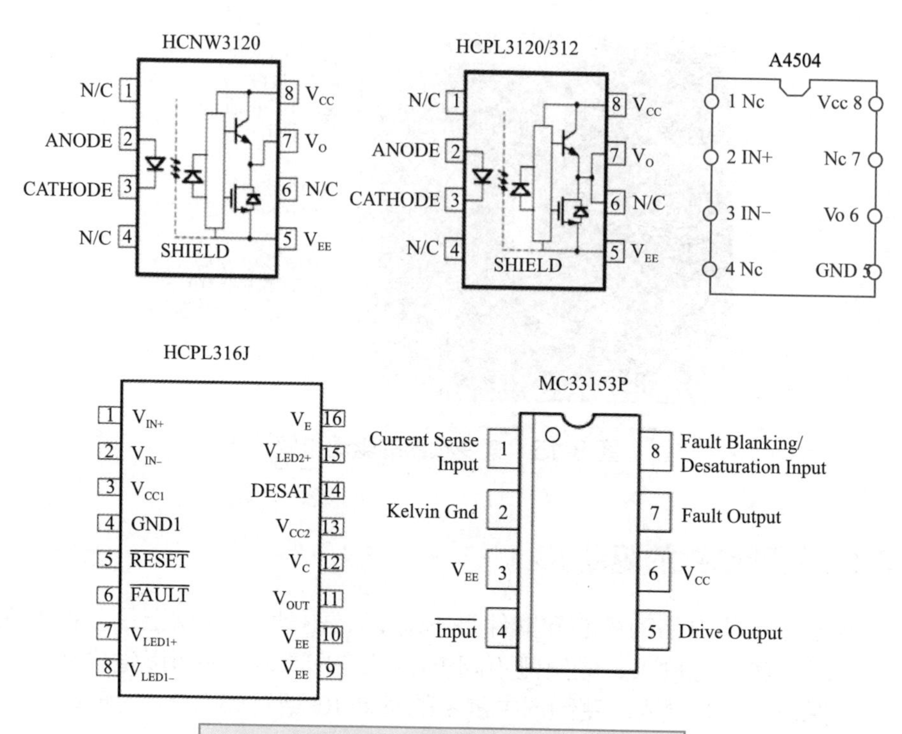

图 8-16　常见的驱动 IC 型号（续）

8.3.2　驱动电路工作原理

图 8-17 所示为某变频器的驱动电路电路图。

图 8-17　驱动电路电路图

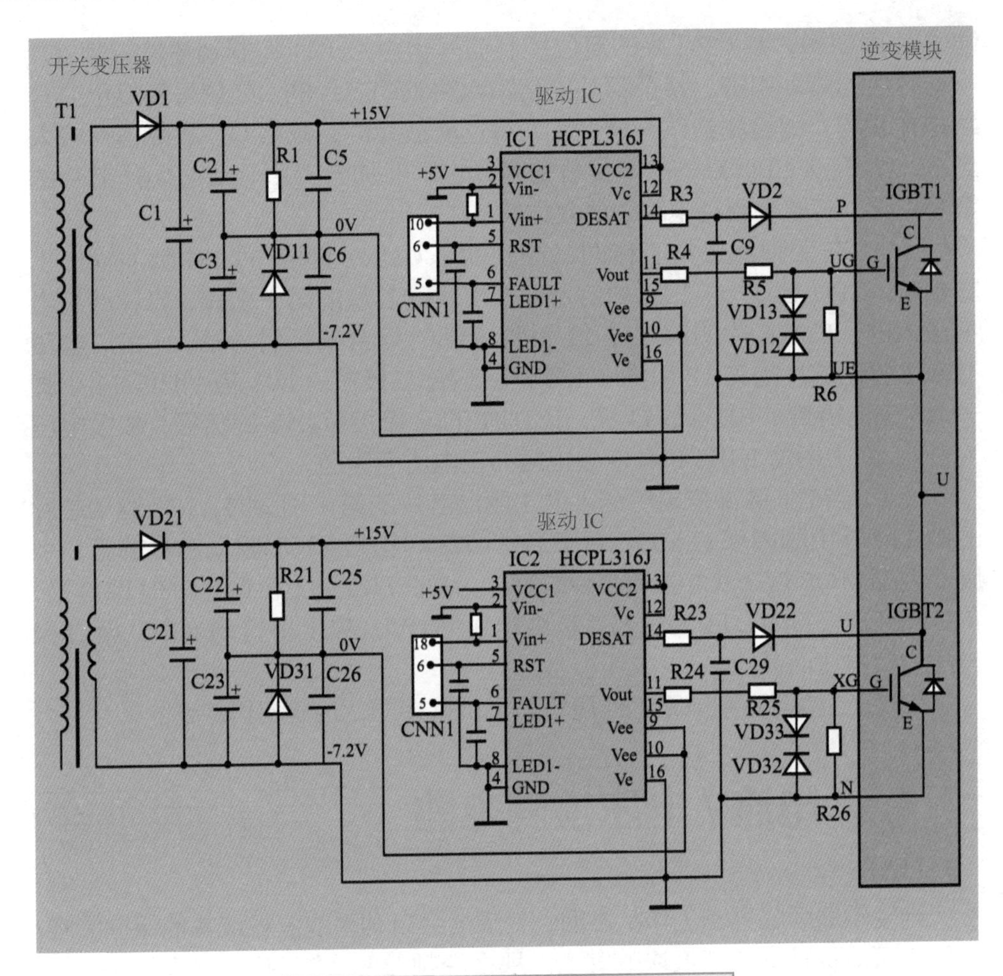

图 8-17　驱动电路电路图（续）

驱动电路工作原理如下：

（1）开关变压器 T1 二次绕组上的感应电动势经整流二极管 VD1 对电容器充得 22.2V 电压，该电压由电阻器 R1、稳压器 VD11 分成 15V 和 7.2V，以 R1、VD11 连接点为 0V，则 R1 上端电压为 +15V，VD11 下端电压为 −7.2V，+15V 送到 IC1（HCPL316J）驱动芯片的第 13、12 引脚作为输出电路的电源和正电压，−7.2V 电压送到 IC1 驱动芯片的第 9、10 引脚作为输出电路的负压。IC1 驱动芯片的左侧引脚为输入侧电路，右侧引脚为输出侧电路。无论是脉冲信号还是 OC 故障信号，都由内部光耦合器电路相隔离。

（2）IC1（HCPL316J）驱动芯片的输入侧的供电为 +5V，由 CPU 来的正向脉冲信号输入到 IC1 驱动芯片的第 3 引脚，经第 2 引脚到地形成输入信号通路；IC1 驱动芯片本身可能产生的 OC 信号由第 5 引脚经 CNN1 控制端子返回CPU，从CPU来的复位控制信号也由CNN1控制端子输入到IC1驱动芯片的第6引脚。整个驱动电路中六块驱动芯片的OC信号和复位信号端是并联的，即检测到任一臂IGBT有过流故障时，都将OC故障信号输入到CPU；而从CPU来的故障复位信号，也同时加到六片HCPL316J芯片的第6引脚，将整个驱动电路一同复位。

（3）在变频器正常工作时，控制端子CNN1直接与CPU脉冲输出引脚相连，CPU会送U+相脉冲信号到IC1驱动芯片的第1引脚，当脉冲高电平送入时，IC1芯片的第12、11引脚内部的复合三极管导通，+15V电压经IC1驱动芯片的第12引脚→IC1芯片内部三极管→IC1芯片的第11引脚→R5→上桥臂IGBT1的G极，IGBT1的E极接VD11的负极，E极电压为0V，故上桥臂IGBT1因G极电压为正电压而导通。

（4）当U+脉冲低电平送入IC1驱动芯片的第1引脚时，IC1驱动芯片的第11、9引脚内部的MOS管导通，−7.2V电压经IC1驱动芯片的第9引脚→内部MOS管→IC1驱动芯片的第11引脚→R5→上桥臂IGBT1的G极，IGBT的E极接VD11的负极，E极电压为0V，故上桥臂的IGBT因G极电压为负电压而截止。

（5）下桥臂驱动电路工作原理与上桥臂相同，这里不再叙述。

电流/电压检测电路

当变频器面临异常工作状态时，变频器会自动采取停机或其他保护措施，尽最大可能保护IGBT模块的安全。那么变频器怎么知道遇到危险电压或电流呢？它会通过电流和电压检测电路来监控电路，获得危险信息。

8.4.1 电压检测电路

电压检测电路是变频器故障检测电路中的重要组成部分，该电路主要对直流母线电压和驱动电路中驱动芯片供电电压进行监测。其中，对驱动芯片供电电压的监测主要由驱动芯片内部保护电路执行，预防IGBT出现欠激励现象。下面重点讲解对直流母线进行监测的电压检测电路，如图8-18所示。

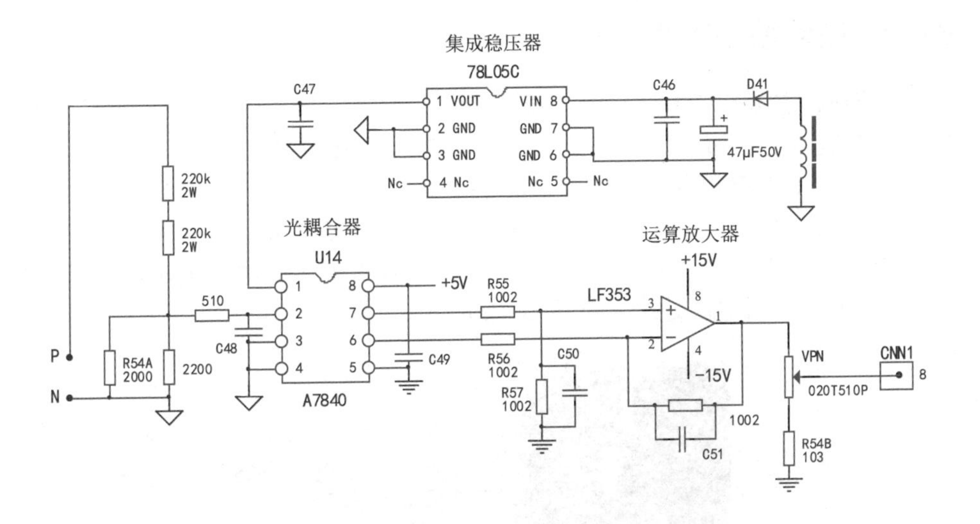

(1) 电路工作原理：图中电压检测电路直接对P、N端DC530V整流后的电源电压进行采样，形成电压检测信号。电路中U14线性光耦合器的输入侧供电，由开关变压器的独立绕组提供的交流电压，经整流滤波、由78L05稳压处理得到5V电源所提供，电源地端与主电路N端同电位。输出侧供电，则由主板+5V所提供。

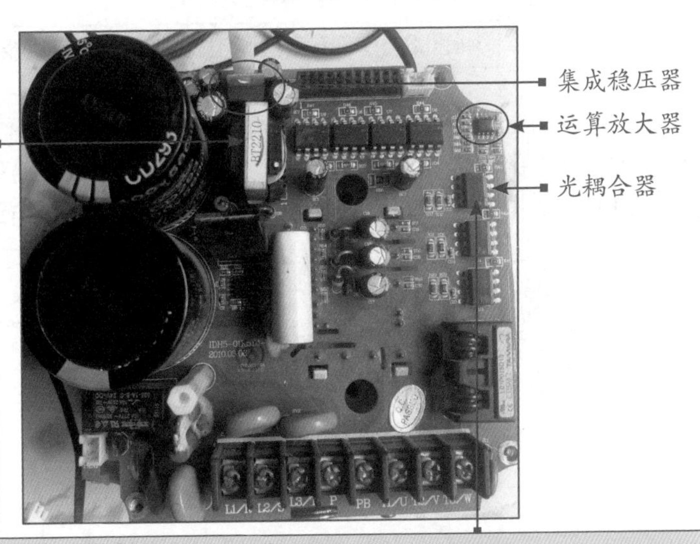

(2) 直流母线P、N端的DC530V电压，经两个220kΩ电阻器分压，取得约120mV的电压。这个120mV电压加到U14（线性光耦合器）的第2/3引脚之间，经过8倍幅度的放大，在第6、7引脚输出。由运算放大器LF353组成的差动放大器，输出的电压大小是U14的第6、7引脚的电压差值。虽然电压幅度没有放大，但电流驱动能力提高，输出电压经电位器取样调节后，形成VPN直流电压检测信号，经CNN1端子，送入CPU控制电路进行检测。

图8-18　电压检测电路

8.4.2 电流检测电路

电流检测电路主要对 IGBT 模块在导通期间的管压降进行检测，继而判断 IGBT 是否处于过流、短路状态，并实施软关断与停机保护措施。

变频器中电流检测电路有多种形式，对于大功率的变频器多采用霍尔传感器检测 IGBT 模块的电流。它是利用输出导线穿过传感器产生的磁场大小来测定电流大小。霍尔传感器输出一个跟电流成正比的电压或电流信号，信号再送 CPU 控制电路处理，如图 8-19 所示。

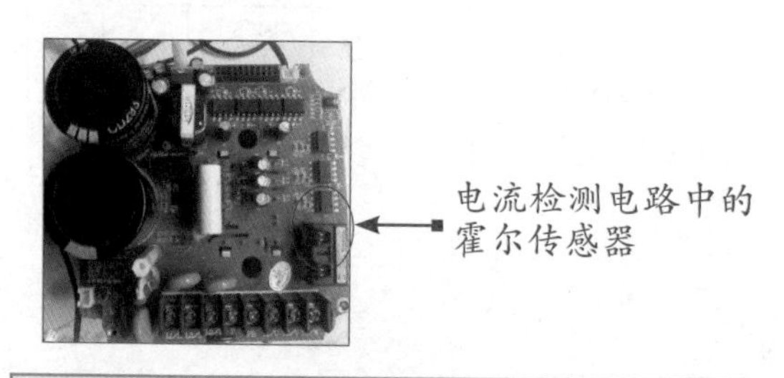

图 8-19　电流检测电路中的霍尔传感器

针对小功率变频器则是利用采样电阻器来采样 IGBT 模块的电流信号，将电流信号转化为毫伏级电压信号，然后经过光耦合器和比较器放大后，输出给 CPU 控制电路。图 8-20 和图 8-21 所示电流检测电路。

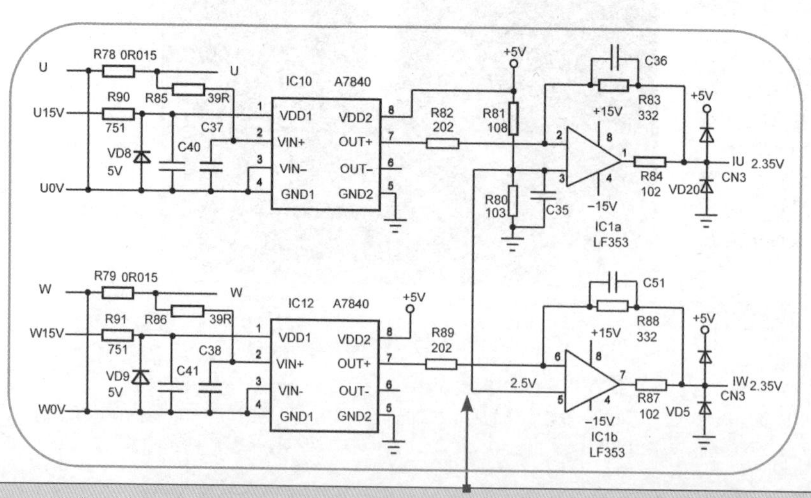

图中，在 U、W 输出电路中直接串接 R78、R79 电流采样电阻器，此电阻器上的电压信号经电阻器 R85、R86 引入到 IC10、IC12（A7840）的信号输入端（第 2 引脚）。然后由 IC10、IC12 进行光电隔离和线性传输，放大 8 倍后由第 7 引脚输出，再经 IC1（LF353）进行放大后，送后级电流检测与保护电路处理，之后送入 CPU 控制电路。CPU 处理之后发出控制指令让变频器停机，并发出故障报警。

图 8-20　电流检测电路

（1）电阻器R3、电容器C9、二极管D2及U1驱动芯片内部的IGBT过流检测电路等构成上桥臂IGBT过流保护电路。在上桥臂IGBT正常导通时，C、E极之间的导通压降一般在3V以下，二极管D2负极电压低，U1驱动芯片的第14引脚电压被拉低，U1驱动芯片内部的IGBT检测保护电路不工作。如果IGBT的C、E极之间出现过流，C、E极之间导通压降会升高，二极管D2负极电压升高，U1驱动芯片的第14引脚电压被抬高，若过流使IGBT导通压降达到7V以上，U1驱动芯片的第14脚电压被抬高很多，U1驱动芯片内部IGBT检测保护电路动作，它一方面控制U1驱动芯片停止从第11引脚输出驱动信号，另一方面让U1驱动芯片从第6引脚输出低电平去CPU，表示IGBT出现过流，同时切断U1驱动芯片内部输入电路。

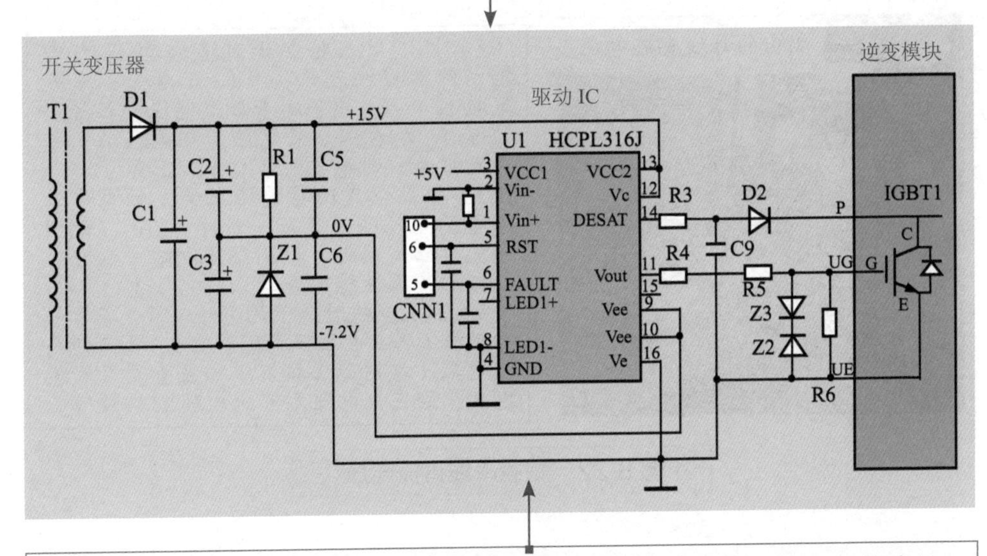

（2）当IGBT发生过电流时，第11引脚输出的驱动电压下降，使IGBT软关断，以避免陡然关断由引线电感引起过电压而导致IGBT损坏。
（3）过流现象排除后，给U1驱动芯片的第5引脚输入一个低电平信号，对内部电路进行复位，U1驱动吸盘重新开始工作。R6用于释放IGBT栅电容器上的电荷，提高IGBT通断转换速度，Z3、Z2用于抑制窜入IGBT栅极的大幅度干扰信号。

图8-21　由HCPL316L驱动芯片组成的电流检测电路

8.5 变频器主要电路故障维修方法

前面几节我们了解了变频器电路的组成结构，并通过电路原理图梳理了主要电路的工作原理；接下来我们分析变频器主要电路的故障、原因及维修方法。

8.5.1 主电路故障维修方法

1. 整流电路故障维修方法

测量主电路中的整流电路时，先将变频器通电，然后用万用表检测直流母线接线柱的电压是否正常。如果直流电压正常，说明整流电路工作正常。测量时测量两次，一次带负载测量，一次空载测量。主电路中的整流电路故障维修方法如图 8-22 所示。

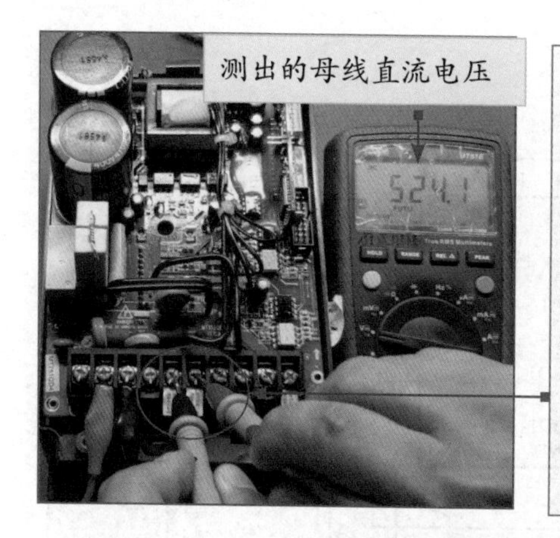

（1）将万用表挡位调到直流电压 750V 挡，然后将红表笔接 P（+）端子，黑表笔接 N（—）端子测量母线电压。正常应为 530V 左右，如果电压为 0 或很低，或为无穷大，则整流电路工作不正常。
（2）如果空载测量电压正常，带负载时测量的电压明显下降（低于 450V），说明整流电路有问题，检测整流电路中的整流二极管是否性能下降。
（3）如果空载时测量的电压较低，而负载电动机不转，电压下降到十几伏，则可能是继电器（接触器）损坏。如果直流母线无电压，则充电电阻器可能出现断路故障。

图 8-22　测量母线直流电压

2. 中间电路中充电限流电阻器故障维修方法

充电限流电阻器常见的故障分析如图 8-23 所示。

（1）充电限流电阻器最常见的故障就是开路损坏。由于其要在短时间内承受大电流的冲击，使用时间长了容易被烧断。
（2）如果充电继电器、充电接触器触点接触不良或控制电路不良时，充电限流电阻器要承受起动和运行电流，会因为过热而损坏。

（3）正常的变频器在开机上电时，会听见继电器或接触器吸合的声音，“啪哒”或“哐”的一声，如果没有声音，则需要检查继电器或接触器触点不闭合，及控制电路故障。注意有些故障变频器虽然上电时能听到继电器或接触器的吸合声，但由于触点因烧灼、氧化、油污等接触不良，而造成烧坏充电限流电阻器的情况。

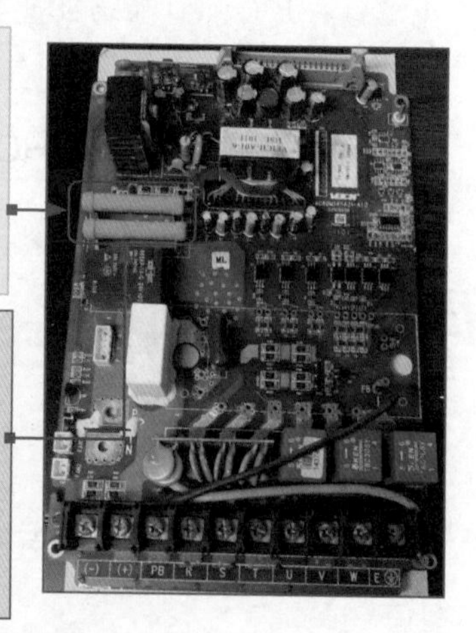

图 8-23　充电限流电阻常见的故障分析

在检修充电限流电阻器时，根据电阻器的容量选择万用表相应的欧姆挡位，然后直接测量充电限流电阻器的阻值是否正常，如图 8-24 所示。

一般充电电阻器的容量为几千欧，可以用欧姆挡的 40k 挡量程测量。

测量后，如果充电阻值变小或为无穷大，说明充电电阻器损坏，直接更换即可。

图 8-24　充电限流电阻器的检测方法

3. 滤波电路中滤波电容器故障维修方法

在滤波电路中最容易出现的故障是滤波电容器，滤波电容器常见的故障分析如图 8-25 所示。

（1）滤波电容器一般容易出现漏液、漏电、击穿、鼓顶或封皮破裂、容量变小等故障现象。滤波电容器的这些故障可使滤波后直流电压降低，严重时使主电路的保护电路动作，或通电烧坏熔断器，或电气设备中的空气开关断开。
（2）滤波后的直流电压降低后会使逆变电路与二次开关电源电路的工作电压达不到标准值而不能正常工作。

图 8-25　滤波电容器常见的故障分析

在检修滤波电容器时先切断变频器的供电，然后再将滤波电容器放电（可以将储能电容器两只引脚间连接一只大容量电阻器，或直接短路电容器两只引脚进行放电），然后用万用表欧姆挡测量滤波电容器的充放电特性，判别是否漏电或击穿。如图 8-26 所示。

（1）首先用数字万用表的蜂鸣挡（或指针万用表的 R×1kΩ 挡）在路测量。
（2）先对电容器进行放电，然后将万用表的两只表笔接滤波电容器的两只引脚进行测量。
（3）如果测量的阻值为 0，说明滤波电容器被击穿损坏。
（4）如果阻值不断变化，最后变成无穷大，说明滤波电容器基本正常。如果想准确测量电容器，可以拆下电容器测量其电容量来判断好坏。

滤波电容器

图 8-26　检测滤波电容器好坏

4. 制动电路故障维修方法

制动电路中最容易损坏的元器件是制动开关管和制动电阻器。在瞬间电流过大或脉冲过大时，会使制动开关管饱和导致制动开关管损坏。制动电路常见的故障分析如图 8-27 所示。

（1）制动开关管或制动电阻器开路，制动电路失去对电动机的制动功能，同时滤波电容器两端会充得过高的电压，易损坏主电路中的元件。
（2）制动电阻器或制动开关管短路，主电路电压下降，同时增加整流电路负担，易损坏整流电路。

变频器　制动电阻

图 8-27　制动电路常见的故障分析

在小功率变频器中，会内置制动开关管和制动功率电阻器，根据直流回路的电压检测信号，直接或由 CPU 输出控制指令控制制动开关管的通断，将制动电阻器并接入直流回路，使直流回路的电压增量，变为电阻器的热量耗散于空气中。

在检测制动电路时，可以先测量制动开关管基极脉冲电压是否正常，然后检测制动电阻器、制动开关管本身是否正常，如图 8-28 所示。

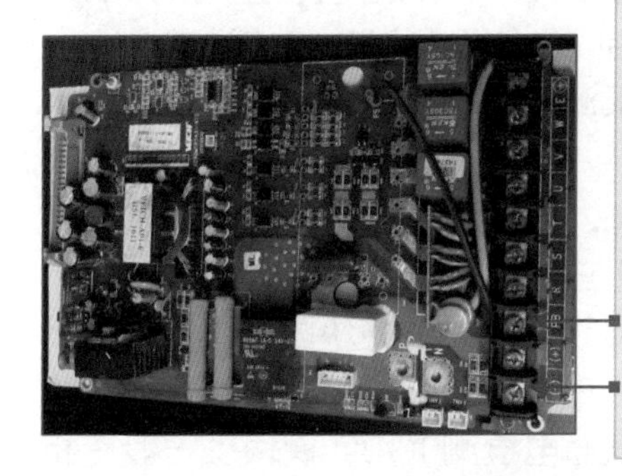

（1）测量制动开关管可以通过 PB 端子和“（–）”端子来测量。将万用表调到欧姆 400k 挡（指针万用表调到 R×10k 挡）进行测量。
（2）红黑两只表笔分别接 PB 端子和“（–）”测量一次阻值，然后调换两只表笔再测一次阻值。
（3）如果两次测量中有阻值为 0 或很小的情况，说明制动开关管被击穿损坏。
（4）如果两次测量的阻值相差较大，说明开关制动管正常。
（5）如果两次测量的阻值都为无穷大，说明制动开关管可能性能不良，需要将制动开关管拆下来在开路状态下重新测量。

图 8-28　测量制动电路元件

5. 逆变电路故障维修方法

逆变电路的检测方法如下。

（1）检修逆变电路时，一般在通电检查前先判断 IGBT 模块内部元器件是否有损坏。可通过测量变频器的 U、V、W 端子与 P（+）、N（–）端子间管电压，来判断 IGBT 模块中元器件是否损坏。测量方法如图 8-29 所示。

（1）测量时先将万用表的挡位调到二极管挡，将红表笔接变频器的 N（–）端子，黑表笔分别接变频器的 U、V、W 端子测量逆变电路中下桥臂中元器件，正常值约为 0.46V，且各相基本相同。
（2）将万用表的黑表笔接 P（+）端子，红表笔分别接 U、V、W 端子测量逆变电路中上桥臂中元器件，正常值应为 0.46V，且各相基本相同。
（3）如果测量的值为无穷大，则 IGBT 模块中元器件有断路故障；如果测量的阻值为 0，则 IGBT 模块中的元器件有短路故障。

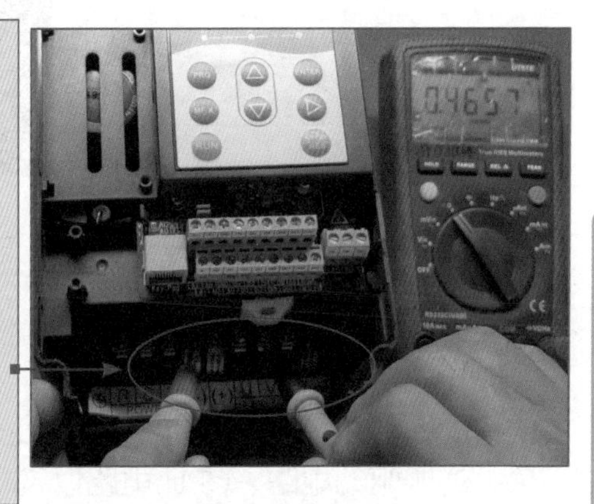

图 8-29　测量 IGBT 模块中上桥臂和下桥臂的元器件

另外，我们还可以用测量阻值的方法来判断 IGBT 模块好坏。

测量时先将万用表的挡位调到 R×10 挡（指针万用表）或欧姆挡的 200 挡（数字万用表），然后将红表笔接变频器 IGBT 模块的 P 端引脚，黑表笔分别接 IGBT 模块的 U、V、W 端引脚测量上桥臂中元器件的阻值，正常的 IGBT 模块会有几十欧的阻值，且各相阻值基本相同。如果测量的阻值为无穷大，则 IGBT 模块中元器件有断路故障；如果测量的阻值为 0，则 IGBT 模块中的元器件有短路故障。

接下来将万用表的黑表笔接 IGBT 模块的 N 端引脚，红表笔分别接 IGBT 模块的 U、V、W 端引脚测量下桥臂中元器件的阻值，正常的 IGBT 模块会有几十欧的阻值，且各相阻值基本相同。如果测量的阻值为无穷大，则 IGBT 模块中的元器件有断路故障；如果测量的阻值为 0，则 IGBT 模块中的元器件有短路故障。

最后测量 U、V、W 三个端子间的阻值，将万用表的两只表笔分别接在 U 和 V，U 和 W，V 和 W 端子，分别测量三个端子中任意两个间的阻值，正常应该为无穷大。如果阻值很小或为 0，则说明 IGBT 模块内部击穿损坏。

（2）如果 IGBT 模块内部元件没有损坏的情况，且在检测整流电滤波路和驱动电路均正常的情况下，接下来才可以通电检测 IGBT 模块。一般三相变频器的供电电压为 450~530V 直流电压，单相变频器的供电电压为 300V 直流电压。测量方法如图 8-30 所示。

①将万用表的挡位调到直流 750V 挡，然后带电测量接线端子中的 P（+）端子和 N（-）端子间的电压（这两个端子就是逆变电路中 P、N 两个引脚）。
②如果测量的供电电压正常，则故障是逆变电路引起的；如果供电电压不正常，则故障是由整流电路或中间电路问题引起的。

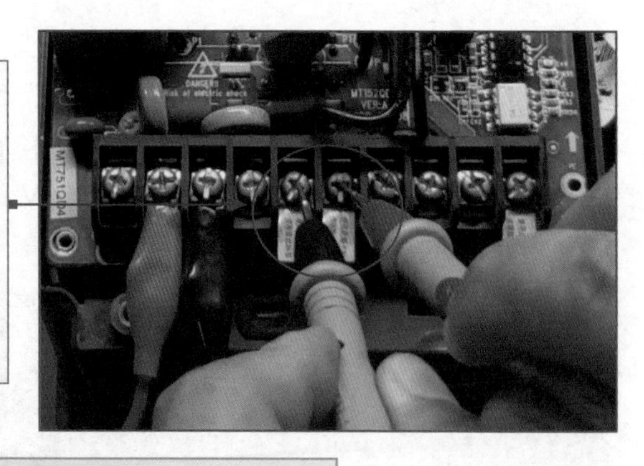

图 8-30　测量逆变电路供电电压

（3）再检测驱动电路输出的控制变频管的方波信号是否正常。测量时，一般采用示波器测量波形的状态（图 8-31）。如果方波脉冲的波形正常，就证明 CPU 电路以及脉冲驱动电路都处于正常工作状态。如果方波脉冲有异常现象，说明驱动电路、CPU 电路以及供电电路有故障。如果没有示波器，则可以采用万用表的 20V 直流电压挡测量变频管的脉冲电压六相是否都正常，一般六相都是相同的脉冲，大小为 3~5V。

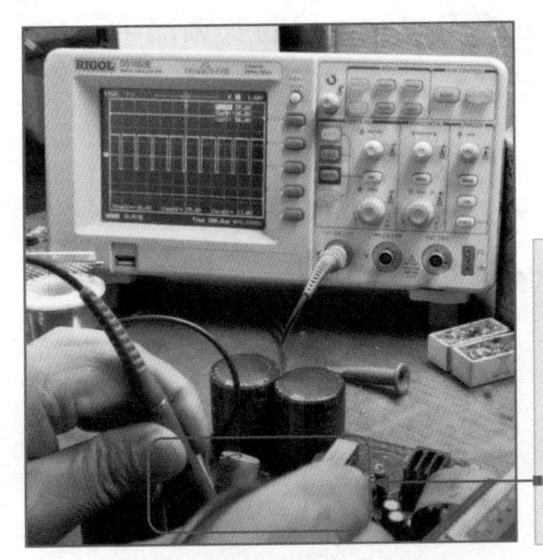

将示波器的表笔接 IGBT 模块驱动信号输入引脚，测量驱动电路的输出波形。如果测量的波形为矩形波形，则说明驱动芯片工作都正常；如果没有矩形波形，则可能驱动芯片损坏，更换即可。

图 8-31　测量驱动芯片的输出信号

（4）如果逆变电路的供电电压和控制方波信号均正常，接着通过测量 IGBT 模块的 U、V、W 输出电压来判断 IGBT 中是否有变频管损坏。测量方法如图 8-32 所示。

（1）将变频器输出频率调到 3Hz 左右，然后将万用表的挡位调到直流电压 750V 挡，然后分别测量 P−U、P−V、P−W 及 U−N、V−N、W−N 之间的直流电压。
（2）如果上述几次测量出的电压值为直流母线电压的一半，说明 IGBT 模块中的变频管均正常；如果测量的电压偏高，则所测量的这一路变频管损坏。

图 8-32　测量 IGBT 模块输出电压

8.5.2　IGBT 模块好坏检测方法

变频器中的 IGBT 模块有很多种，常用的有用在大功率变频器中的集成双变频管的 IGBT 模块和用在中小变频器中的集成整流电路、制动电路和六只变频管的 IGBT 模块。下面我们分别讲解这两种 IGBT 模块的好坏检测方法。

1. 集成双变频管 IGBT 模块好坏检测方法

集成双变频管的 IGBT 模块主要用在大功率的变频器中，其内部集成 2 个变频管，如图 8-33 所示。

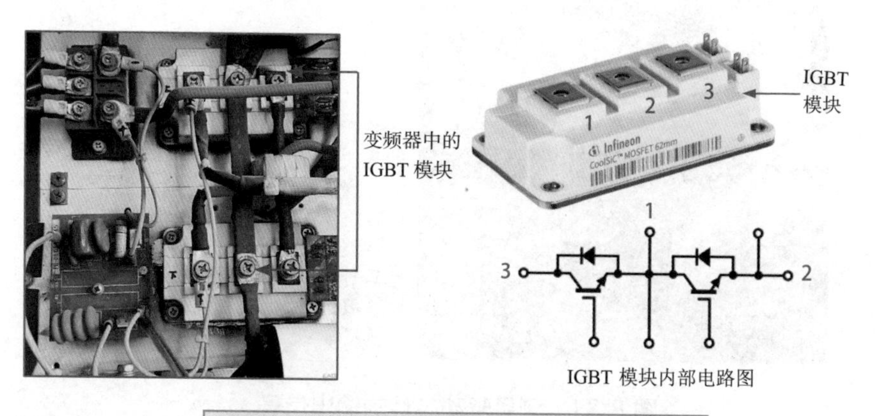

图 8-33 集成双变频管的 IGBT 模块

检测集成双变频管的 IGBT 模块时，使用数字万用表的二极管挡进行测量，如图 8-34 所示（以英飞凌 IGBT 模块为例讲解）。

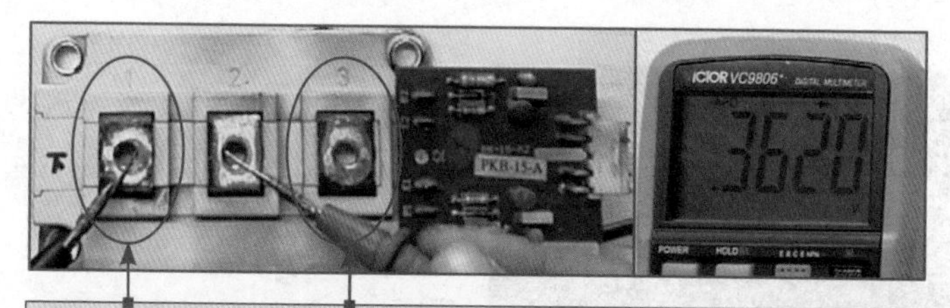

（1）首先将数字万用表调到二极管挡，然后将红表笔接第 2 引脚，黑表笔接第 1 引脚，测量的值约为 0.36V，测量值正常。如果测量值为 0，说明模块中所测变频管被击穿，如果测量值为无穷大，说明所测变频管断路损坏。

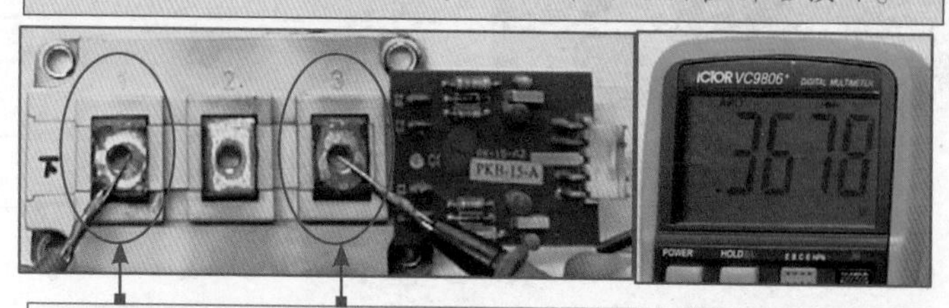

（2）接着将红表笔接第 1 引脚，黑表笔接第 3 引脚，测量的值约为 0.37V，测量值正常。如果测量值为 0，说明模块中所测变频管被击穿，如果测量值为无穷大，说明所测变频管断路损坏。

图 8-34 集成双变频管的 IGBT 模块好坏检测方法

2. 集成整流电路、制动电路、六只变频管的 IGBT 模块好坏检测方法

在中小功率的变频器中，普遍采用集成整流电路、制动电路、六只变频管、热敏电阻器的IGBT 模块，这种高集成度IGBT 模块，可以减少电路间的干扰，减少故障发生率。如图 8-35 所示为 IGBT 模块引脚图及内部电路图。

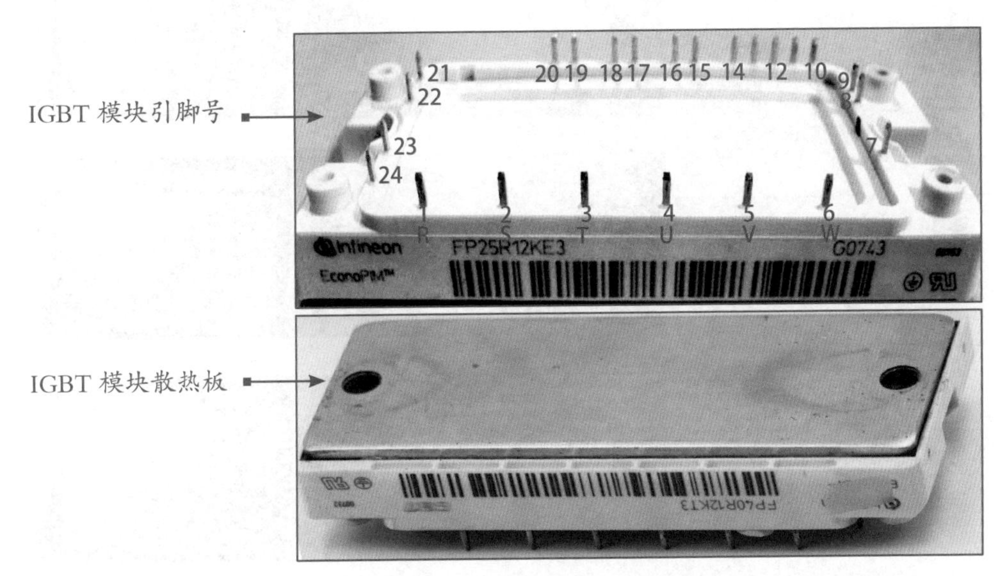

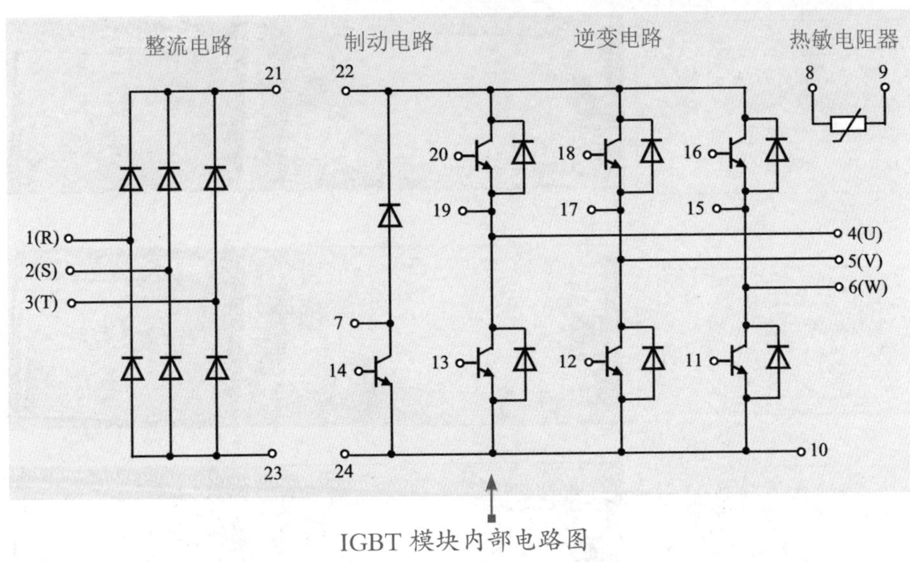

图 8-35 IGBT 模块引脚图及内部电路图

检测集成整流电路、制动电路、六只变频管的 IGBT 模块时，使用数

字万用表的二极管挡进行测量，如图 8-36 所示（以英飞凌 IGBT 模块为例讲解）。

（1）首先将数字万用表调到二极管挡，然后将红表笔接第 21 引脚，黑表笔接第 1 引脚，测量整流电路中上臂整流二极管，测量的值约为 0.49V，测量值正常。

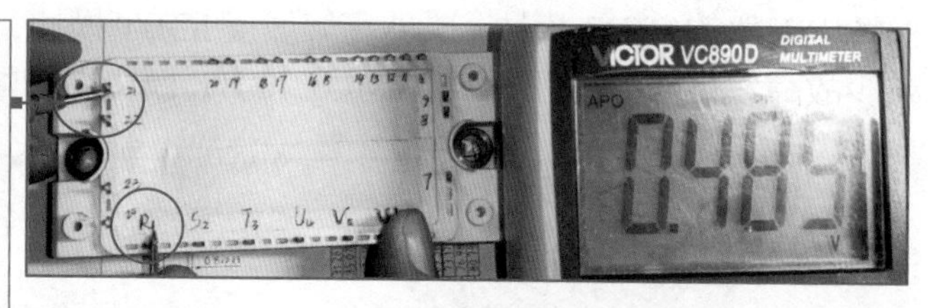

（2）将红表笔接第 21 引脚，黑表笔接第 2 引脚，测量的值约为 0.49V，测量值正常。

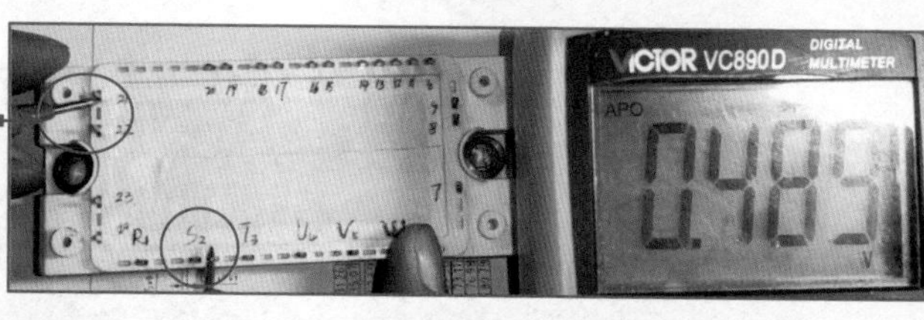

（3）将红表笔接第 21 引脚，黑表笔接第 3 引脚，测量的值约为 0.49V，测量值正常。

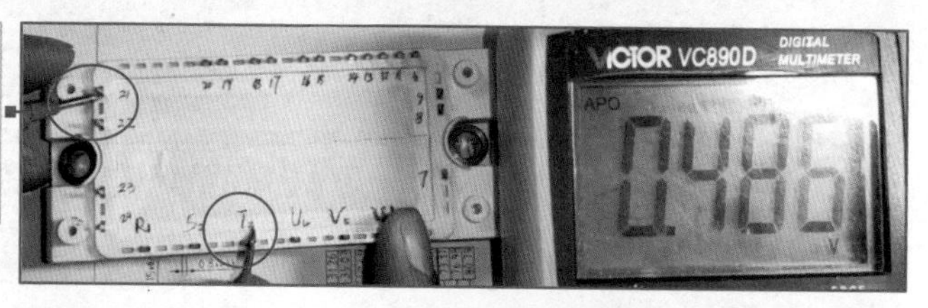

（4）将红表笔接第 23 引脚，黑表笔接第 1 引脚，测量整流电路中下臂整流二极管，测量的值约为 0.49V，测量值正常。

（5）将红表笔接第 23 引脚，黑表笔接第 2 引脚，测量的值约为 0.49V，测量值正常。

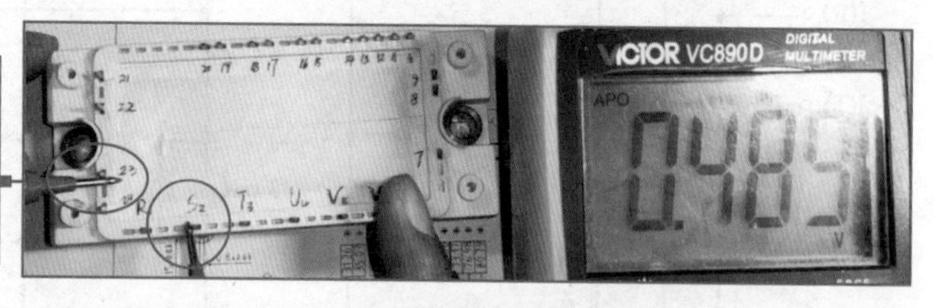

（6）将红表笔接第 23 引脚，黑表笔接第 3 引脚，测量的值约为 0.49V，测量值正常。六次测量值均正常，说明整流电路正常。

图 8-36　IGBT 模块检测方法

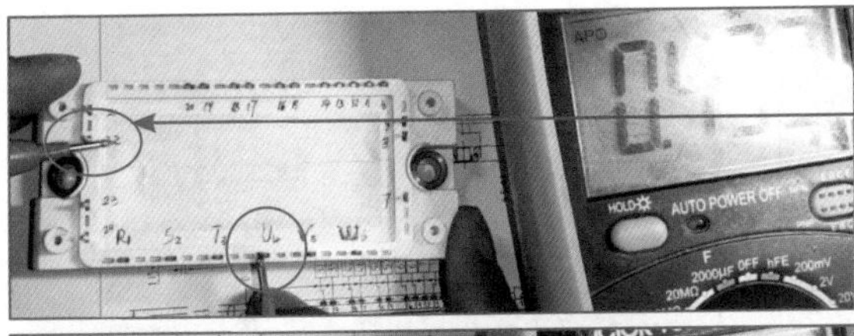

(7)接着将红表笔接第22引脚，黑表笔接第4引脚，测量逆变电路中上臂中的变频管，测量的值约为0.43V，测量值正常。

(8)将红表笔接第22引脚，黑表笔接第5引脚，测量逆变电路中上臂中的变频管，测量的值约为0.43V，测量值正常。

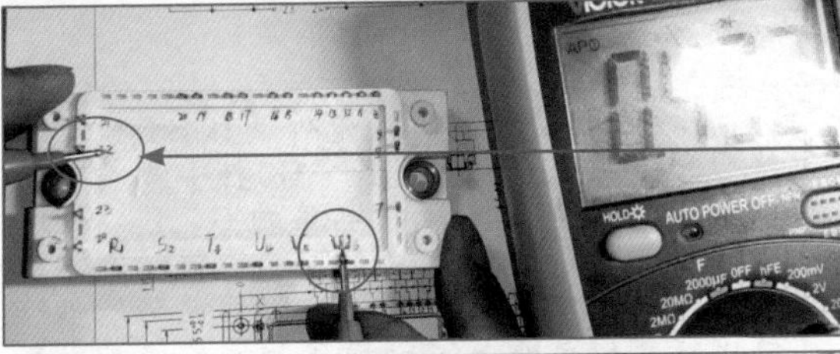

(9)将红表笔接第22引脚，黑表笔接第6引脚，测量逆变电路中上臂中的变频管，测量的值约为0.43V，测量值正常。

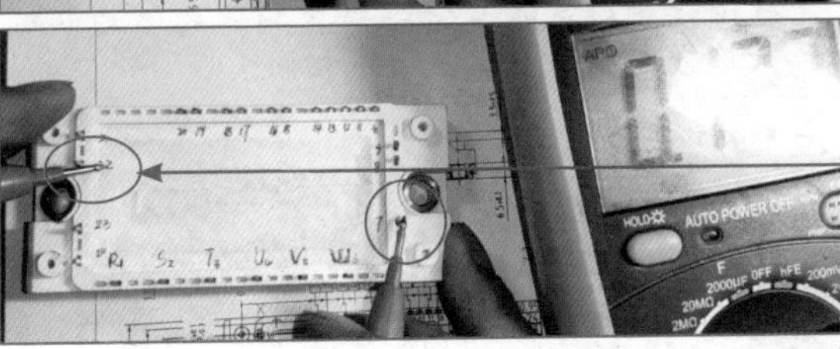

(10)将红表笔接第22引脚，黑表笔接第7引脚，测量制动电路中二极管，测量的值为0.43V，测量值正常。说明制动电路正常。

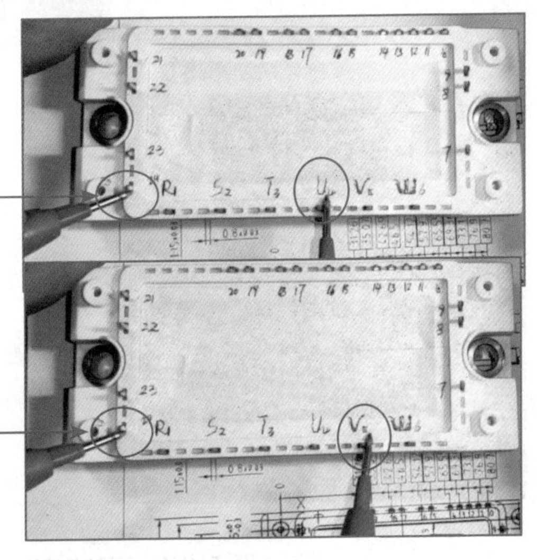

(11)接下来将红表笔接第24引脚，黑表笔接第4引脚，测量逆变电路中下臂中的变频管，测量的值约为0.43V，测量值正常。

(12)将红表笔接第24引脚，黑表笔接第5引脚，测量逆变电路中下臂中的变频管，测量的值约为0.43V，测量值正常。

图8-36 IGBT模块检测方法（续）

（13）将红表笔接第24引脚，黑表笔接第6引脚，测量逆变电路中下臂中的变频管，测量的值约为0.43V，测量值正常。由于六次测量中，测量值均正常，因此逆变电路中的六只变频管均正常。

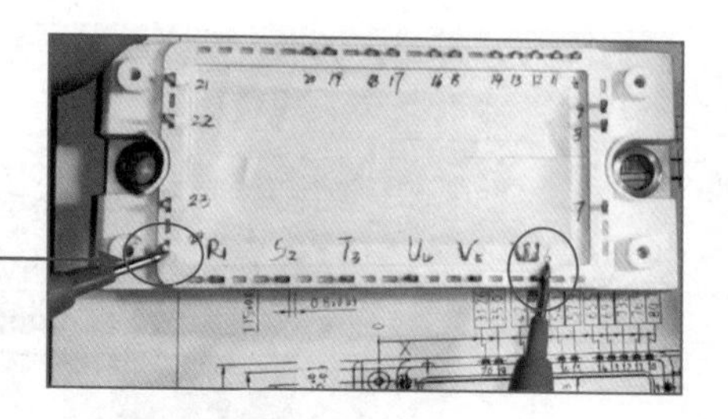

图 8-36　IGBT 模块检测方法（续）

8.5.3　驱动电路故障检测维修方法

驱动电路故障检测维修方法如图 8-37 所示。

（1）检修驱动电路时，先拆下IGBT模块，然后用万用表电阻挡（R×1K挡）测量驱动电路中的六路分支驱动电路的G、E端之间的阻值，是否驱动上臂变频管的驱动电路基本一致，驱动下臂变频管的驱动电路基本一致（注意：三菱、富士等变频器的驱动电路六路分支驱动电路阻值不相同）。

（2）如果阻值都基本相同，接着通电用万用表测量六路分支驱动电路的G、E间的直流电压，正常为负几伏电压。

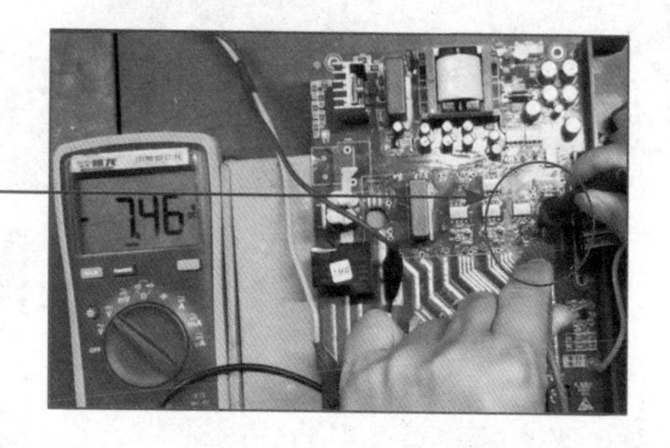

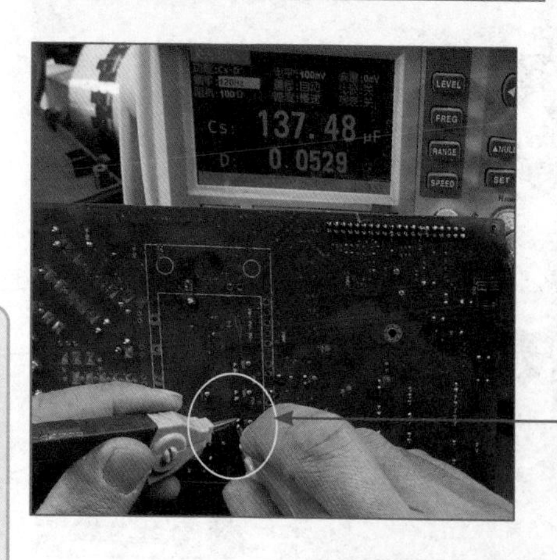

（3）如果不正常，就逐一检查驱动电路中的二极管、电阻器、电容器等元器件是否损坏，及驱动芯片的总供电是否正常，如果各驱动芯片的总供电电压为0，则开关电源电路有故障；如果各驱动芯片的供电电压很低，先断开芯片供电端，测开关电源的空载电压，如果空载电压正常，则可能是各驱动芯片内电阻值减小，拉低芯片总供电电压。

图 8-37　驱动电路故障检测维修方法

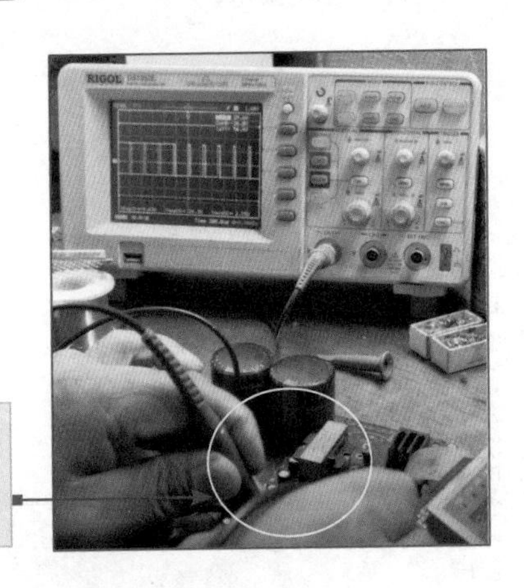

(4) 检查完这些之后，再用示波器检查一下各驱动电路输出的波形是否正常。

图 8-37　驱动电路故障检测维修方法（续）

提示：在维修完驱动电路后，将 IGBT 模块连接到驱动电路之前，最好先连接串联一个灯泡或一个功率大一点的电阻测试一下电路好坏，在确保 100% 正常的情况下，再将 IGBT 模块接入，否则有可能会由于没有完全修复故障导致 IGBT 模块烧坏。

8.5.4　上电整机无反应无显示故障维修方法

变频器开关电源故障通常表现为上电整机无反应无显示等故障现象，此故障维修方法如图 8-38 所示。

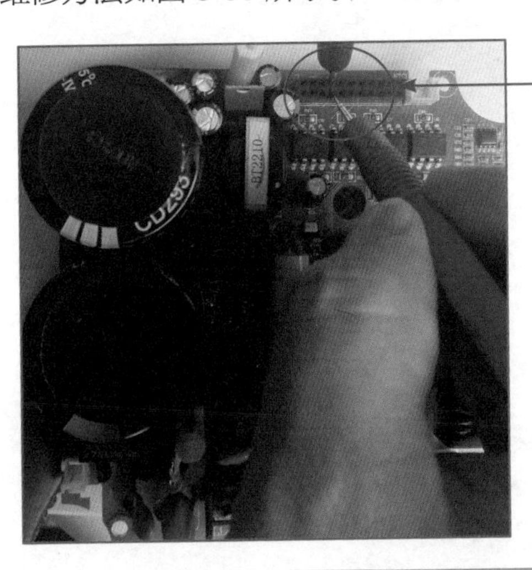

(1) 首先用万用表直流电压 200V 挡，测量 15V 和 5V 输出电压，如果电压都为 0，说明开关电源电路有问题。

图 8-38　上电整机无反应无显示故障维修方法

（2）接下来检查开关电源的供电来源，用万用表的直流电压 1000V 挡，上电的情况下，测量直流母线 535V 或 310V 电压是否正常。如果电压不正常，接着重点检查整流滤波电路中的限流电阻器是否开路、整流电路中的二极管是否损坏、接触器或继电器常触点是否氧化或接触不良，450V 滤波电容器是否击穿或老化。

（3）如果测量的直流母线的 535V 或 310V 电压正常，说明开关电源电路的供电正常。接着检测开关变压器次级负载电路有无短路等故障，如滤波电容器是否击穿短路，整流二极管有无击穿，电感器有无开路等。开关电源负载侧的故障率较高，振荡和稳压环节的故障一般少一些。

图 8-38　上电整机无反应无显示故障维修方法（续）

第9章 工业电路板维修实战

在维修电路板的过程中，实践经验很重要，实践经验丰富，可以提高维修的效率。本章将重点列举常见工业电路板维修实例，为读者积累实践经验。

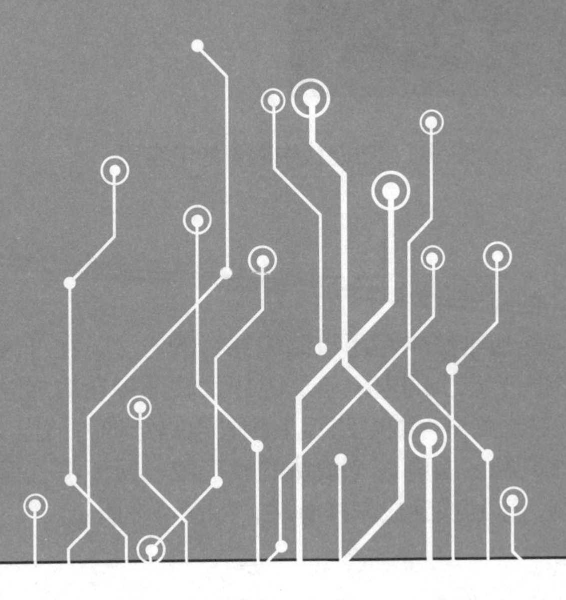

工业电路板常用维修方法

工业电路板常用维修方法有很多，如电阻法、电压法等，下面详细讲解常用的维修方法。

9.1.1 观察法

观察法是电路板维修过程中最基本、最直接和最重要的一种方法，通过观察电路板的外观以及电路板上的元器件是否异常来检查故障，如图 9-1 所示。

在维修电路板时，首先观察电路板上的电容器是否有鼓包、漏液或严重损坏；电阻器、电容器引脚或焊点是否有异常，表面是否烧焦；芯片是否开裂，电路板上的铜箔是否烧断；各个接口插头、插槽、插座是否歪斜；查看是否有金属导电物掉进电路板上的缝隙里面。查看电路板上各条线路是否有短路、断路。

图 9-1　电路板中爆裂的电容器

9.1.2 比较法

比较法也是电路板维修中常用且简单易行的方法。在维修时，可以测试相同两块电路板相同节点上的电阻值、电压、波形等参数加以对比，来寻找故障线索，也可以对比测试一块电路板上相同电路结构的节点电阻值、电压、波形等参数来对比判断。看哪一个模块的波形或电压不符，再针对不相符的地方进行逐点检测，直到找到故障并解决，如图 9-2 所示。

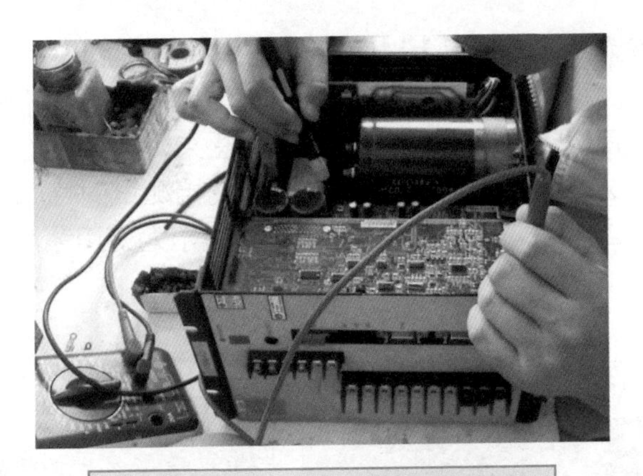

图 9-2　比较法测量电路板

9.1.3　电压法

测量电压也是电路维修过程中常用且有效的方法之一。电子电路在正常工作时，电路中各点的工作电压表征了一定范围内元器件、电路工作的情况，当出现故障时电压必然发生改变。电压检查法运用万用表查出电压异常情况，并根据电压的变化情况和电路的工作原理做出推断，找出具体的故障原因。如图 9-3 所示为使用万用表检测元器件电压。

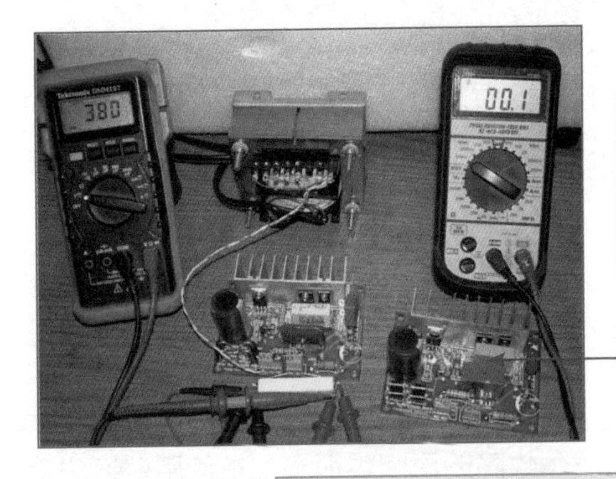

电压检查法的原理是通过检测电路中某些测试点有无工作电压，电压是偏大还是偏小，判断产生电压变化的原因，这个原因也就是故障的原因。电路在正常工作时，各部分的工作电压值是唯一的，当电路出现开路、短路、元器件性能变化等情况，电压值必然会有相应的变化，电压检查法就是要检测到这种变化情况，然后加以分析。

图 9-3　使用万用表检测元器件电压

9.1.4　电阻法

测量电阻是电路维修过程中常用的方法之一，主要是通过测量元器件阻值大小的方法来大致判断芯片和电子元器件的好坏，以及判断电路中严重短路和断路的情况。短路和开路是电路故障的常见形式。短路通过阻值异常降低的方法判断，开路通过阻值异常升高的方法来判断。判断电路或元件是否短路，粗略的办法是使用万用表蜂鸣挡。蜂鸣挡测试时蜂鸣器可以发出声音（一般阻值小于 20Ω 时会发声）。如图 9-4 所示为万用表测量电阻元器件。

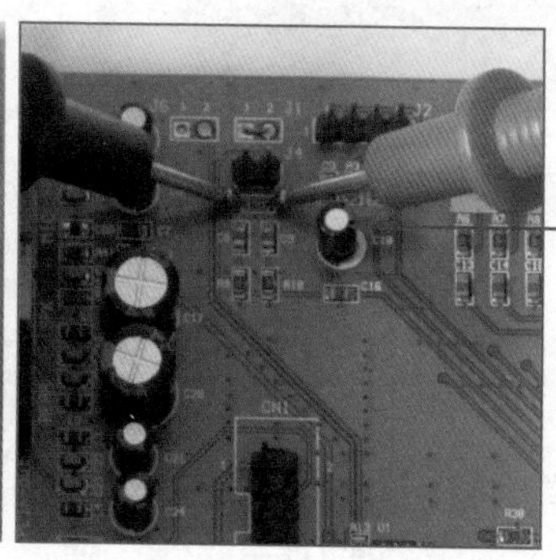

一般小阻值元器件，如熔断丝、线圈等可以通过蜂鸣挡来判断好坏，如果没有发出蜂鸣声，则是元器件可能出现断路故障。对于大功率三极管、MOS 管等元器件的故障多为短路，检测时，用万用表蜂鸣挡测量元器件引脚间的阻值，如果发出蜂鸣声，则出现短路故障。同样对于各组电源正、负之间也要测量有无短路。对于各个集成芯片对电源端的短路问题，可以用万用表蜂鸣挡，测试各芯片引脚对电源的正、负端之间有无短路。在维修检测时，这些测试工作都是顺手而为，耗不了多少工夫。

图 9-4　万用表测量电阻元器件

9.1.5　替换法

替换法就是用好的元器件去替换怀疑有问题的元器件，若故障消失，说明判断正确，否则需要进一步检查、判断。用替换法可以检查电路板中所有元器件的好坏，并且结果一般都是正确无误的。

使用替换法时应注意以下几点：

（1）依照故障现象判断故障

根据故障的现象来判断是否是某一个部件引起的故障，从而考虑需要进行替换的部件或设备。

（2）按先简单后复杂的顺序进行替换

工业电路板的结构比较复杂，发生故障的原因也很多，在使用替换法检测故障而又不明确具体的故障原因时，要按照先简单后复杂的顺序进行测试。

（3）优先检测供电故障

优先检测怀疑有故障的部件的电源、信号线，其次是替换怀疑有故障的部件，接着是替换供电部件，最后是替换与之相关的其他部件。

（4）重点检测故障率最高的部件

经常出现故障的部件应最先考虑。如果判断可能是由于某个部件所引起的故障，但又不敢肯定时，可以先用好的部件进行部件替换以便测试。

9.2 工业电路板维修技巧

9.2.1 怎样维修无图纸电路板

想要维修无图纸电路板，必须掌握如图9-5所示的技巧。

（1）要彻底弄懂一些典型电路的基本原理，烂熟于心

很多电路都是由典型电路变化而来，因此掌握典型电路的基本原理后，可以类比，可以推理，可以举一反三。比如，开关电源电路中一般都包括振荡电路、开关管、开关变压器等元器件。维修检查时要检查电路有没有起振，电容器有没有损坏，各三极管、二极管有没有损坏，不管碰到什么样的开关电源电路，维修起来都差不多，不必非有电路图才能维修；再如单片机系统，一般都包括晶振、三总线（地址线、数据线、控制线）、输入/输出接口芯片等，维修检测时也都离不开这些范围；又如，各种运算放大器组成的模拟电路，再怎么变化，维修时，在“虚短”和“虚断”的基础上去推理，亦很容易找到故障原因。

（2）要注意检修的先后顺序

注意检修顺序才可找到解决问题的最短路径，避免乱捅乱拆，维修不成，反致故障扩大。比如维修时，先向客户了解故障情况。了解清楚后，再观察故障电路板的外观，看上面有没有明显损坏的痕迹，有没有元件烧黑、炸裂，电路板有无受腐蚀引起的断线、漏电，电容器有没有漏液，顶部有没有鼓起等；然后用检测仪器检查电路中元器件是否正常，检测关键点电压、波形等是否正常，将好坏电路板对比测试，观察参数的差异等。

（3）要善于总结规律

日常维修过程中，要善于分析总结每一次故障发生的原因。如元器件质量欠佳，或元器件老化等，有了这些分析，下次再碰到同类故障，尽管不是相同的电路板，心里也就有了一点底。

（4）要善于寻找资料

互联网是非常好的工具，可以通过网络寻找到需要的资料。如果维修中遇到不清楚原理的设备，不清楚功能的集成芯片，都可以从网上找到相关资料，或通过一些论坛等咨询有经验的师傅。充分利用互联网的帮助可以快速找到故障原因。

图9-5 怎样维修无图纸电路板

总之，无图纸维修并不是什么不可逾越的，只要日常维修时注意以上几点，不断地锻炼，你的维修技能会不断提高，最后完全可以轻松维修大部分无图纸设备的故障。

9.2.2 做好对故障的初步分析

当拿到待修的故障电路板后，应首先询问用户整个设备的故障现象，如果用户自己进行过维修，则还要进一步问用户是否更换同样的好电路板测试过，设备自检程序中是否有明确的电路板错误代码等。这是检修中分析研究的开始。

然后要从以下 6 个主要方面询问用户：

（1）了解用户故障电路板损坏的过程。

（2）了解用户故障电路板在主机上的自检诊断报告。

（3）了解故障电路板通电后各个指示灯的正常指示状态。

（4）了解该故障电路板近期内的使用情况。

（5）了解该故障是老毛病复发，还是新发症状。

（6）了解该故障有无修理过，如果修理过应讲清楚修理的经过以及更换过的器件。

上述 6 条是观察分析故障原因的线索。为什么呢？原因如图 9-6 所示。

虽然对于有些明显的故障现象，如某个元器件已被烧焦，某个部位已经断裂，某个集成芯片已经断路、短路等，稍加测量就可以发现故障。但是，多数情况下的故障往往一时不易发现。例如，某个集成芯片的温度特性不好，短时间上电或不上电根本无法检查到。这时就很需要根据用户所反映的情况，进行反复细致的观察，并延长上电时间观察并检测。

再如，用户如果反映电路板时好时坏，特别是运行不正常时将故障电路板拔下来再插一次就好了，但持续不了多长的时间，同样故障又重新出现；或者该故障板自检也能通过，但运行时动作不准确或达不到某项指标的要求，出现某些失误，这时就需要检查是否因为是用户使用的市电电压过低或电源的波纹过大造成的故障。对于有些开关继电器，如果应用在反复高速动作的场合，也不要轻易放过，因为静态测量不一定能体现出它在高速工作时的状态等。

另外，接到过去曾修理过的故障电路板，就要注意修理过的部分是否按照原来的要求更换了元器件，集成芯片的型号有无误差等。如 74LS244 和 74ACT244 虽然功能一样，但它们的输入/输出特性、功耗、噪声容限等都有一定的差别，有些场合可以代用，但某些场合就不能够代用。虽然可能一时运行正常，但经过长期使用后就会出现故障。因此要仔细地询问，以防“误判”“漏判”。显然这种因询问得到的信息，对于进一步分析、推断故障的部位是非常必要的。

图 9-6 询问用户的重要性

9.2.3 工业电路板维修的基本流程

1. 观察故障电路板

当我们拿到一块待维修的电路板时，首先对它的外观进行仔细的观察，如图 9-7 所示。

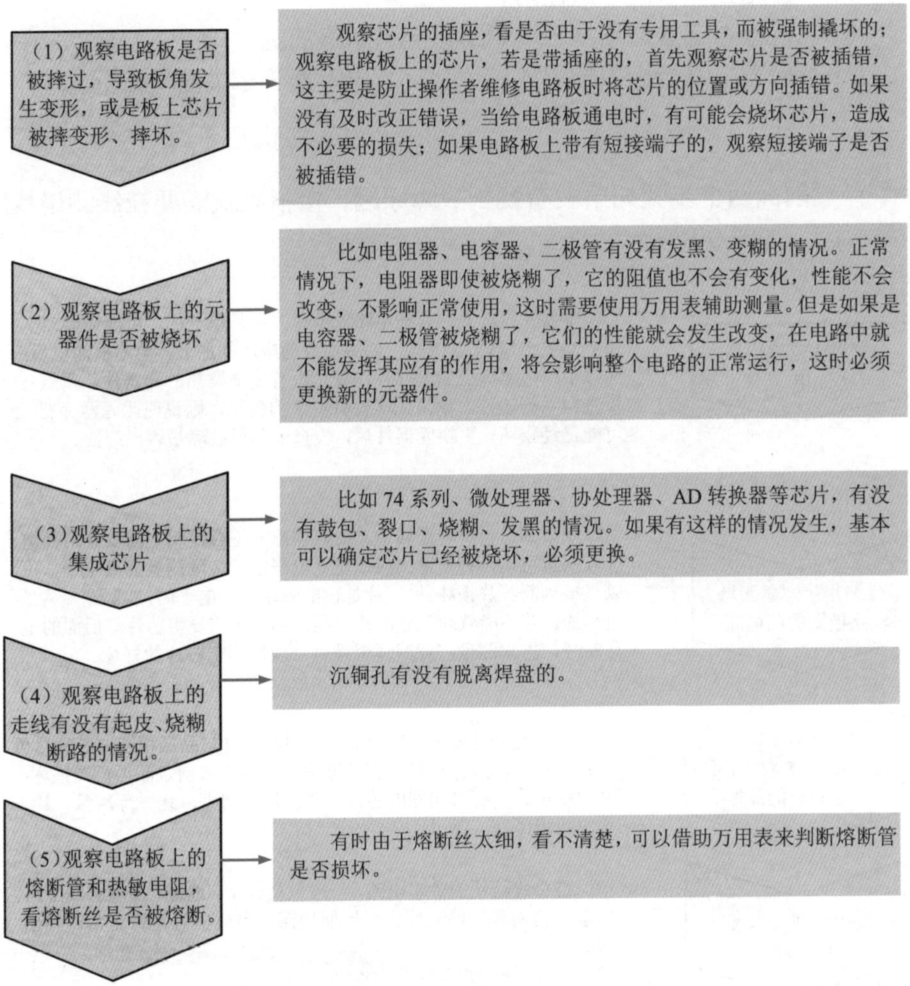

（1）观察电路板是否被摔过，导致板角发生变形，或是板上芯片被摔变形、摔坏。→ 观察芯片的插座，看是否由于没有专用工具，而被强制撬坏的；观察电路板上的芯片，若是带插座的，首先观察芯片是否被插错，这主要是防止操作者维修电路板时将芯片的位置或方向插错。如果没有及时改正错误，当给电路板通电时，有可能会烧坏芯片，造成不必要的损失；如果电路板上带有短接端子的，观察短接端子是否被插错。

（2）观察电路板上的元器件是否被烧坏 → 比如电阻器、电容器、二极管有没有发黑、变糊的情况。正常情况下，电阻器即使被烧糊了，它的阻值也不会有变化，性能不会改变，不影响正常使用，这时需要使用万用表辅助测量。但是如果是电容器、二极管被烧糊了，它们的性能就会发生改变，在电路中就不能发挥其应有的作用，将会影响整个电路的正常运行，这时必须更换新的元器件。

（3）观察电路板上的集成芯片 → 比如 74 系列、微处理器、协处理器、AD 转换器等芯片，有没有鼓包、裂口、烧糊、发黑的情况。如果有这样的情况发生，基本可以确定芯片已经被烧坏，必须更换。

（4）观察电路板上的走线有没有起皮、烧糊断路的情况。→ 沉铜孔有没有脱离焊盘的。

（5）观察电路板上的熔断管和热敏电阻，看熔断丝是否被熔断。→ 有时由于熔断丝太细，看不清楚，可以借助万用表来判断熔断管是否损坏。

图 9-7 观察故障电路板

如果出现上述故障，就要具体查找故障原因，检查的总体思路是：首先要仔细分析电路板的原理图，然后根据所烧毁的元器件所在电路，查找它的上级电路，一步一步向上推导，再凭工作中积累的一些经验，分析最容易发生问题的地方，找出故障发生的原因。

2. 断电状态检测电路板

对于无明显烧坏或损坏的电路板，想要找出故障原因，还需要测量电路中的关键电压、电阻等参数。对电路板元器件以及相关的部位要逐一地进行检测。

（1）对电源跟地进行短路的检测，看负载电路是否有短路问题。

（2）检测二极管是不是正常。

（3）检查电容器是不是出现短路甚至是断路情况。

（4）检查电路板相关的集成芯片，以及电阻器等相关器件指标。

3. 通电状态检测电路板

经过前面两个步骤如果没有找到故障原因，接下来就需要在线测量找出故障原因，如图 9-8 所示。

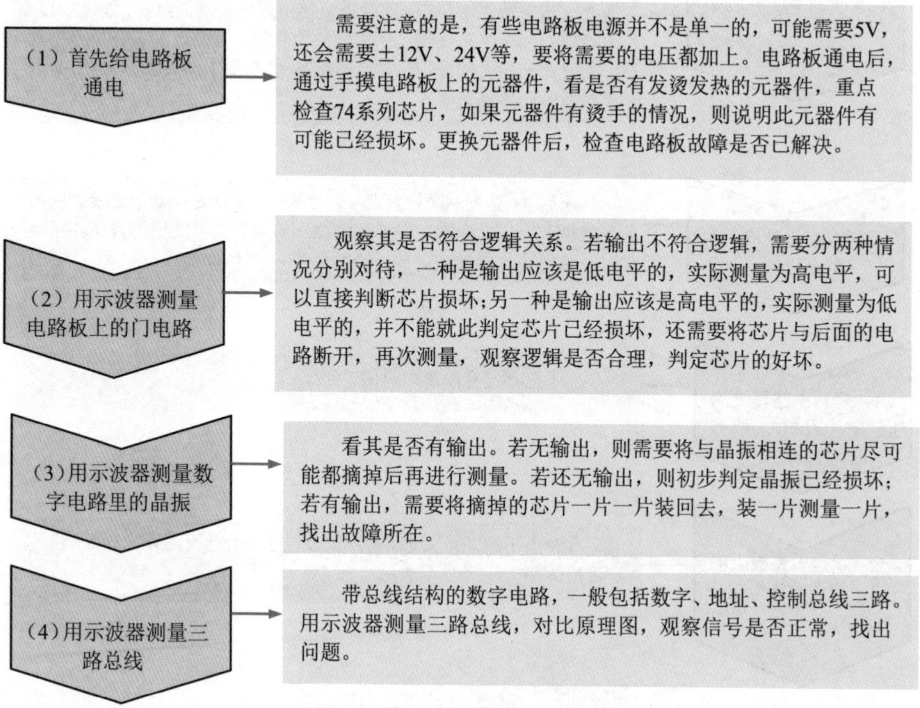

（1）首先给电路板通电

需要注意的是，有些电路板电源并不是单一的，可能需要5V，还会需要±12V、24V等，要将需要的电压都加上。电路板通电后，通过手摸电路板上的元器件，看是否有发烫发热的元器件，重点检查74系列芯片，如果元器件有烫手的情况，则说明此元器件有可能已经损坏。更换元器件后，检查电路板故障是否已解决。

（2）用示波器测量电路板上的门电路

观察其是否符合逻辑关系。若输出不符合逻辑，需要分两种情况分别对待，一种是输出应该是低电平的，实际测量为高电平，可以直接判断芯片损坏；另一种是输出应该是高电平的，实际测量为低电平的，并不能就此判定芯片已经损坏，还需要将芯片与后面的电路断开，再次测量，观察逻辑是否合理，判定芯片的好坏。

（3）用示波器测量数字电路里的晶振

看其是否有输出。若无输出，则需要将与晶振相连的芯片尽可能都摘掉后再进行测量。若还无输出，则初步判定晶振已经损坏；若有输出，需要将摘掉的芯片一片一片装回去，装一片测量一片，找出故障所在。

（4）用示波器测量三路总线

带总线结构的数字电路，一般包括数字、地址、控制总线三路。用示波器测量三路总线，对比原理图，观察信号是否正常，找出问题。

图 9-8　通电状态检测电路板

工业电路板维修检测经验

9.3.1　通过元器件型号查询元器件详细参数

在实际维修中，由于缺少电路图，经常要通过电路板上看到的元器件型号，查找元器件的参数信息，来了解元器件的功能作用。

那么如何查询元器件的参数信息呢？方法如图 9-9 所示。

查看并记下电路板上芯片的型号，如图中的芯片型号为 ADM485。

在浏览器的地址栏中输入芯片资料网的网址：http://www.alldatasheet.com，并按回车键，打开此网站。

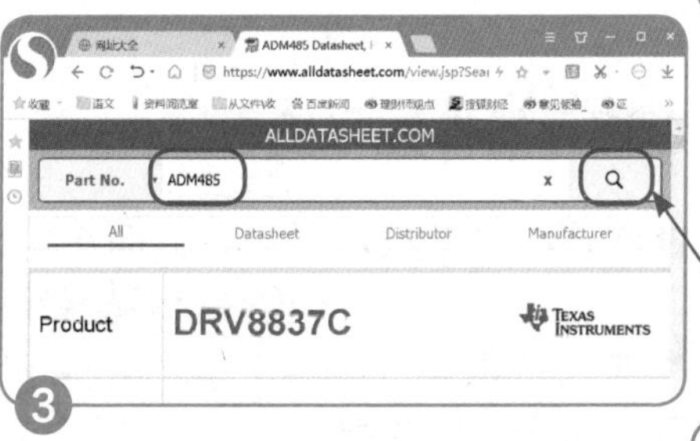

在网站的查询栏中输入芯片型号“ADM485”，然后单击右侧的查询图标。

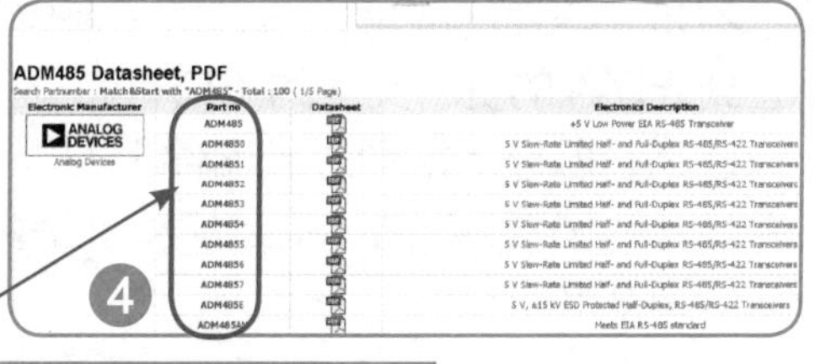

在网页下面会看到搜索到的结果。单击搜到的“ADM485”选项按钮。

图 9-9　查询元器件的参数信息

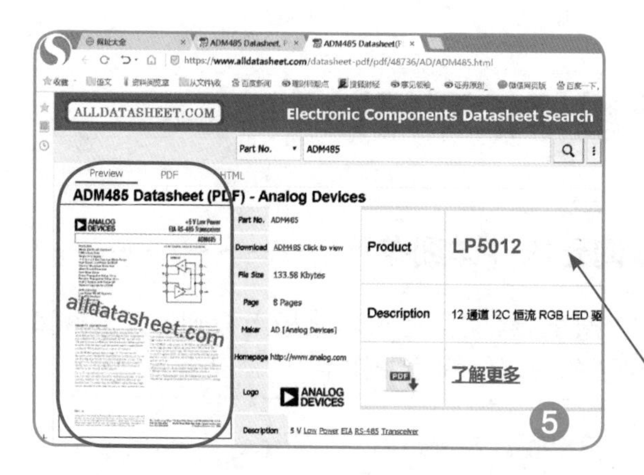

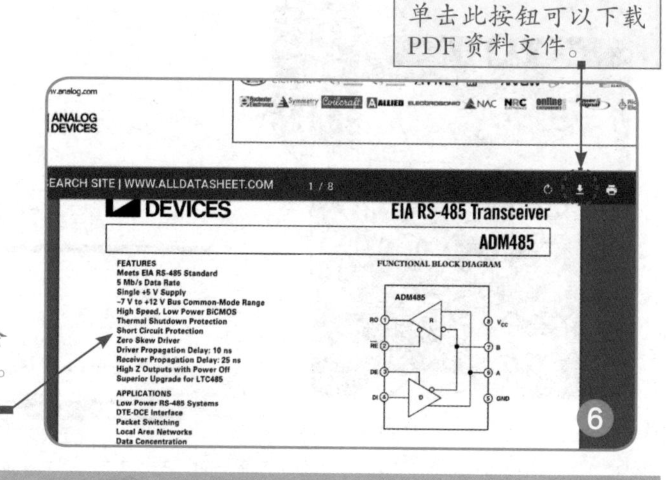

图 9-9　查询元器件的参数信息（续）

9.3.2　通过贴片元器件丝印代码查询元器件型号信息

上一小节讲解了如何通过芯片型号查询芯片的参数资料信息，但在电路板上还有一些特别小的贴片电感器、电容器、二极管、三极管等小元器件。由于体积很小，它的上面只能印刷 2~3 个字母或数字，如 A6 等。这些印字根本不是元器件的型号，它只是一个代码。而通过代码是无法在芯片资料网中查到元器件的资料文件的（只有通过型号才能查询）。

那么，怎样才能通过元器件上的丝印代码查询元器件的参数信息呢？首先要通过代码查到元器件的型号，然后在芯片资料网站中查询其资料信息，方法如图 9-10 所示。

记下元器件上的代码，如图中的“A6”。

在浏览器的地址栏中输入芯片丝印反查网的网址：http://www.smdmark.com，并按回车键，打开此网站。

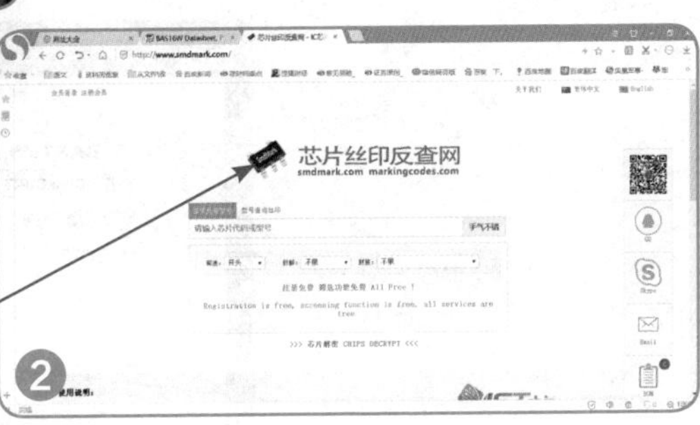

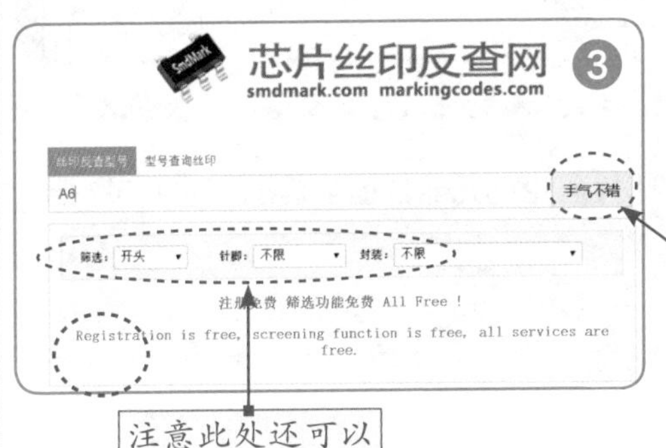

在查询栏中输入芯片代码“A6”，然后单击右侧的“手气不错”查询按钮。

注意此处还可以设置查询条件。

以列表的形式展示查询结果。其中第 2 列是型号信息，第 5、6 列为引脚数和功能描述。找到与查询的元器件接近的选项，记下型号信息，如“BAS16W”。

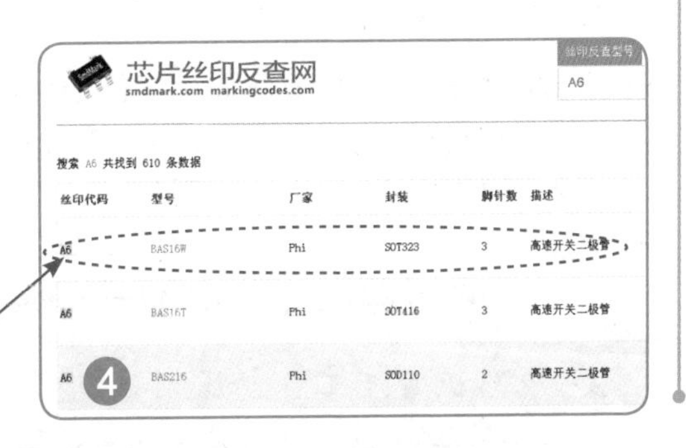

图 9-10　通过贴片元器件丝印代码查询元器件型号信息

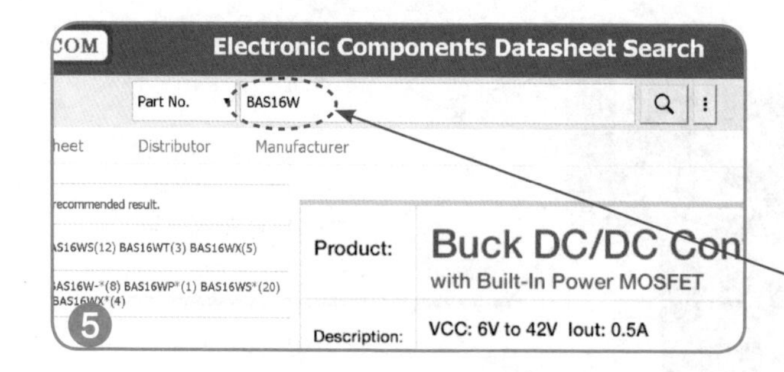

打开芯片资料网（http://www.alldatasheet.com），并输入刚才查询的型号，进行查询。

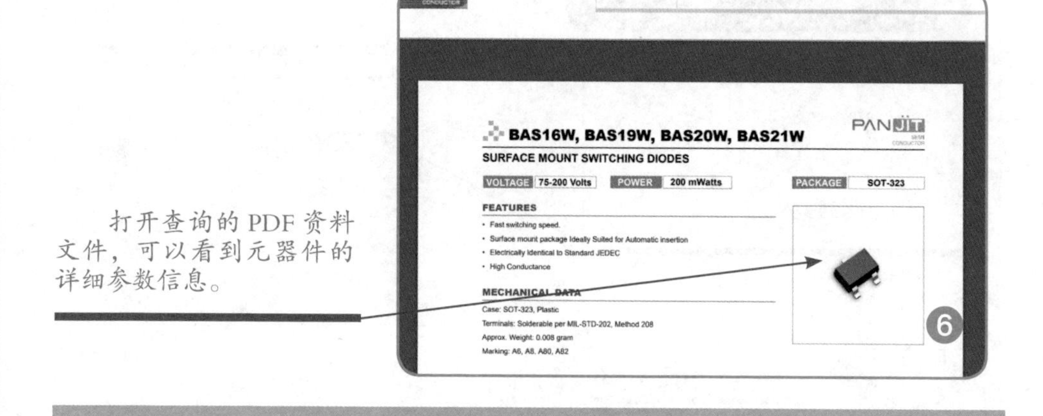

打开查询的 PDF 资料文件，可以看到元器件的详细参数信息。

图 9-10　通过贴片元器件丝印代码查询元器件型号信息（续）

9.3.3　给电路板加电经验技巧

1. 工业电路板中控制电路板的工作电压特点

工业电路板中控制电路板的工作电压特点如下：

（1）处理器部分一般采用 5V 或 3.3V 的工作电压。

（2）模拟电路部分一般采用 ±12V 或 ±15V 或 12V、15V 的单电源工作电压。

（3）光耦输入接口、继电器接口一般采用 12V 或 24V 的工作电压。

2. 电路板直流工作电压测量规律

测量直流电压时，选择合适的直流电压挡，黑表笔接地线，红表笔接待测点，根据测量结果判断。

（1）整机直流工作电压空载时比工作时高出好几伏，越高说明电源内阻越大。

（2）整机中整流电路输出端直流电压最高，沿 RC 滤波、退耦电路逐渐降低。

（3）有极性电解电容器两端电压，正极端高于负极端。

（4）如果电容器两端电压为零，只要电路中有直流工作，则说明该电容器已短路。电感器两端直流电压应接近于零，否则是开路故障。

（5）电路中有直流工作电压时，电阻器两端应有压降，否则电阻器电路有故障。

（6）电感器两端直流电压不为零，说明电感器开路。

3. 找电源节点

加电之前，要先找到电源节点。确定加电节点的方法如下：

（1）找到稳压芯片的输入 / 输出及接地端，再确定电压加入点。比如，7805 稳压芯片组成的稳压电路，如果测试要求给 5V 系统供电，就可以在 7805 稳压芯片的电压输出端和接地端接 5V 电压测试，如果 5V 之前还有电路需要测试，则可在 7805 稳压芯片的输入端和地端之间加 8V 以上的电压。

（2）通过查看芯片的数据手册，找出电源脚，确定电压加入点。比如，TTL 芯片的工作电压是 5V，通常芯片第一排的最后一个引脚是接地脚，而第二排的最后一个引脚是电源脚，加电测试时，可用导线或电阻的引脚焊在芯片的对应电源引脚上，然后用“鳄鱼夹”将测试电源夹在引出的导线或引脚上。

（3）对于电源电压不明确的电路板，找到大的滤波电解电容器，一般情况下，该电容器正负两端就是电源端，通过观察电容器上标注的耐压值还可估计系统所用电压大小，如 50V 的电容耐压，所加电压是 24V。

工控设备维修实战

9.4.1 Inovance（汇川）变频器开机无显示故障维修

1. 故障现象

一台 Inovance（汇川）变频器开机无显示，如图 9-11 所示。

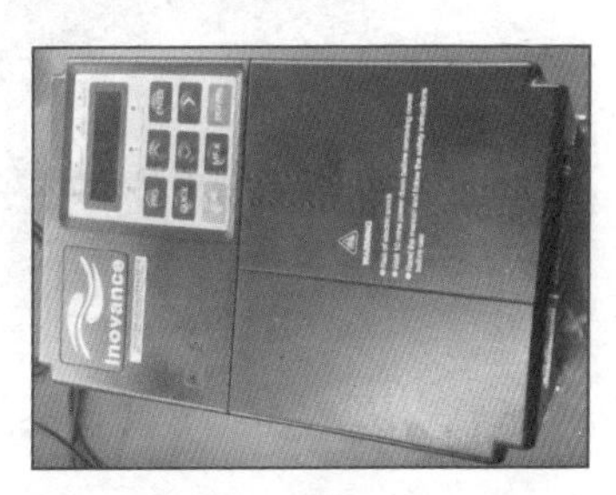

图 9-11　故障变频器

2. 故障检测与排除

根据故障判断，一般无法开机的故障，都与开关电源有关。接下来重点检查变频器的开关电源电路。检测方法如图 9-12 所示。

首先拆开变频器外壳观察内部电路板，未发现明显损坏的元器件。

然后用万用表二极管挡测量模块有无短路的现象。黑表笔接正极，红表笔分别接R、S、T 端口测量，未发现短路的情况。

检测电路中的光电耦合器是否损坏。首先短接输入端子和公共端（COM 或 DOM 等），用万用表直流电压 200V 挡测量光电耦合器第 1 引脚和第 2 引脚间电压。如果电压值为 24V（或 12V），说明光电耦合器输入侧短路损坏；如果电压值为 0V，说明光电耦合器输入侧断路损坏，正常应为 1~2V。

接下来，我们给变频器接电测试。

接电后可以看到变频器依旧没有显示。

再用万用表测量直流 500V 电压。

图 9-12　汇川变频器故障维修

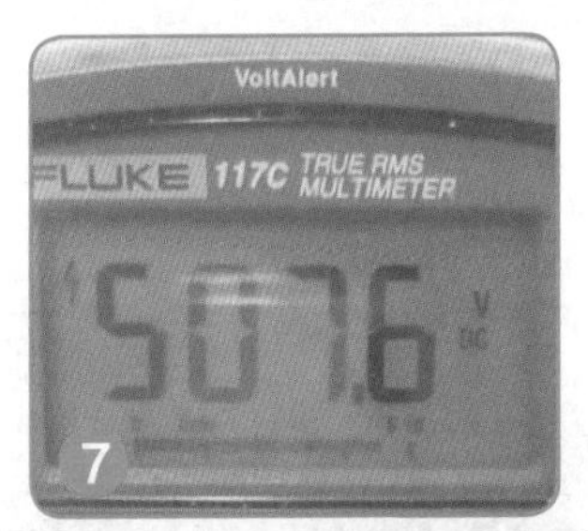

可以看到直流500V电压正常。

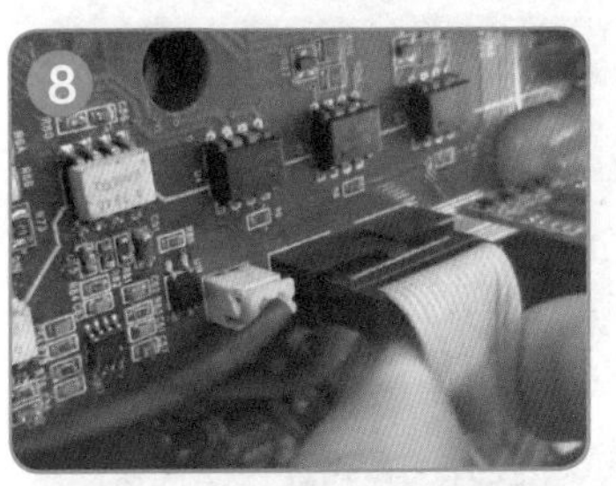

给变频器放电，然后拆下开关电源电路板进一步检查。

通电测量开关电源振荡芯片（2844）的供电电压。

发现2844芯片的供电电压不稳，电压不断乱跳。说明供电电压有问题。

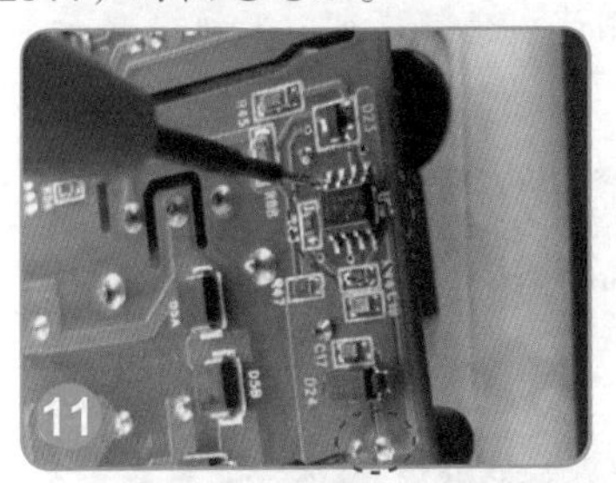

再测量2844芯片第8引脚的5V基准电压，也是乱跳不正常。

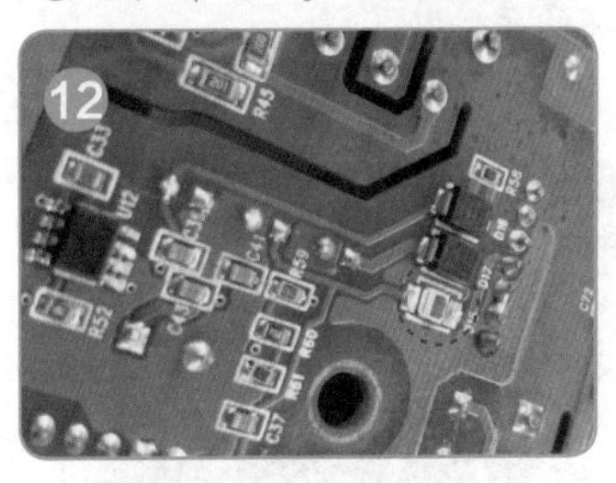

接着检查2844芯片的供电电路。发现有个二极管损坏。

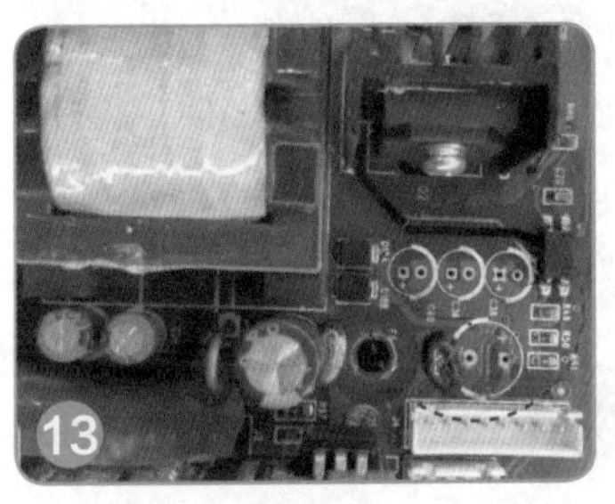

根据经验推测供电电路中的电容器极有可能已损坏。接着将供电电路中的电容器拆下，逐一测量。

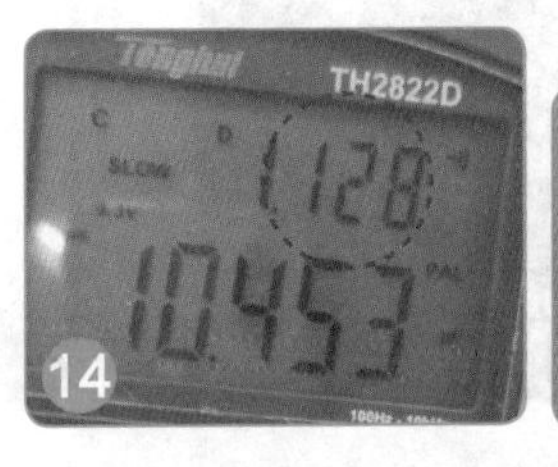

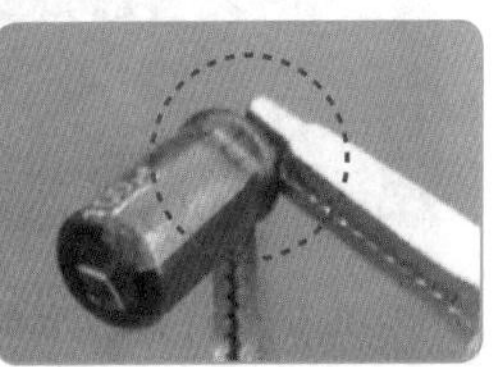

用数字电桥测量电容器，发现有两个电容器D值很大，已经损坏。

图9-12 汇川变频器故障维修（续）

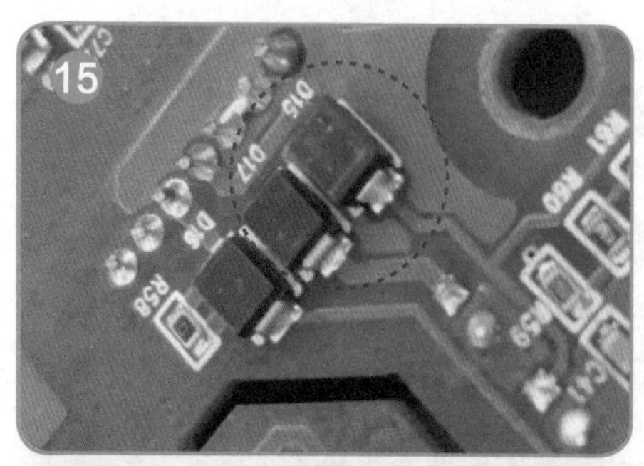

将损坏的元件替换掉。

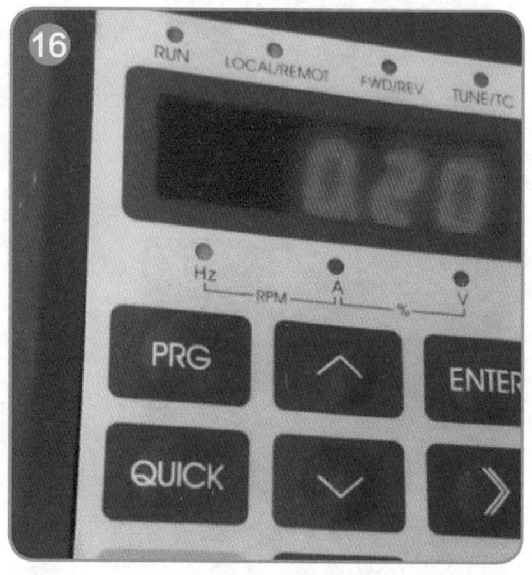

通电测试，变频器可以开机，显示屏有显示了。

将变频器电路板装好，外壳装好。

通电测试，可以正常开机，显示也正常。

图 9-12　汇川变频器故障维修（续）

给变频器设置一个控制程序，继续测试。

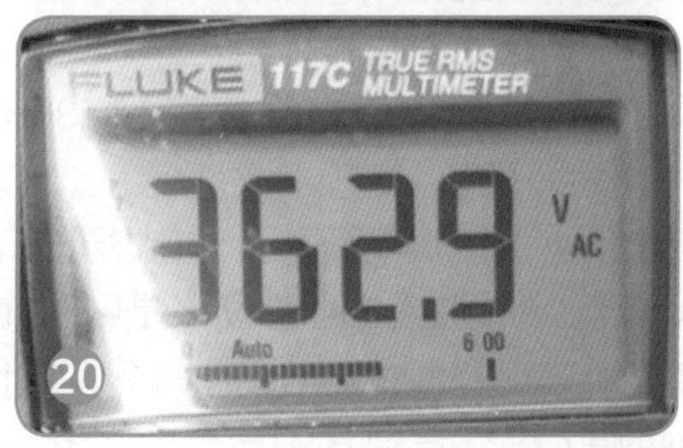

运行控制程序，然后分别测量 U、V、W 端两两间输出电压。电压为 362.9V，输出电压正常。继续测量，电压均正常。

接着连接电动机继续测试，变频器工作正常，故障排除。之后将变频器参数修改回原来的参数，完成维修。

图 9-12　汇川变频器故障维修（续）

9.4.2　西门子 430 变频器提示“F0002”故障维修

1. 故障现象

西门子变频器开机后过一会儿就会停止运行，并出现“F002”故障提示。

2. 故障检测与维修

查询故障代码，发现“F002”是“母线欠电压”故障。接下来拆机检查，通电测量输出端电压，发现输出电压偏高，有时达到 1000V，不稳定。怀疑开关管有问题，将开关管拆下测量其好坏。开关管是好的，于是又将其焊上。再次上电，发现可以开机了，故障消失。

接下来测试变频器，经过一天的通电运行后，又出现同样的故障现象。然后再拆机重新检查，先检查电路板焊点，未发现有虚焊的地方。

再测量运算放大器电路，将 LM358 拆下测量好坏，未发现问题，又重新焊好。然后开机，变频器又正常了。

根据经验，怀疑电路板上有虚焊的元器件。再次用放大镜检查，仍未发现虚焊的点。根据经验判断应该是贴片电阻器的问题，首先将运算放大器电路中的两个 39k 的贴片电阻器焊下，如图 9-13 所示。然后用电烙铁在贴片电阻器两端上锡，发现其中一个电阻器一端不能成型，说明电阻器损坏了。

之后更换损坏的贴片电阻器，然后装好电路板，开机测试。连续运行两天未出现问题，故障排除。

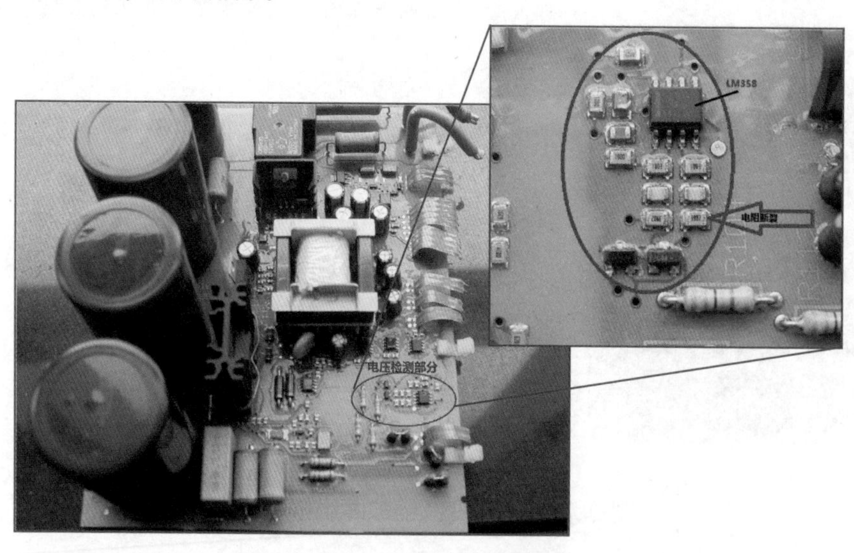

图 9-13　损坏的电阻器

9.4.3 HOLIP（海利普）变频器启动后提示 EOCA 故障维修

1. 故障现象

一台 HOLIP（海利普）HLP-A 变频器一启动就报 EOCA（过电流）故障提示，如图 9-14 所示。

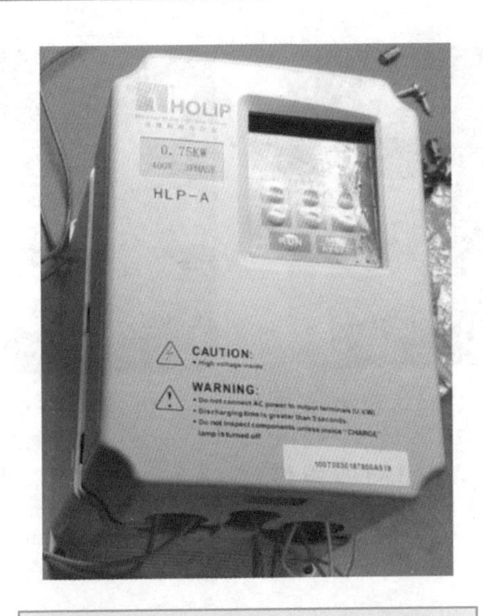

图 9-14　故障海利普变频器

2. 故障检测与维修

根据故障现象分析，此故障应该是变频器电路板引起的，维修方法如图 9-15 所示。

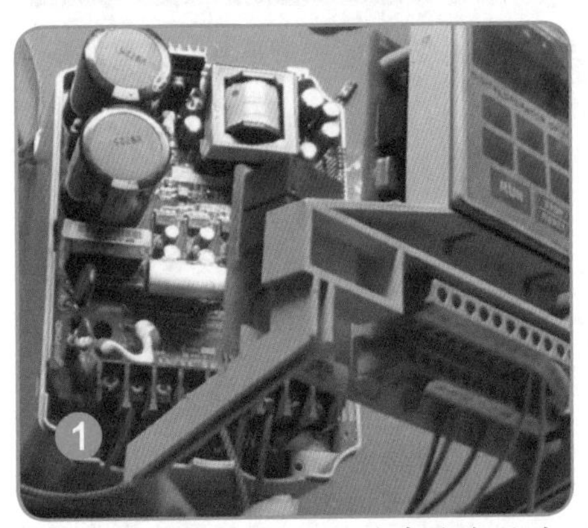

首先拆开变频器的外壳准备检查电路板。

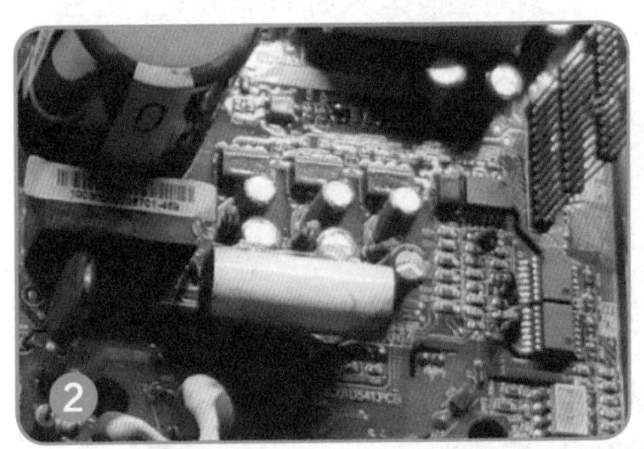

检查电路板上元件，未发现明显损坏的地方。

图 9-15　海利普变频器故障维修

给变频器通电，检查电路板电流检测电路的两个线性光耦 7840 的 5V 输入电压，电压正常。第 6、7 引脚间的输出电压为几 mV，也正常。

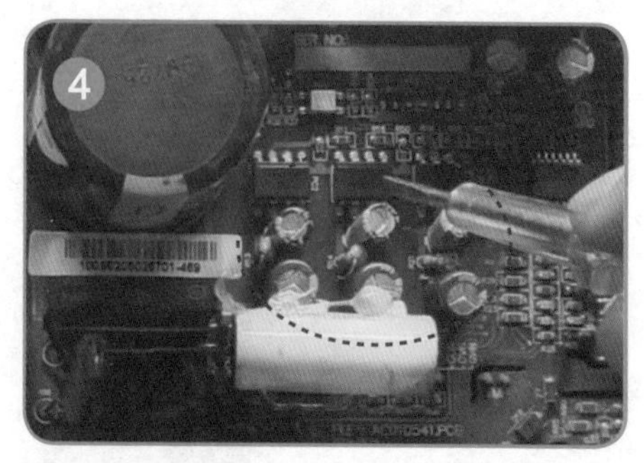

然后检查驱动电路中的 PC923 和 PC929 的供电电压为 15.02V 和 −8.05V，供电电压正常。由于设备使用时间较长了，根据经验判断，驱动电路和开关电源电路输出端的有些电容器容易老化。接下来准备检查这几个电解电容器。

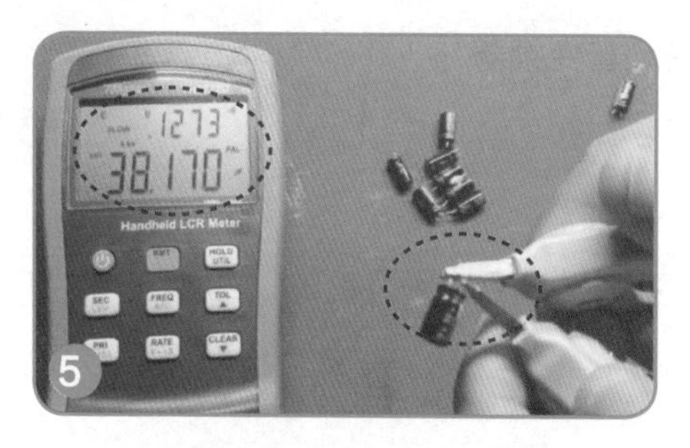

用数字电桥检查拆下来的电解电容器，发现有些电容器的 D 值较大，已经损坏。

更换驱动电路和开关电源电路输出端的电容器。

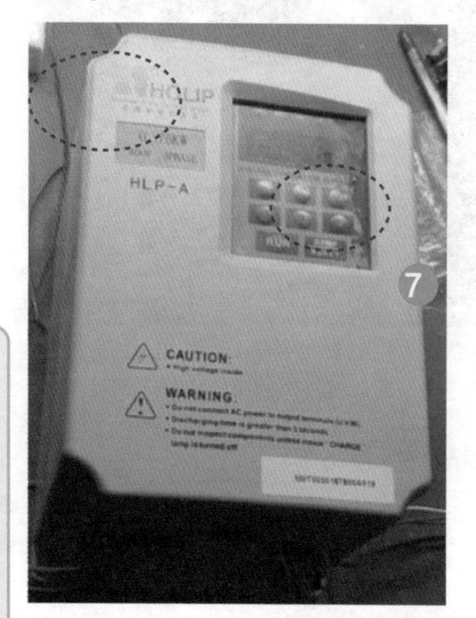

接下来将变频器接电，开机发现故障消失。然后将变频器连接电动机测试，可以控制电动机正常运转。之后连续运行测试变频器均未出现故障，故障排除。

图 9-15　海利普变频器故障维修（续）

9.4.4　艾克特 AT500 变频器“炸机”无法开机故障维修

1. 故障现象

一台艾克特 AT500 变频器使用中发生“炸机”损坏，无法开机，如图 9-16 所示。

图 9-16　故障艾克特 AT500 变频器

2. 故障检测与排除

（1）首先拆开变频器外壳检查电路板，发现模块损坏。拆除旧模块，然后检查发现整流电路全损坏，U 相上桥损坏。再检查 U 相上桥驱动电路发现驱动电阻器、保护双稳压管被击穿，如图 9-17 所示。

图 9-17　损坏的电路板

（2）更换模块，修复上桥 U 相驱动电路后，通电测试，发现无输出电压，且不报故障。测 IGBT 驱动端只有上桥有驱动波形而下桥无波形，一直为负压，处于关断状态。

（3）测光耦发光二极管端驱动信号正常，由于驱动光耦 ACPL–330J 芯片未发出故障信号，判断可能是光耦损坏或光耦保护。

（4）静态时以 N 为基准电位测得光耦 ACPL–330J 芯片第 13 引脚供电电压为 9V，供电电压明显偏低，测量第 9、12 引脚电压为 –16V，电压过高，使得光耦欠电压锁定。

（5）由于光耦 ACPL–330J 芯片第 9、12 引脚电压一般由开关电源电路直接提供，于是测量变压器输出端电压，为 –16V，电压不正常。

（6）测量变压器输出端稳压电路中的稳压二极管等元器件，发现稳压二极管稳压值为 16V，实际应为 10V，则稳压二极管损坏，如图 9-18 所示。

（7）将稳压二极管更换后，通电测试，输出电压正常了。接着连接电动机进行测试，电动机可以正常工作，继续连续测试，未出现故障，故障排除。

图 9-18　损坏的稳压二极管

9.4.5　宝宇数控机床开机黑屏故障维修

1. 故障现象

一台宝宇 yz–120–cnc 数控机床通电不显示，无法工作，如图 9-19 所示。

图 9-19　故障宝宇数控机床

2. 故障检测与维修

根据故障现象，首先检查供电电源，然后检查电路板问题，维修方法如图 9-20 所示。

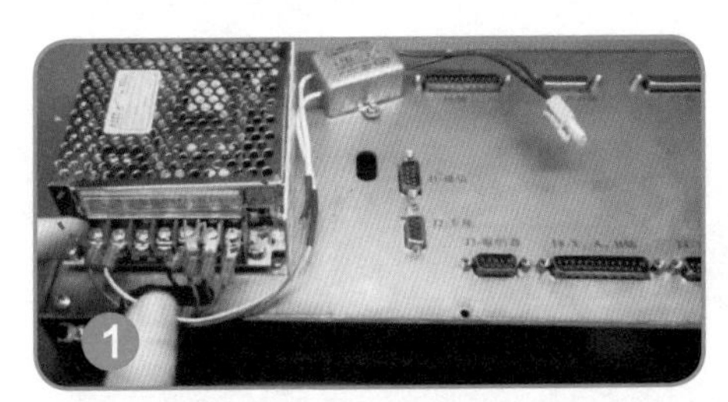

拆下数控机床控制板检查。先测量控制模块的开关电源模块输出电压，发现 24V 和 5V 输出电压正常，说明开关电源部分正常。

接着测量控制电路板的电源线对地阻值，来判断电路板是否有短路故障。经测量发现 24V 供电电路对地阻值只有 4Ω，说明此供电电路中有短路问题。

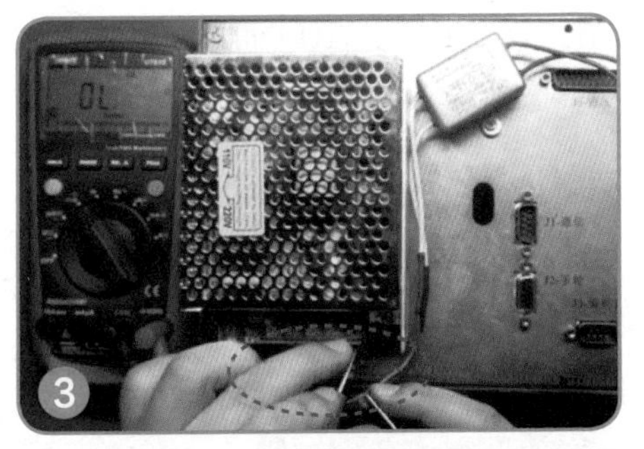

再测量 5V 供电电路对地阻值，未发现问题。

用数字万用表的二极管挡，测量 24V 供电引脚和哪些芯片相连，连接的芯片说明需要 24V 供电，故障就是这些芯片引起的，重点检查这些芯片及周围元器件。

图 9-20　数控机床故障维修

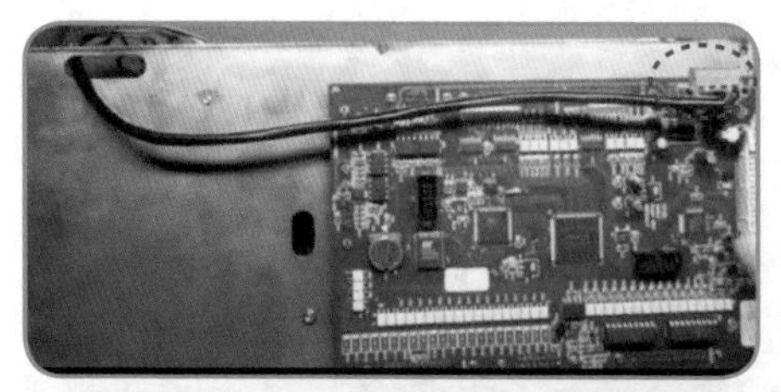

接下来将电源线连接到电源插座，通电检测。通电后用手触摸上一步找到的几个芯片，是否有发热发烫的芯片，如果有，说明芯片有短路问题。经检查发现接口芯片 ULM2803 芯片很热，说明此芯片损坏了。

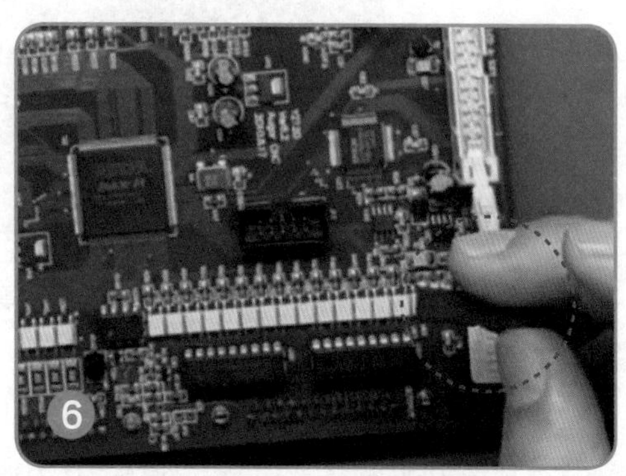

更换损坏的芯片，然后通电测试，控制板可以开机并正常显示了，故障排除。

图 9-20　数控机床故障维修（续）

9.4.6　FANUC 数控车床伺服轴偏差过大故障维修

1. 故障现象

一台 FANUC 数控车床开机后无法正常工作，出现 410 伺服轴偏差过大错误报警，如图 9-21 所示。

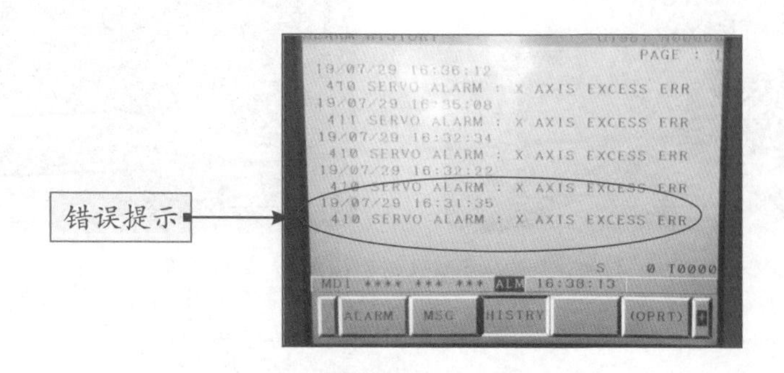

图 9-21　数控车床故障

2. 故障检测与维修

根据故障现象判断此故障可能是伺服电机、电缆、伺服放大器等故障引起的。维修方法如图 9-22 所示。

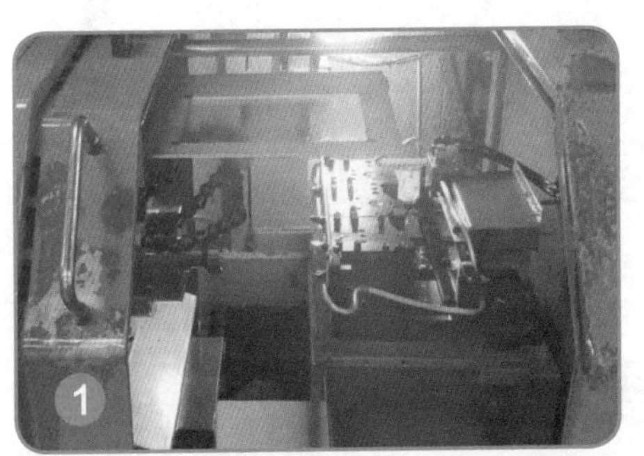

首先检查电缆的连接，未发现问题。由于工厂还有相同型号的车床，因此准备采用替换法检查故障。

先从另一台车床拆一台伺服放大器，替换掉故障车床的伺服放大器，然后上电检测。

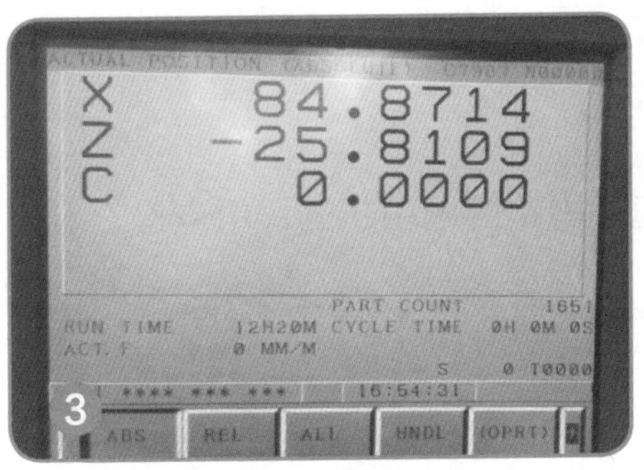

上电后，发现故障消失，车床可以正常工作了。看来故障原因在伺服放大器。

接下来拆开故障伺服放大器的外壳，准备检查。

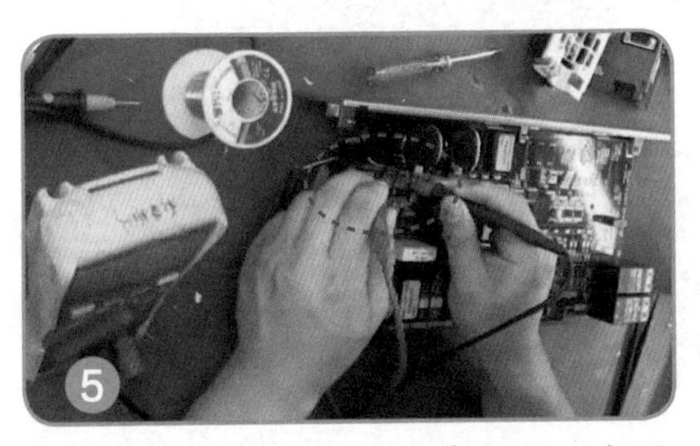

首先测量电路的工作电压。发现 5V 供电电压不正常。

仔细检查发现供电电路中的一个电容器烧坏，然后将损坏的电容器替换掉。

图 9-22　FANUC 数控车床伺服轴偏差过大故障维修

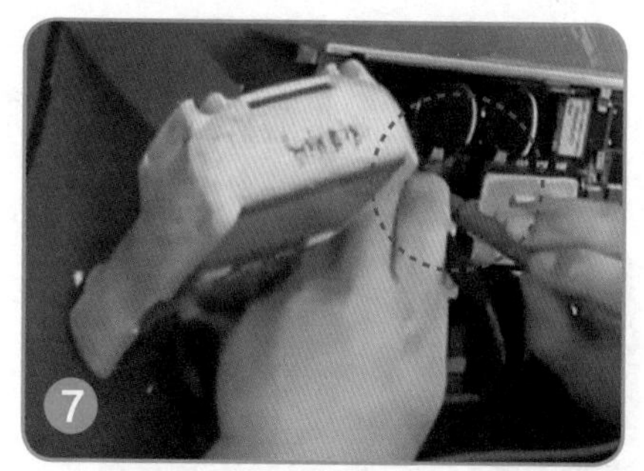

然后测量5V供电电压，恢复正常。

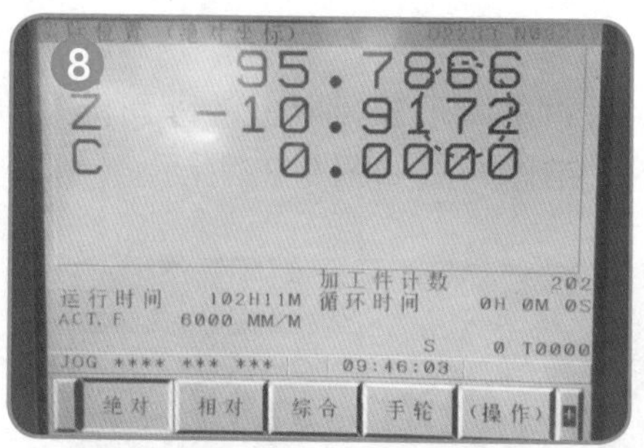

接下来将伺服放大器装好，然后安装到车床，开机测试，故障消失，车床可以正常运行。

图 9-22 FANUC 数控车床伺服轴偏差过大故障维修（续）

9.4.7 数控线切割机床托板锁不紧故障维修

1. 故障现象

一台数控线切割机床托板锁不紧，即 X 轴和 Y 轴都锁不紧。

2. 故障检测与维修

根据故障现象分析，此故障可能是驱动电路问题引起的，重点检查机床的驱动电路板部分，如图 9-23 所示。

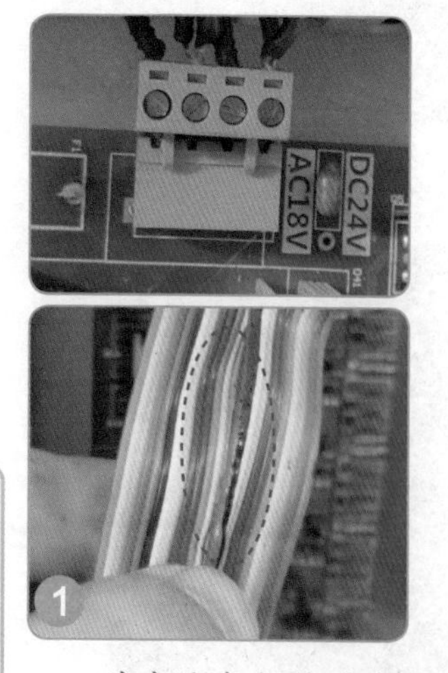

首先检查电缆的连接，未发现问题。由于工厂还有相同型号的车床，因此准备采用替换法检查故障。

先从另一台车床拆一台伺服放大器，替换掉故障车床的伺服放大器，然后上电检测。

图 9-23 数控线切割机床托板锁不紧故障维修

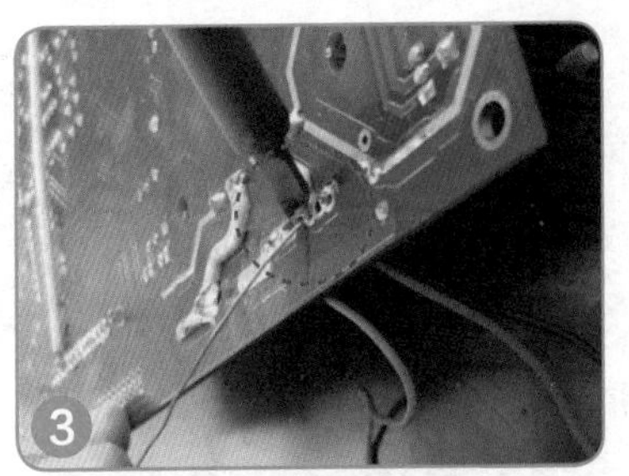

接下来更换电源接头。

再将信号线也全部更换了。

电源接头更换完毕。

将驱动电路板安装到机床，然后开机测试。可以正常运行，故障排除。

图 9-23　数控线切割机床托板锁不紧故障维修（续）

9.4.8　西门子 PLC 开机不工作指示灯不亮故障维修

1. 故障现象

一台西门子 PLC 开机不工作指示灯不亮。

2. 故障检测与维修

根据故障现象分析，PLC 指示灯不亮，估计开关电源电路有问题。此故障的维修方法如图 9-24 所示。

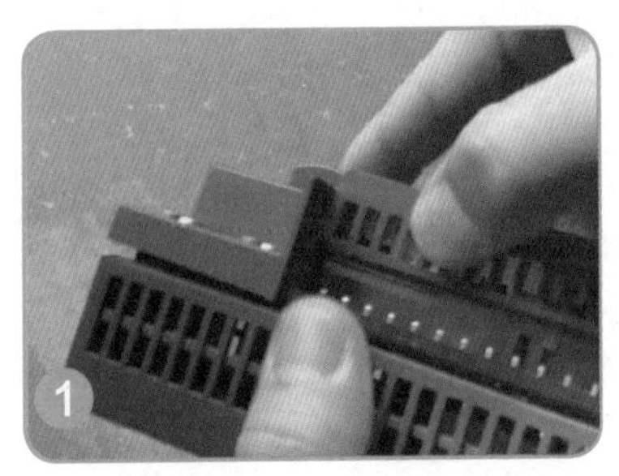

首先拆开 PLC 的外壳准备检查电路。

拆开后，检查电路板，发现输出端子附近的电路中有多个电容器、电阻器、电感器烧坏。

图 9-24　PLC 不工作故障维修

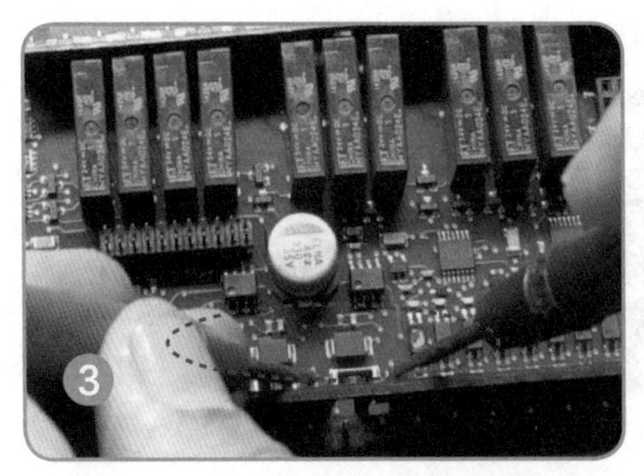

然后用万用表检查，发现有一些没有明细损坏的元器件也有损坏的。

拆下电路板检查电路板背面，同样发现有烧坏的元器件。

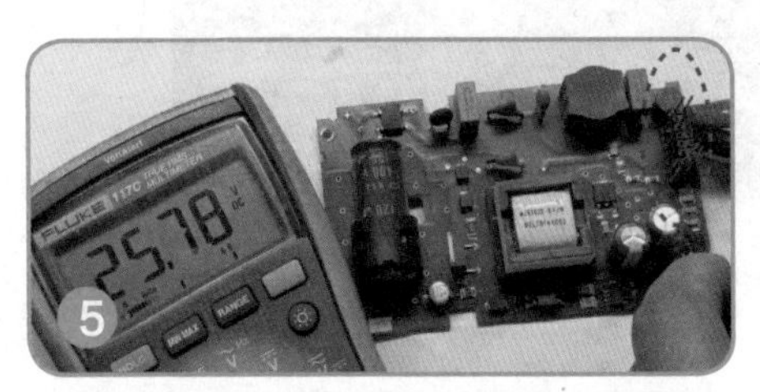

接下来检查开关电源电路板，先给开关电源电路板供电，然后用万用表直流电压 200V 挡测量输出端电压，发现 26V 输出电压正常，5V 供电电压为 0V。

接着检查 5V 供电电路中的稳压器芯片，发现此芯片烧了一个洞。

将损坏的稳压器芯片 7805 更换掉。再检测周边滤波电容器，未发现损坏的元器件。

将损坏的稳压器芯片 7805 更换掉。再检测周边滤波电容器，未发现损坏的元器件。

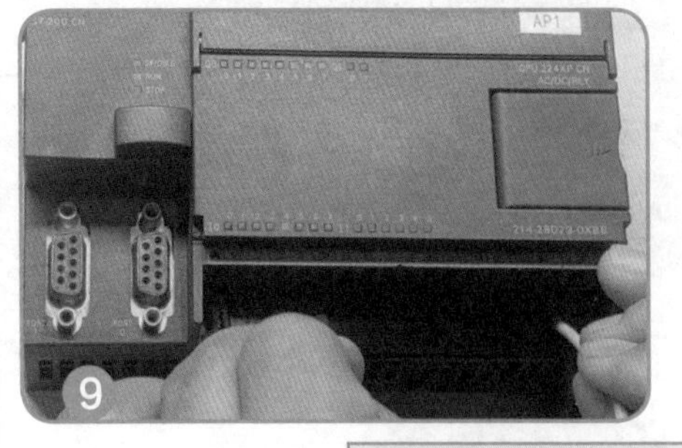

将所有损坏的元器件更换之后，装机通电测试。PLC 指示灯亮，再测试输出端，也正常，故障排除。

图 9-24　PLC 不工作故障维修（续）

9.4.9 PLC 控制器通电无法开机启动故障维修

1. 故障现象

一台 PLC 控制器，客户误将 220V 交流电接入 PLC 控制器的 24V 直流电源接口而烧坏控制器，导致 PLC 控制器再次通电后指示灯不亮，无法开机启动。

2. 故障检测与维修

根据故障分析，此故障应该是 PLC 控制器内部电源板电路元器件被烧坏引起的，此故障维修方法如图 9-25 所示。

拆开控制器，准备检查内部电路板。

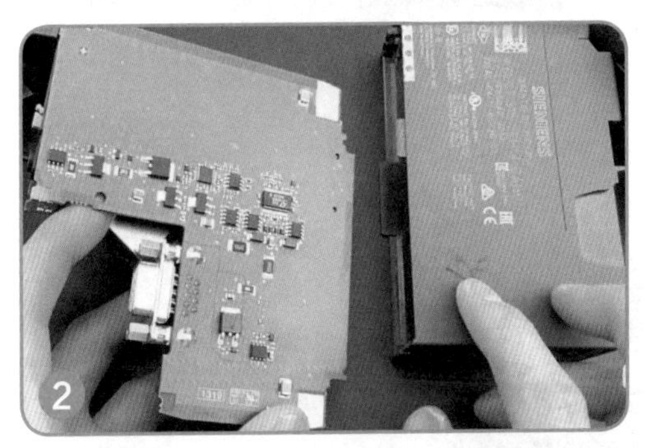

拆开 PLC 控制器外壳，拆下电路板。

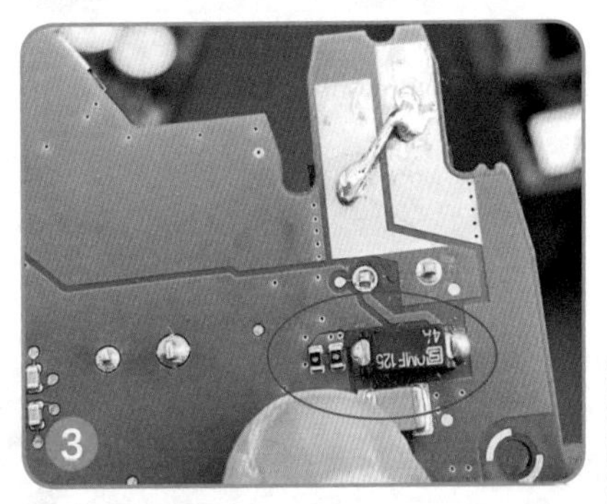

检查电路板中元器件，发现保险电阻器及旁边的两个电阻器已经烧坏。找同型号的保险电阻器和贴片电阻器更换掉损坏的元件。

图 9-25　PLC 控制器通电无法开机启动故障维修方法

通过跑电路查找 24V 供电电路中的元器件，看是否有损坏的元器件。经检查没有再发现损坏的元器件。

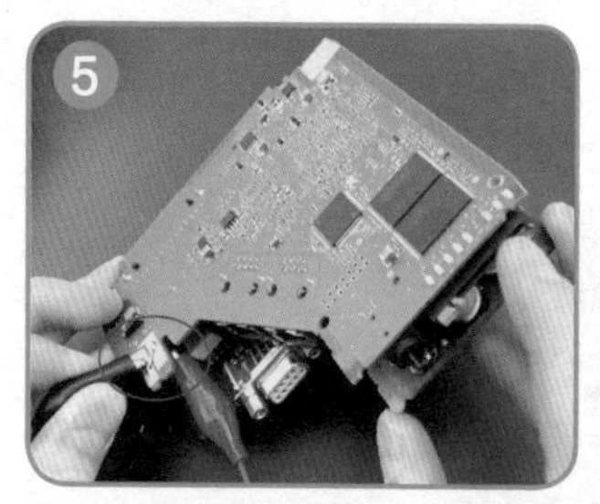

将 PLC 控制器的电路板装好，然后用可调直流电压为其供电(24V 直流电)，准备进一步测试。

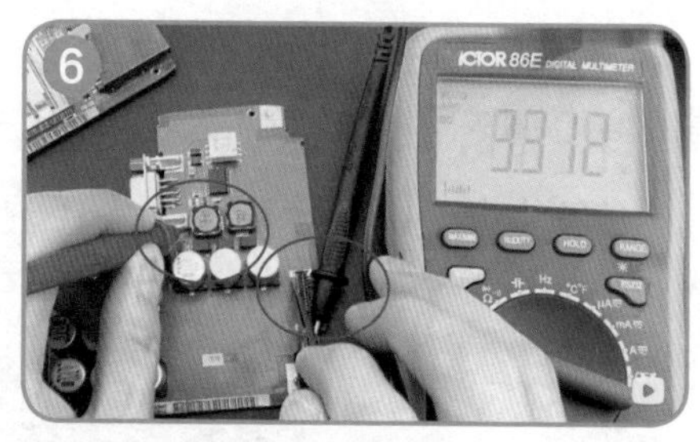

测量电源电路板中电感器引脚的电压。测量的第一个电感器引脚电压约为 3.31V，电压正常。

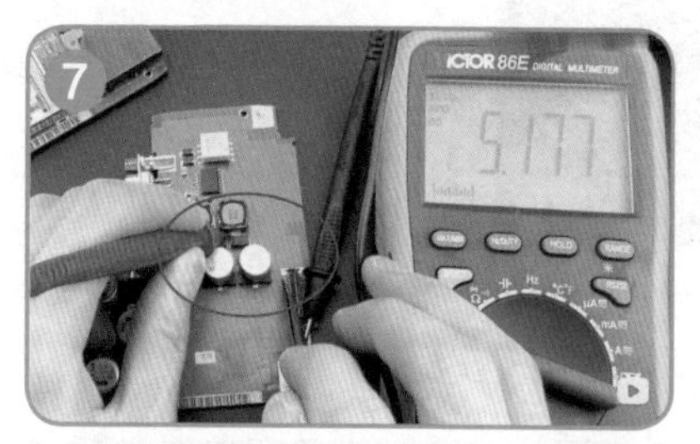

测量的第二个电感器引脚电压约为 5.18V，电压正常。

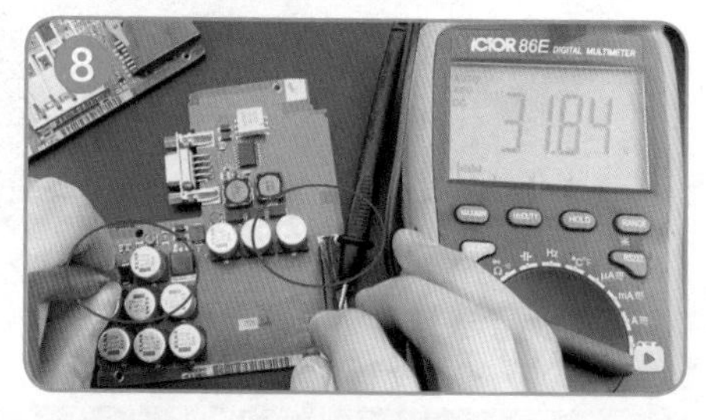

测量的第三个电感器引脚电压约为 31.8V，电压正常。

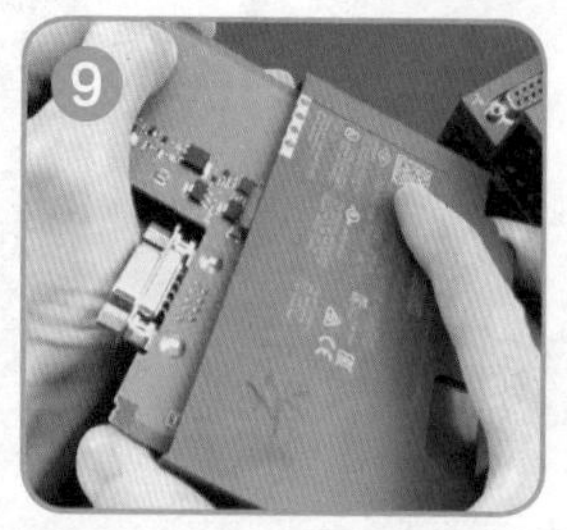

将 PLC 控制器的电路板安装好，然后通电测试。通电开机后指示灯点亮，PLC 自检启动正常，故障排除。

图 9-25　PLC 控制器通电无法开机启动故障维修方法（续）

9.4.10　PLC 控制器上电指示灯不亮故障维修

1. 故障现象

一台 PLC 控制器，故障为开机上电指示灯不亮，无法正常工作。

2. 故障检测与维修

根据故障分析，此故障应该是 PLC 控制器内部电源板电路故障引起的，此故障维修方法如图 9-26 所示。

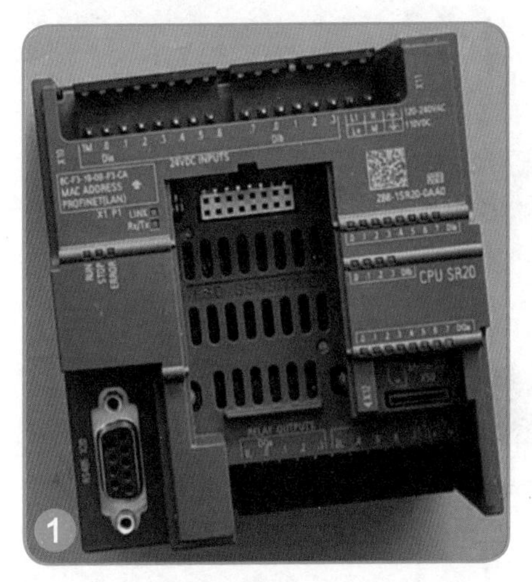

PLC 控制器上电指示灯不亮，通常是内部电路板中的元器件损坏引起的，需要拆开 PLC 控制器进行检查。

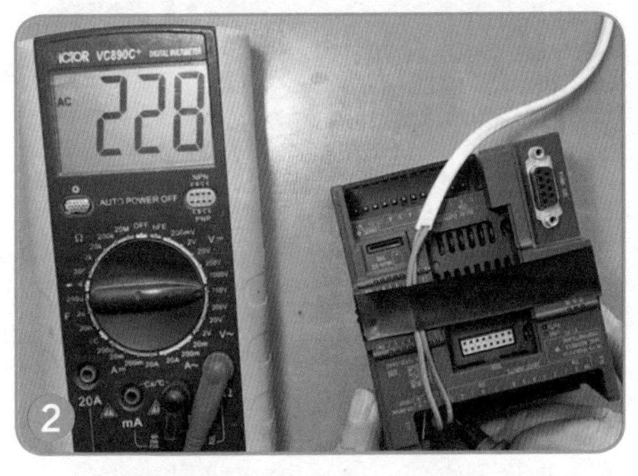

在拆机维修前先给 PLC 控制器接上电源，然后测量输出端子的电压，发现接上 22V 交流电后，24V 输出端电压为 0。

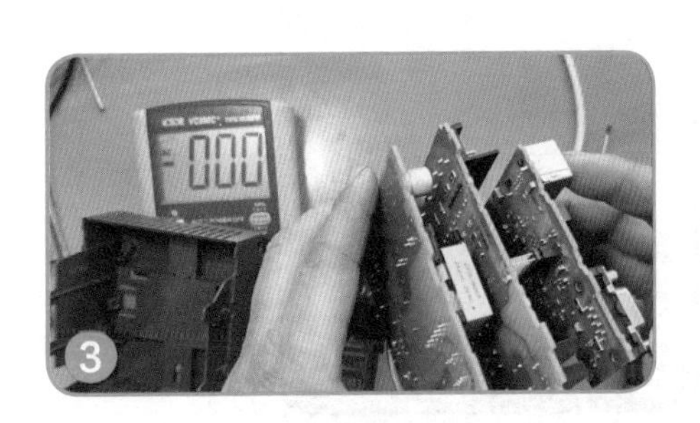

拆开 PLC 控制器外壳，并拆下内部几个电路板。

检查电源电路板中是否有明显烧坏的元器件。经检查未发现明显损坏的元器件。

图 9-26　PLC 控制器上电指示灯不亮故障维修方法

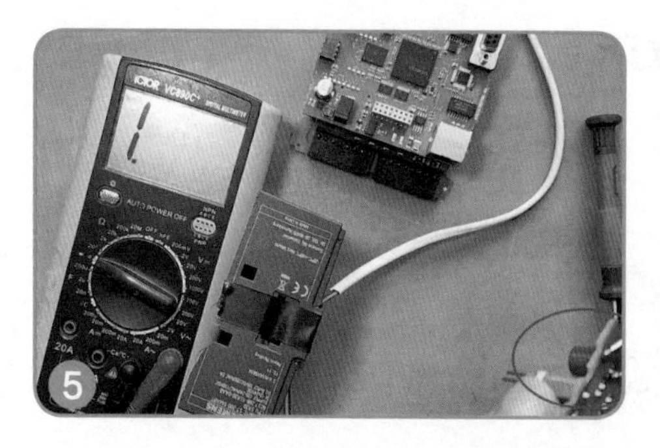

用直流万用表蜂鸣挡测量电源电路板中保险电阻器两引脚。发现引脚间阻值为无穷大，说明保险电阻器被烧断。

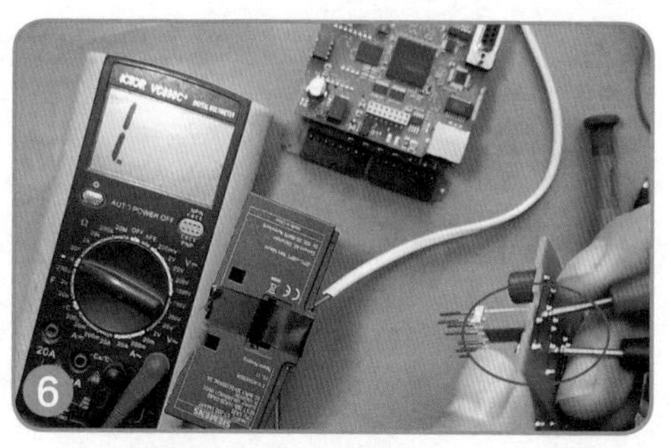

由于保险电阻器烧断，说明电路中有短路故障，通常为元器件短路故障引起。所以接着检测 220V 电源输入端到保险电阻器间的元器件。

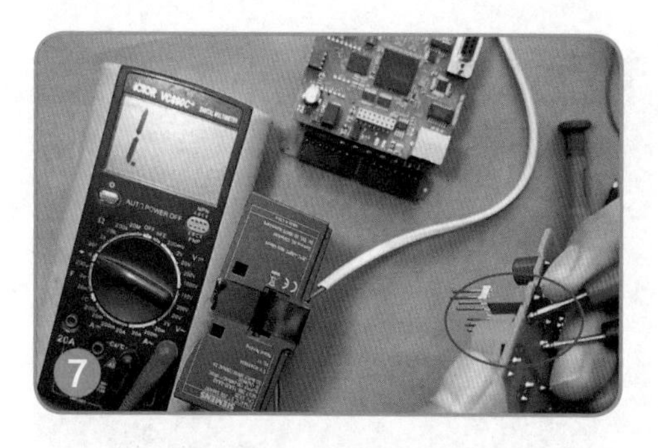

检测电容器，未发现电容器短路故障。再检测电流互感器输出端引脚阻值，均正常。

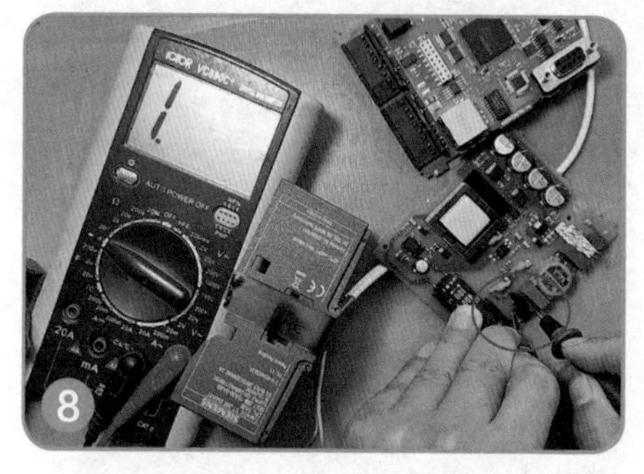

测量电源电路中的整流桥，先将红表笔接输入端正极引脚，然后黑表笔分别接其他三只引脚测量。正常测量的阻值不应该为 0。

发现电源电路板中整流桥内部二极管有短路故障。

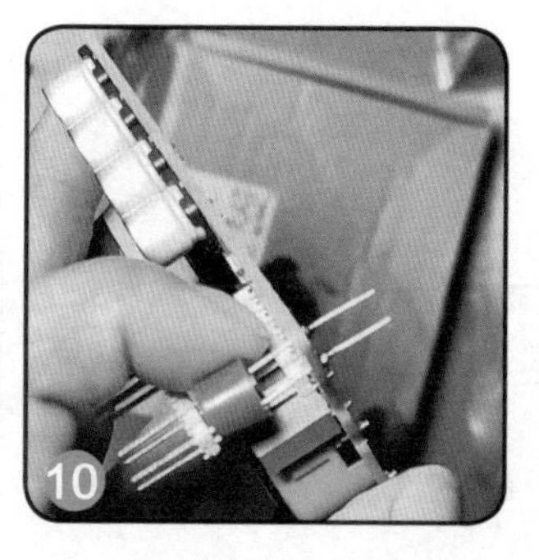

用同型号的保险电阻器和整流桥替换损坏的元器件。

图 9-26　PLC 控制器上电指示灯不亮故障维修方法（续）

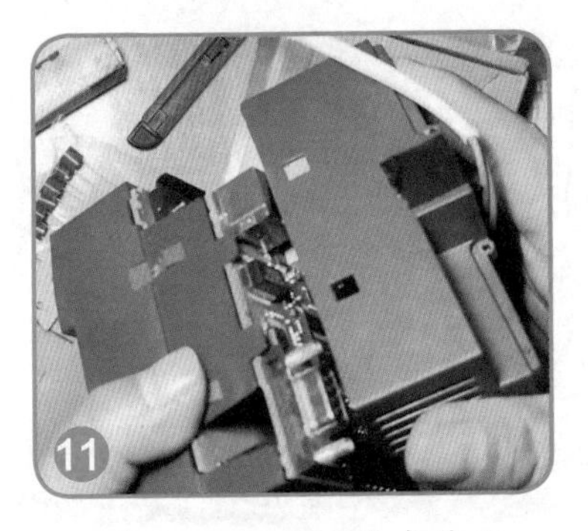

将 PLC 控制器外壳装好，准备进一步测试。

先给 PLC 控制器接入 220V 电压，然后上电测量 24V 输出端电压，测量值为 23.8V，输出电压正常，说明 PLC 控制器工作正常了，故障排除。

图 9-26　PLC 控制器上电指示灯不亮故障维修方法（续）

9.4.11　数控机床启动报主轴驱动故障报警故障维修

1. 故障现象

一台数控机床，开机启动时，显示屏提示“EX1004 SPINDLE DRIVE FAULT”（主轴驱动故障），主轴不转动。

2. 故障检测与维修

根据故障分析，此故障可能是数控机床电动机故障、电动机电缆故障、变频器故障引起的，故障维修方法如图 9-27 所示。

首先打开数控机床电源开关，然后启动数控机床，看到液晶屏出现“EX1004 SPINDLE DRIVE FAULT”错误提示，主轴没有转动。

检查主轴驱动控制变频器，发现变频器出现“1001”故障代码，判定变频器有问题。

图 9-27　数控机床启动报主轴驱动故障报警故障维修方法

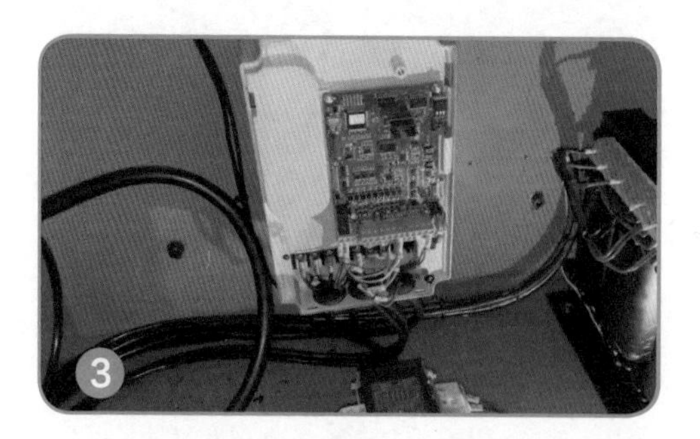

由于影响主轴转动的部件还有电动机及电动机电缆，接着用摇表检查电动机的绝缘阻值，均正常；检测连接电缆，也未发现异常。

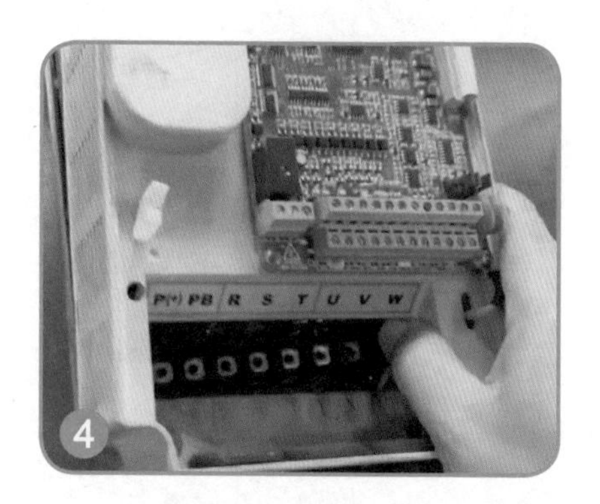

重点检查变频器，将变频器拆下，拆开变频器的外壳。

拆下电路板，检查电路板中是否有明显损坏的元器件。

经检查发现此小板上的一个光耦合器芯片烧坏。

将故障小板拆下，先用电烙铁给小板的引脚加一些焊锡，然后用吸锡器吸出焊锡。加焊锡易于用吸锡器将焊锡吸出，同时也能除掉引脚上的胶。

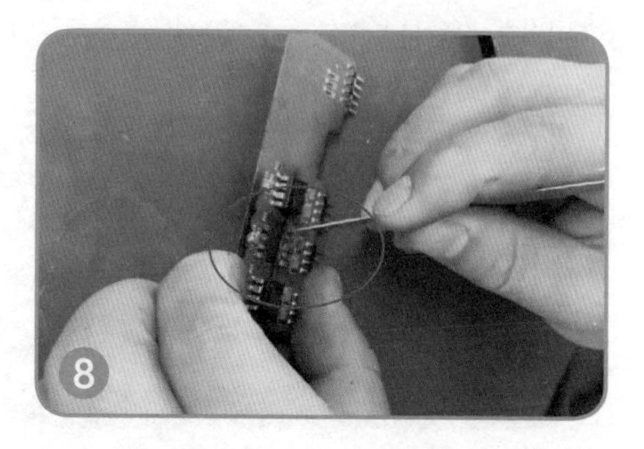

拆下小板后，将损坏的光耦合器芯片拆下，然后将电路板清洁干净。

图 9-27　数控机床启动报主轴驱动故障报警故障维修方法（续）

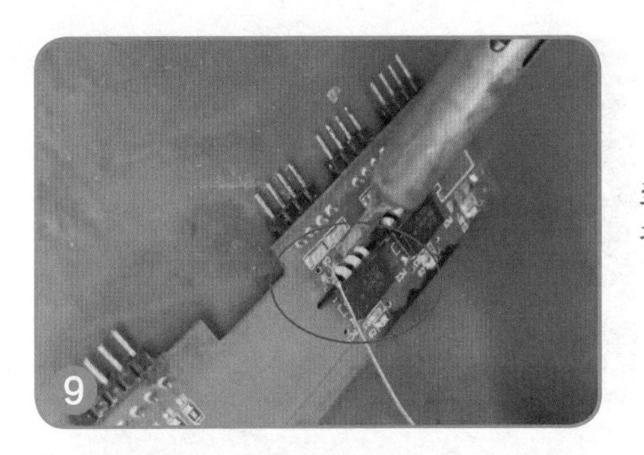

之后将同型号新的光耦合器芯片焊接到电路板，为了保险起见，将其他两个未损坏的光耦合器芯片一起更换了。

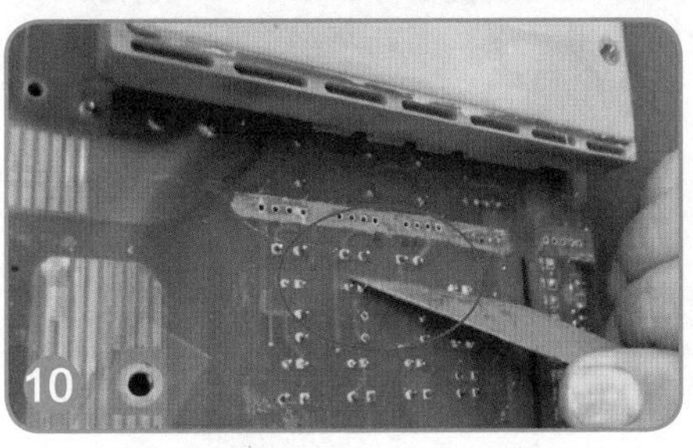

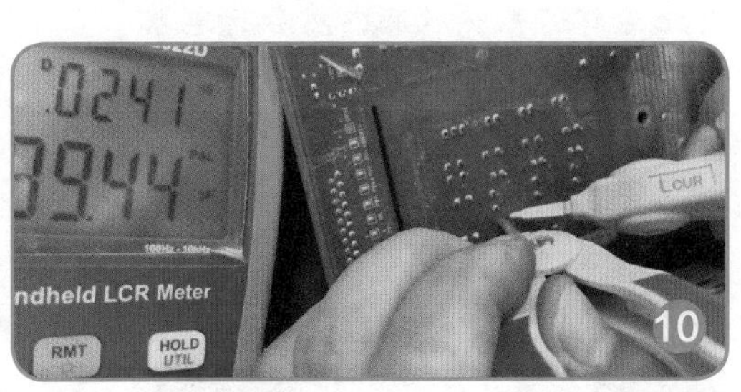

换好光耦合器芯片后，接下来检测电路板中的电容的 D 值，看有没有损坏的电容器。先清除电容器引脚上的胶，然后用电桥测量每个电容器的 D 值，未发现损坏的电容器。

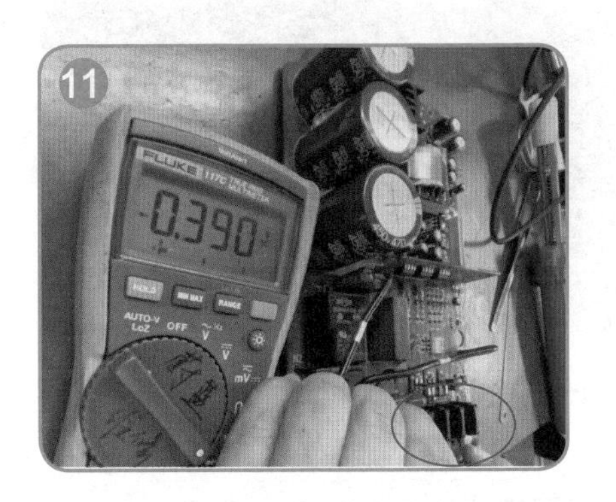

再检查电源电路及 IGBT 是否有问题。将数字万用表调到二极管挡，将红表笔接直流母线的负极，即 N(－)端子，黑表笔分别接 R、S、T 三个端子，测量三次，测量的值都为 0.39V。接着再将黑表笔接直流母线的正极，即 P（＋）端子，红表笔分别接 R、S、T 三个端子，测量三次，测量的值也都是 0.39V，说明整流电路中的整流二极管都正常。

然后将红表笔接直流母线的负极，黑表笔分别接 U、V、W 三个端子，测量三次，测量的值都为 0.51V，说明逆变电路中下臂的三个变频元器件都正常。然后将黑表笔接直流母线的正极，红表笔分别接 U、V、W 三个端子，测量三次，测量的值也都是 0.51V，说明逆变电路上臂变频元器件都正常。

图 9-27　数控机床启动报主轴驱动故障报警故障维修方法（续）

准备装机试机，先在 IGBT 散热片上涂抹好散热硅脂，然后将电路板安装到变频器中。

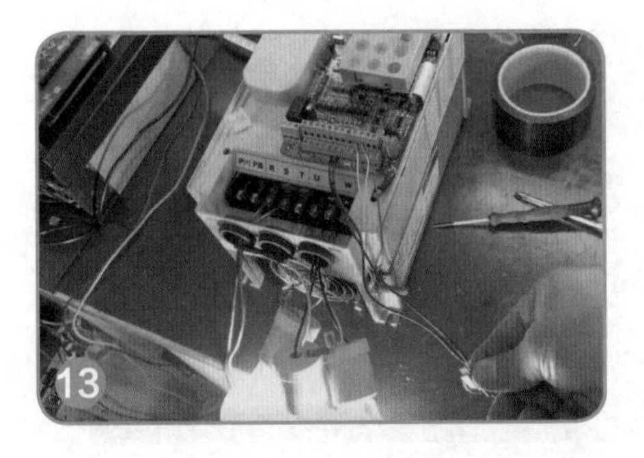

装好变频器电路板后，给变频器接好三相输入电源，然后在输出端子连接三个灯泡。之后上电测试，灯泡被点亮，且发光一致，说明变频器工作正常。

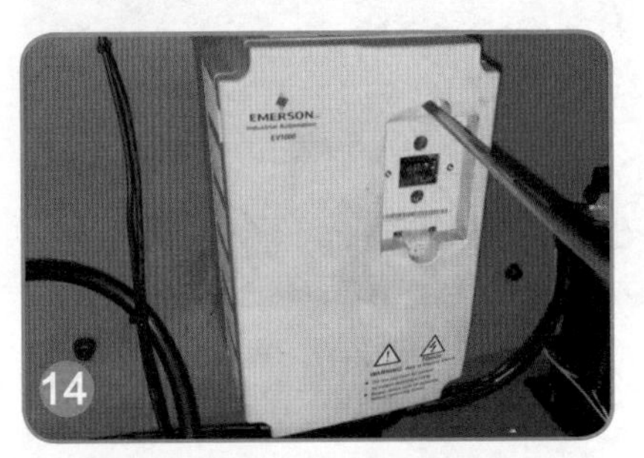

将变频器装回数控机床控制箱，并接好线。

给数控机床通电，并启动主轴，发现主轴开始转动，通过键盘输出控制指令，主轴转速正常，故障排除。

图 9-27　数控机床启动报主轴驱动故障报警故障维修方法（续）